Juan Luis Arsuaga

Der Schmuck des Neandertalers

EUROPA VERLAG

Aus dem Spanischen von AMS / Sabine Grimm

JUAN LUIS ARSUAGA

Der Schmuck des Neandertalers

Auf der Suche nach den Ursprüngen des menschlichen Bewusstseins

Europa Verlag
Hamburg · Wien

Die Illustrationen aus dem Innenteil
stammen von Juan Carlos Sastre.

Originalausgabe:
»El collar del neandertal«

Dieses Werk wurde vermittelt durch die
Literarische Agentur Thomas Schlück GmbH, 30827 Garbsen.

Deutsche Erstausgabe

Umschlaggestaltung: Kathrin Steigerwald, Hamburg
Innengestaltung: AMS/Rudolf Kempf, Reute bei Freiburg i. Br.
Druck und Bindung: Wiener Verlag, Himberg bei Wien
ISBN 3-203-75314-6

Informationen über unser Programm erhalten Sie beim
Europa Verlag, Neuer Wall 10, 20354 Hamburg
oder unter www.europaverlag.de

Inhalt

Einführung

Gewisse Nebel in den Bergen sind für mich ein unauslöschliches Bild; andere Dinge habe ich vergessen: Gehässigkeiten und Zärtlichkeiten, Liebenswürdigkeiten und Missachtung sind an mir vorübergegangen, ohne eine Spur zu hinterlassen; jene Nebel aber ergriffen meine Seele für immer; sie lassen sie nicht mehr los, und sie werden sie auch niemals loslassen.

Pío Baroja, *Baskische Fantasien*

Ich schaue aus dem Fenster, und es regnet. Die Wassertropfen, die an den Scheiben hinunterlaufen, wirken auf mich wie die Einmischung der natürlichen Ordnung in die künstliche Welt der Stadt aus Zement und Asphalt. In ihr gibt es fast nichts Biologisches, außer uns selbst: Wenn wir uns auch sehr vermehrt haben, so sind wir doch die gleichen Männer und Frauen, die vor 25 000 Jahren unter freiem Himmel lebten, dort, wo sich heute große städtische Ballungsräume gebildet haben. Genauer gesagt sind wir ihre Nachkommen, die Urenkel jener Jäger und Sammler, die in unserer Vorstellung glücklich und in ungestörter Harmonie mit den Tieren und Pflanzen lebten. Und wehmütig träumen wir von den Zeiten, in denen wir wie die Indianer aus den Filmen lebten, wild und frei, ohne ins Büro zur Arbeit gehen zu müssen.

Oft werde ich gefragt, wann ich meine Berufung zum Paläoanthropologen gespürt habe; wenn ich den Blick zurückrichte, um mich zu erinnern, wird mir klar, dass ich als Kind am allerliebsten Jäger und Sammler geworden wäre, und vielleicht wurde ich darum später Paläoanthropologe. Alle Kinder sind ein bisschen „wild" (im Sinne von „ursprünglich"), und man muss sie durch die Erziehung zivilisieren, indem man sie zwischen die vier Wände eines Klassenzimmers sperrt. Aber in jedem von uns verbirgt sich ein vorgeschichtlicher Mensch, der immer noch erwacht, wenn er den Wald rufen hört.

Niemals denken wir dabei an die furchtbare Kindersterblichkeit unserer vorgeschichtlichen Vorfahren, von denen etwa die Hälfte nicht einmal fünf Jahre alt wurde. Ebensowenig denken wir an die rauen Winter und an die anhaltenden Schneefälle oder an die Hungersnöte in den Jahren der Dürre, wenn der Schatten des Todes sich erbarmungslos über die kleinen menschlichen Gemeinschaften legte. Wir denken an die Augenblicke, die wir uns angenehm vorstellen, weil nach dem langen Winter der Frühling anbrach und das ganze Leben wieder erwachte, und wir denken auch an das kraftstrotzende Gefühl, das uns überkommt, wenn wir, und sei es nur für ein paar Stunden, in die Natur eintauchen. Und das genau bedeutet Nostalgie ja auch: das wehmütige Erinnern – nur an die guten Momente der Vergangenheit.

Ich gebe zu, dass in diesem Buch viel von dieser Nostalgie und viel Natur enthalten ist, mit großartigen Pflanzenfressern und kraftvollen Raubtieren, den Bergen und Seen, Gletschern, Tundra und Taiga, Mittelmeerwäldern, mit dem Fallen der Blätter im Herbst und den Spuren der menschlichen Wesen, die die Schauplätze der Natur damals prägten. Hier sind Klima und Landschaft nicht das Bühnenbild, vor dem sich die Geschichte abspielt, sondern sehr wichtige Akteure innerhalb der Handlung. Nicht zufällig spielt sich diese während der Eiszeit ab. Aber vor allem ist dies die Geschichte unserer Ursprünge, woher wir kommen und wie wir zu dem wurden, was wir sind.

Das Werk ist in neun Kapitel und ein Nachwort gegliedert. In den ersten beiden Kapiteln geht es um unseren Platz unter den übrigen Lebewesen, darum, weshalb wir so allein sind unter so vielen Wesen, wie es kommt, dass es auf diesem Planeten keine andere Art gibt, mit der wir kommunizieren können, wo unsere nächsten Verwandten zu finden sind, und was dazu führte, dass es sie alle nicht mehr gibt. Außerdem wird in komprimierter Form ein Rückblick auf die ersten Millionen Jahre menschlicher Evolution gegeben, die sich in Afrika abspielte, bis zum Erscheinen einer Art, der es möglich war, erst Asien, dann Europa zu bevölkern. Wenn unsere geistigen Fähigkeiten ein recht junges Produkt der menschlichen Evolution wären, wie einige Autoren meinen, dann wäre es nicht nötig, so weit zurückzugehen, um ihre Spur zu verfolgen. Wenn aber nach anderer Meinung der eigentliche menschliche Geist sich vor sehr langer Zeit zu bilden begann, als noch *niemand* (d. h. kein menschliches Wesen) außerhalb von Afrika lebte, so muss man zwangsläufig versuchen, möglichst weit zu unseren Wurzeln vorzustoßen, zu den Ursprüngen nicht nur unseres Körpers, sondern auch unserer Wesensart. Jedenfalls sind die Kenntnisse, die uns die ersten afrikanischen Hominiden liefern, wesentliche Voraussetzung, um später die Frage diskutieren zu können, ob es in der Geschichte des Lebens außer uns noch andere Wesen gab, die sich ihrer selbst und ihres Platzes in der Welt bewusst waren.

Das dritte Kapitel beschäftigt sich mit der Besiedelung Europas und mit den Eiszeiten, die innerhalb der letzten Million Jahre häufig einen großen Teil der nördlichen Erdhälfte mit Eis bedeckten. Außerdem wird ein Porträt der Neandertaler und ihrer europäischen Vorfahren gezeichnet, vor allem derer aus der Sierra de Atapuerca in der autonomen Region Burgos. Damit schließt der erste Teil des Buches, der sich im Wesentlichen auf die fossile Protokollierung der menschlichen Evolution und die Veränderungen in der Morphologie bezieht.

Die Kapitel vier und fünf beschäftigen sich mit den Ökosystemen, den Tier- und Pflanzengemeinschaften und deren Veränderungen in Europa innerhalb der letzten Million Jahre aufgrund der Eiszeiten. In diesen beiden Kapiteln spreche ich von zwei meiner größten Passionen: den Wäldern und den Bergen. Ich bin überzeugt davon, dass es viele Leser gibt, die meine Begeisterung für das teilen, was heute noch in der Welt von der Natur übrig ist. Wer sich jedoch nicht so sehr für Botanik oder für Gletscher interessiert, der kann diese paar Seiten überblättern, ohne Angst haben zu müssen, den Faden zu verlieren. (Ich bin mir allerdings ziemlich sicher, dass er später zu diesen Seiten zurückblättern wird, um zu erfahren, wie die Tannen nach Cádiz kamen und weshalb die Wälder, die wir bei der Fahrt durch Spanien durch das Autofenster sehen, so unterschiedlich sind.) Im sechsten Kapitel wird der Platz des Menschen innerhalb dieser Ökosysteme beschrieben sowie die große Welle des Aussterbens, die mit dem Schmelzen des Eises und dem Beginn der jetzigen Klimaepoche einsetzte. Nach Abschluss dieses eher „ökologischen" Teils des Buches kommen wir zum dritten und letzten Abschnitt, dessenUntersuchungsgegenstand der Geist und das Verhalten des Menschen ist.

Es gibt einen einzigartigen Fundort, die „Sima de los Huesos" (Knochengrube) in der Sierra de Atapuerca, wo das älteste der bisher bekannten Begräbnisrituale zelebriert wurde: Vor 300 000 Jahren wurden dort mehr als 30 Leichen von anderen Menschen aufeinandergeschichtet, denen die Unausweichlichkeit des Todes schon bewusst war. Eine wesentliche Entdeckung des Menschen, die ihn von der Ignoranz der Tiere unterschied und einiges für immer änderte. Diese Geschichte wird im siebten Kapitel erzählt, das auch Aufschluss geben soll darüber, wann die Todesstunde nahte, und wie lange die Existenz des vorgeschichtlichen Menschen in Europa dauerte.

Im achten Kapitel geht es um das Bewusstsein und seine untrennbare Gefährtin, die Sprache. Wie können wir ihre Spuren im Register der Erde ausmachen? Wann erscheinen die Symbole? So wird auf das neunte und letzte Kapitel hingeführt, das uns in die Zeit der Koexistenz von Neandertalern und Menschen des Cro-Magnon versetzt, die schließlich mit dem Verschwinden ersterer endete. Menschliche Fossilien, Klimate und

Ökosysteme treffen aufeinander in diesem letzten Kapitel, in dem auch die gegensätzlichen geografischen Gegebenheiten der Iberischen Halbinsel zur Sprache kommen. Mit Sicherheit trugen sich damals an vielen Orten und zu vielen Zeitpunkten unzählige kleine Geschichten zu, die unsere Fantasie anregen und über die es viel Literatur gibt. Nicht alles, was geschrieben wurde, ist dabei historisch richtig, und daher ist es gut zu wissen, was an diesen Erzählungen belegt und was unwahrscheinlich ist. Hier werden die Daten vermittelt, die die Wissenschaft bisher kennt, damit sich jeder seine Erzählung nach Maß stricken kann.

Aber ich möchte von Anfang an ehrlich zum Leser sein. Wir Wissenschaftler können den Zeitpunkt, zu dem die Neandertaler verschwunden sind, immer genauer festlegen, aber es bleibt unklar, wie und warum sie ausstarben. Wo die Wissenschaft aufhört, beginnt die Spekulation, da die Umstände, verschiedene Interpretationen zulassen. Ich stelle hier meine Version vor, auch wenn der Leser vielleicht zu anderen Schlüssen gelangt; denn es ist die Intuition und nicht die Vernunft, die uns in diesem Mysterium leitet.

Jedenfalls sind die Neandertaler in diesem Buch die großen Helden – aber nicht, weil sie unsere Vorfahren sind, sondern weil sie dies eben gerade nicht waren. In der langen Kette, die uns mit der ersten Form von Leben verbindet, die es vor Tausenden Millionen Jahren gab, hätte ein Glied mehr wenig ausgemacht. Aber die Neandertaler – Vertreter einer menschlichen Art, die sich in Europa über Hunderttausende von Jahren unabhängig und getrennt von unserem Geschlecht und parallel dazu entwickelte – sind ein erstaunlicher Spiegel, in dem wir uns betrachten und aufgrund evidenter Gegensätze selbst besser kennen lernen können.

Um die Lektüre des Buches zu erleichtern, habe ich fast vollständig auf die Bezeichnung der Fossilien sowie auf die wissenschaftlichen Namen der Tiere und Pflanzen verzichtet, die es heute noch gibt und die sich problemlos in den Fachbüchern der Zoologie und der Botanik finden lassen. Am Ende des Buches gibt es eine kurzgefasste Bibliografie mit allgemeinen Handbüchern der Paläoanthropologie und der Vorgeschichte sowie Listen weiterführender Literatur zu den behandelten Themen.

Das Anliegen dieses Buches ist es natürlich, möglichst anschaulich zu informieren, aber auch die Freude zu vermitteln, die sich einstellt, wenn man die Anstrengungen der Forscher verfolgt bei ihrem täglichen Kampf, eine Antwort auf die Frage zu finden, die uns alle am meisten beschäftigt, nämlich was wir hier tun. Darüber hinaus treibt mich noch eine heimliche Absicht (die ich vielleicht nicht zugeben dürfte). Ich hege die Hoffnung, dass der Leser sich, wenn er das Buch beendet hat, zur Sierra de Atapuerca begibt, dem heiligen Gebirge, oder dass er bis zu den einsamen und hoch gelegenen Ebenen von Ambrona aufsteigt oder dass er die Pferde und Stiere betrachtet, die in den Höhlenwänden nahe des Flusses eingeritzt sind, und die alte verfallene Mühle in Siega Verde, oder dass er irgendeine der Höhlen oder Unterstände mit Höhlenmalerei auf der Iberischen Halbinsel besichtigt, oder auch nur, dass er einen Berg oder einen Wald betrachtet … und dabei ein Schaudern spürt, dieses Schaudern, das auch ich empfinde.

Auf meinem Schreibtisch liegen zwei Bücher: Beide dienten mir als Inspiration für mein eigenes. Das eine trägt den Titel *El hombre fósil* (Der fossile Mensch) und wurde im Jahre 1916 von Hugo Obermaier (Regensburg, 1877 – Freiburg, 1946) geschrieben, dem großen Kenner der spanischen Vorgeschichte. Ich hatte das Glück, eines der wenigen der 200 oder 300 Exemplare der ersten Auflage in einem holländischen Antiquariat zu erstehen. Als ich das Buch aufschlug, fand ich darin einen handgeschriebenen Brief des Autors, in dem er irgendjemandem ankündigte, er werde das Buch bald schicken. Er ist an einen französischen Kollegen gerichtet, der mit sehr viel Respekt behandelt wird, dessen Name aber nicht genannt wird, denn in der Anrede heißt es nur: „*Cher monsieur*“; aus den im Buch notierten Randbemerkungen leite ich ab, dass es sich um niemand anderen handelt als um den berühmten Paläoanthropologen Marcellin Boule, den Direktor des *Institut de Paléontologie Humaine de Paris* und Chef von Obermaier, der seit dem Jahr 1910 für dieses Institut forschte. In dem Brief gibt Obermaier, der aus Deutschland stammte (wenn er auch schließlich die spanische Staatsangehörigkeit annahm) seiner Hoffnung auf eine Zukunft unter besseren Umständen Ausdruck: Es war die Zeit des Ersten Weltkriegs, und Boule war aus diesem Grund gezwungen, ihn als Mitglied des Instituts zu entlassen. In dieser bedeutenden Veröffentlichung von Obermaier findet sich in seiner eigenen Handschrift und der von Boule die komprimierte Geschichte der menschlichen Paläontologie.

Hugo Obermaier gelingt in *El hombre fósil* eine beispielhafte Zusammenfassung der spanischen Vorgeschichte, wobei er sie in den allgemeinen Rahmen der Vorgeschichte der Welt eingliedert. Das Vorbildliche dieses Buches ist, dass es die Erkenntnisse aus den Gebieten der Archäologie, der Geologie und der Paläontologie meisterhaft verknüpft. Ohne so hoch hinaus zu wollen – der Stil meines Buches ist wesentlich ungezwungener, das sei gleich gesagt –, will auch mein Buch die verschiedenen Disziplinen, die bei der Aushebung eines vorgeschichtlichen Fundes aufeinandertreffen, einschließen: Was vor Ort zusammengeführt wurde, das sollen die Bücher nicht trennen.

Das zweite Buch, zweibändig, das auf meinem Schreibtisch liegt (und von dem ich hoffe, dass etwas davon auf mich abstrahlt), ist die *Fisiografía del solar hispano* (Physiographie der spanischen Scholle), ein Werk von Don Eduardo Hernández-Pacheco (Madrid, 1872 – Madrid, 1965), das 1955 von diesem großen Geologen, Naturforscher und begnadetem Prähistoriker veröffentlicht wurde. In seinen Arbeiten hinterließ er uns die Tiefe seines Wissens in einem runden und reinen Schreibstil, der aus demselben Stückchen Erde zu sprießen scheint, dessen Natur er beschreibt. Ich halte Don Eduardo für einen der bedeutenden Schriftsteller spanischer Sprache des 20. Jahrhunderts, da es ihm gelang, die Felsen, die ich so sehr liebe, mit der

Magie seiner Worte zum Leben zu erwecken. Deshalb habe ich ihm ein „Don" vor den Namen gesetzt. Don Hugo und Don Eduardo kamen im Leben übrigens nicht gut miteinander aus, aber ich habe ihre Werke zusammengeführt, und sie ergeben eine perfekte Harmonie.

Außer diesen beiden Klassikern liegt auf meinem Schreibtisch ein Objekt, das in gewisser Weise dazugehört, wenn es auch auf den ersten Blick nicht so scheint. Es handelt sich um die Kopie einer wenige Zentimeter kleinen Figur, den Kopf einer Frau mit hochgestecktem Haar. Das Original wurde vor 25 000 Jahren in Dolní Vìstonice (Mähren, Tschechische Republik) aus Elfenbein geschnitzt. Der Kopf ist sehr schön, aber ich sehe ihn nicht nur als Kunstwerk, sondern auch als Ausdruck einer Verhaltensweise, die es nur beim Menschen gibt. Ich meine damit die Fähigkeit, sich mithilfe von Symbolen zu verständigen, mit Bildern und Lauten eine Sprache zu schaffen, fantastische und geheimnisvolle Welten zu erfinden, fiktive Universen entstehen zu lassen, die doch so real sind wie die Realität selbst. Die Bücher, die kleine Figur und der Computer, auf dem ich schreibe, entspringen der gleichen Quelle. Der kreative Geist, das symbolische Verhalten im Allgemeinen, ist ebenfalls eines der Hauptthemen dieses Buches und einer der Schlüssel dazu, den Untergang der Neandertaler sowie den Grund unseres jetzigen „Alleinseins" zu verstehen.

Als ich darüber schrieb, sah ich mich einer Schwierigkeit ausgesetzt, die mir fast unüberwindlich erschien: der Schwierigkeit, die Wissenschaftssprache der Forscher, die sich mit dem Geist des Jetztmenschen (*Homo sapiens sapiens*) und des vorgeschichtlichen Menschen beschäftigen, in eine normale Sprache zu übersetzen. Es gibt viele Bücher zu diesem Thema, aber nur wenige sind leicht zu lesen. Ich muss gestehen, dass so viel psychologisches Fachchinesisch auch auf mich manchmal übertrieben künstlich wirkte. Gibt es denn keine einfachere, ja auch natürlichere Art, die Dinge zu erklären? Ich meine, die Antwort außerhalb der Wissenschaft gefunden zu haben, nämlich auf dem Gebiet der Metaphorik. Der Schlüssel waren einige Zeilen des bedeutenden Religionshistorikers Mircea Eliade, die ich als Zitat in einem Artikel von Eduardo Martínez de Pisón fand (und die ich am Anfang des letzten Kapitels wiedergebe); Mircea Eliade erklärt in diesen Zeilen, wie die Welt zur Zeit der mythischen Gesellschaften zum „archaischen" Menschen „sprach". Wie ein Dartpfeil direkt ins Herz trifft die gleiche Metapher aus der Feder von Wenceslao Fernández Flórez in seinem Werk *El bosque animado* (Der belebte Wald). An zwei Stellen habe ich mir erlaubt, Absätze dieses ergreifenden Buches zu kopieren. Ich habe auch Texte anderer Autoren, von Shakespeare bis Pío Baroja, verwendet, um meine Worte zu begleiten. Sie sind nicht bloßes Schmuckwerk, sondern sie sollen als Botschafter der Gedanken dienen (und wenn diese schlecht sind, so ist das natürlich nicht der Fehler der Botschafter). Schließlich teilen die Dichter und wir Paläoanthropologen denselben Untersuchungsgegenstand: die menschliche Natur in ihrer tiefsten und mysteriösesten Dimension.

Am Ende des Vorwortes in Obermaiers Buch *El hombre fósil* heißt es: „Es steht fest, dass Spanien mit dem fossilen Menschen riesige Schätze besitzt und dass die Studien, die sich mit dem Quartär beschäftigen, einen Glanz erreichen müssen wie vielleicht in keinem anderen Land Europas. Darum empfinde ich große Genugtuung und zeige großes Interesse, wenn es um zukünftige Forschungsarbeiten meiner Freunde und Kollegen geht, und ich zweifle nicht daran, dass bald das VI. Kapitel dieses Buches *La Península Ibérica durante el período cuaternario*" (Die Iberische Halbinsel im Zeitalter des Quartär) zu einem großen und prächtigen Band werden muss, der den Titel tragen könnte *Spanien im Quartär*. Obermaier täuschte sich nicht mit seiner Prophezeiung, und so nimmt die Iberische Halbinsel heute eine Sonderstellung in der europäischen Vorgeschichte ein, was ich auf den folgenden Seiten hoffentlich beweisen kann.

TEIL I

Schatten der Vergangenheit

Kapitel eins

Die einsame Art

Der Mensch, wie ihn die Wissenschaft heute rekonstruieren kann, ist ein Tier wie alle anderen auch, das sich aufgrund seiner Anatomie so wenig von den Anthropoiden unterscheidet, dass die modernen Klassifikationen der Zoologie, die auf die Sichtweise Linnés' zurückgehen, ihn neben diesen in derselben Überfamilie der Hominoiden einschließen. So weit, so gut: Wenn man aber nach den biologischen Ergebnissen seines Erscheinens geht, ist er dann nicht etwas ganz anderes?

Pierre Teilhard de Chardin, *Der Mensch im Kosmos*

So ähnlich, so verschieden

Wir sind allein auf der Erde zurückgeblieben. Es gibt keine Tierart, die uns wirklich gleicht, da wir einzigartig sind. Eine Kluft trennt uns in Körper und vor allem Geist vom Rest der Lebewesen. Kein anderes Säugetier ist zweibeinig, keines kontrolliert und nutzt das Feuer, keines schreibt Bücher, keines reist in den Weltraum, keines malt Bilder und keines betet. Und hier geht es nicht nur um Nuancen, sondern um die Frage: Alles oder nichts? Das heißt, dass es keine Tiere gibt, die halb zweibeinig wären, kleine Feuer schürten, kurze Sätze schrieben, einfachste Raumschiffe bauten, ein bisschen malten oder hin und wieder beteten.

Die absolute Originalität unserer Art kommt in der belebten Welt nicht oft vor. Im Allgemeinen ist jede Art Teil einer

Gruppe ähnlicher Arten. Es lässt sich also in der Natur ein Übergang von einer Art zur anderen feststellen. Diesen Übergang gibt es jedoch nicht zwischen den großen Gruppen der Organismen. Es gibt heute keine Zwischenform zwischen Vögeln und Reptilien oder zwischen Reptilien und Säugetieren. Auch die Amphibien können nicht als Halb-Fische oder Halb-Reptilien angesehen werden. Jede dieser verschiedenen Formen von Wirbeltieren bildet nach den traditionellen Klassifikationen eine *Klasse*, mit Ausnahme der Fische, bei denen man drei Klassen unterscheidet: die Klasse der Knochenfische (die „normalen"), die der Knorpelfische (wie Haifische und Rochen) und die der Lampreten (eine Klasse, die heute sehr abgenommen hat, die sich aber als erste entwickelte). Die Wirbeltiere bilden die Mehrheit der Arten im großen Verband der Chordatiere, der die Bezeichnung der nächsthöheren Kategorie, des *Stammes* (oder *Phylums*), trägt, der höchsten in der Hierarchie der Tiere im Klassifikationssystem, das seit Linné in der Biologie verwendet wird.

Die Chordatiere wiederum unterscheiden sich völlig von den verschiedenen Formen der wirbellosen Lebewesen wie Schwämmen, Korallen, Stachelhäutern (der Gruppe der Seeigel und Seesterne), Ringelwürmern (beispielsweise Regenwürmern), Gliederfüßern (Insekten, Krustentieren, Spinnen), Weichtieren (Muscheln, Schnecken, Kraken) und vielen anderen weniger bekannten Hauptgruppen oder *Stämmen* von Wirbellosen. Jede dieser großen Kategorien lässt sich aus morphologischer Sicht gegen die anderen abgrenzen.

Die frühere Religionsdoktrin vom göttlichen Ursprung der Arten gab keine befriedigende Erklärung für das gleichzeitige Existieren von sich verzweigenden Arten in der Biosphäre, die wiederum zu größeren Gruppen gehören, die enorme Unterschiede im Erscheinungsbild aufweisen. War Gott womöglich ein so fantasieloser Schöpfer, dass er nur eine kleine Reihe von Modellen erfinden konnte, von denen er dann verschiedene Varianten entwickeln musste?

Die Evolutionstheorie liefert eine andere und überzeugendere Lösung für dieses Problem: Die sich ähnelnden Arten stammen von einem gemeinsamen Vorfahren in jüngerer Zeit ab, d.h. sie sind sehr eng verwandt. Die großen Gruppen – *Stämme* – von Organismen hingegen entwickelten sich vor sehr langer Zeit und die Zeit ihrer gemeinsamen Vorfahren liegt sehr weit zurück. Nachdem sie sich über so lange Zeitspannen unabhängig voneinander weiterentwickelt haben, ist es logisch, dass sie sich nicht gleichen.

Die ersten fossilen Wirbeltiere sind mehr als 450 Millionen Jahre alt, die ersten Amphibien mehr als 350 Millionen Jahre, die ersten Reptilien mehr als 300 Millionen Jahre, die ersten Säugetiere mehr als 220 Millionen Jahre und mehr als 150 Millionen Jahre die ersten fossilen Vögel. Seit dem Erscheinen der Vögel hat die Evolution jedoch keine wirklich spektakuläre Neuheit hervorgebracht. Hat sich ihre Innovationsfähigkeit etwa erschöpft? Tatsächlich ist es so, dass es keine exakte Methode für die Entscheidung gibt, wann eine Gruppe von Arten den Oberbegriff *Stamm* und wann die Bezeichnung Klasse oder eine noch untergeordnetere Einteilung erhält. Selbstverständlich steht ein *Stamm* für eine große Kategorie, die einem ursprünglichen biologischen Erscheinungsbild entspricht, das sich von jeder anderen Organismenart desselben Reiches deutlich abhebt. Natürlich kann ein neuer Stamm zu jedem Zeitpunkt der Evolutionsgeschichte entstehen, denn es gibt keinen Anhaltspunkt dafür zu denken, die wichtigen Dinge hätten sich nur in der fernen Vergangenheit abgespielt. Der Grund, weshalb die Säugetiere in der Zoologie keinen eigenen *Stamm* bilden und nur eine Klasse sind, ist darin zu suchen, dass es heute andere Organismen mit Skelett gibt, mit denen wir im *Stamm* der Chordatiere zusammengefasst sind. Das heißt jedoch nicht, dass die Säugetiere keinen wirklich ursprünglichen biologischen Typus darstellen. In gewisser Weise geht es uns Menschen genauso, denn durch die Entwicklung unserer Intelligenz haben wir eine in der Biologie völlig neue Dimension erreicht. Der französische Paläontologe und Philosoph Pierre Teilhard de Chardin glaubte, dass uns eigentlich die Kategorie *Stamm* entspricht.

Nun gut, wenn wir also so verschieden von den übrigen Säugern sind, heißt das, dass wir uns schon lange Zeit isoliert weiterentwickelt haben? Überhaupt nicht. Unser Geschlecht ist nicht gerade eines der ältesten, nein ganz im Gegenteil: Es ist nicht älter als gerade einmal fünf oder sechs Millionen Jahre. Damals trennten sich die Linien, die den Schimpansen einerseits und unserer Art andererseits ihre Plätze zuwiesen. Die Abspaltung der Linie der Gorillas hatte kurz zuvor stattgefunden. Wie also kann man den tiefen Graben erklären, der uns von den anderen Lebewesen trennt? Die Antwort darauf ist zweiteilig: Einerseits haben wir uns in manchen Eigenschaften sehr schnell weiterentwickelt, da es innerhalb kurzer Zeit viele Veränderungen gab; andererseits sind alle Übergangsfor-

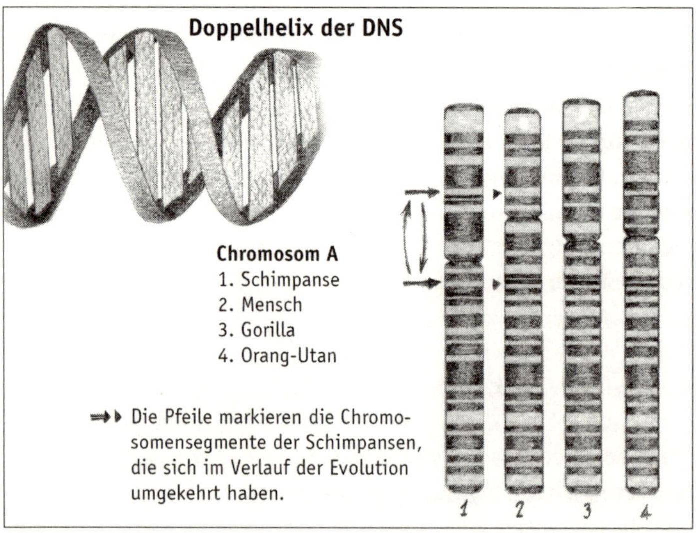

Abb. 1: Chromosom 4. Die genetische Ähnlichkeit zwischen gewöhnlichen Schimpansen, Gorillas, Orang-Utans und Menschen lässt keinen Zweifel an der engen Verwandtschaft all dieser Arten, auch wenn sich beim Schimpansen ein Teil des Chromosoms umgekehrt hat.

men (die also Übergangsmerkmale aufwiesen) zwischen uns und den Schimpansen verschwunden.

Ich habe dieses Kapitel begonnen, indem ich einige der wichtigsten Unterschiede zwischen dem menschlichen Wesen und dem Rest der belebten Welt in Erinnerung gerufen habe. Dabei ist der aufrechte Gang das einzige morphologische Kennzeichen, alle anderen sind anderer Natur und hängen ganz eng mit einem einzigen Organ unseres Körpers zusammen: dem Gehirn. Ist es denn überhaupt möglich, dass wir so anders sind als die Schimpansen? Tatsächlich unterscheiden uns nur 1,6 Prozent unserer 60000 bis 80000 Gene. Mehr noch: Man geht davon aus, dass nicht mehr als 100 vielleicht nur 50 Gene für die kognitiven Unterschiede zwischen ihnen und uns verantwortlich sind. Eine kleine, aber nicht unbedeutende, sondern vielmehr sehr bedeutsame genetische Veränderung machte uns zu einer Art, die sich von allen anderen grundlegend unterscheidet, mit einzigartigen geistigen Fähigkeiten, und nicht nur zu einer einfachen Variante des schon Bekannten und viele Male Wiederholten. Wir sind nicht eine andere Schimpansenart, sondern etwas ganz anderes. Der Zoologe ordnet die Tierarten jedoch nach ihrer Morphologie ein, und neuerdings auch nach ihren Genen. Warum also nicht einen Moment unseren Geist vergessen und uns nach morphologischen Kriterien mit den Tieren vergleichen? Begeben wir uns in den Sezierraum und untersuchen wir die toten Körper der verschiedenen Arten von Primaten.

Ein Körper ohne Geist

Das obere Schema in der Abbildung 2 zeigt, wer unsere nächsten Verwandten sind. Am nächsten stehen uns der Schimpanse, oder besser gesagt, die beiden Schimpansenarten, die es gibt. Ein bisschen entfernter verwandt ist der Gorilla und noch etwas entfernter der Orang-Utan. Die kleinen Gibbons sind unsere am weitesten entfernten Verwandten innerhalb dieser

Gruppe, was jeder verstehen wird, der sie im Zoo sieht. Schimpansen, Gorillas und Orang-Utans haben Gemeinsamkeiten im Aussehen und gehören nach der klassischen Systematik zur selben *Familie*, den Menschenaffen. Die Gibbons wurden manchmal zu den Menschenaffen gezählt, wenn auch einige Wissenschaftler sie einer eigenen Familie, den Hylobatiden, zurechnen. Die menschliche Art schließlich war die einzige ihrer Familie, der Hominiden. Im Englischen gibt es einen gemeinsamen Terminus für alle Menschenaffen (einschließlich der Gibbons), nämlich *apes*, den wir dem deutschen Begriff „Anthropomorphe" gleichsetzen können. Hominiden und Anthropomorphe werden alle zusammen der *Überfamilie* der Hominoiden zugeordnet.

Dieses Schema, das die Evolutionsbeziehungen eines Verbandes von Primaten zeigt, ist ein Dendrogramm oder Baumdiagramm. Da alle Arten jetzt leben und keine fossilen Arten enthalten sind, kann man den Baum nicht als Stammtafel bezeichnen: Es fehlen die Namen aller Vorfahren, wenn auch die gemeinsamen Vorfahren zweier oder dreier heute lebender Arten durch die Verzweigungspunkte (Knoten oder Verbindungspunkte: A, B, C, D, E) dargestellt sind. Im Dendrogramm sind die Arten nach einer bestimmten Ordnung untereinander verbunden, die die Reihenfolge angibt, in der die verschiedenen Trennungen der Evolutionslinien im Laufe der Zeit stattgefunden haben. Je höher ein Verzweigungspunkt ist, desto jünger ist er. In diesem Fall ist die neueste Trennung die Spaltung der Schimpansen in zwei Arten (E), die seit zweieinhalb Millionen Jahren durch den Fluss Kongo getrennt leben. Das Dendrogramm enthält keine weiteren Informationen und kann auf viele verschiedene Arten gezeichnet werden, ohne dass sich etwas ändert.

Das untere Dendrogramm der Abbildung 2 ist eigentlich das gleiche wie das obere, wenn sich auch die Position, in der die menschliche Art erscheint, ziemlich verändert hat. Sie befindet sich nämlich nicht an einer Außenseite, am Rand der anderen Hominoiden, sondern zwischen ihnen. Nun erkennt

Abb. 2: Zwei äquivalente Kladogramme der heute lebenden Hominoiden.

man, dass die Trennung von Menschenaffen und Hominiden künstlich war, da Schimpansen und Gorillas in Wirklichkeit näher mit uns verwandt sind als mit Orang-Utans und Gibbons. Oder anders ausgedrückt: Wir Menschen, Schimpansen und Gorillas haben einen gemeinsamen Vorfahr, eine Art „Großvater", von dem nicht die Orang-Utans und die Gibbons abstammen. Darüber hinaus war auch der gemeinsame Vorfahr aller Menschenaffen, für den hier ein A steht, der Gründer der Dynastie also, unser Urahn. Wären wir konsequent, so müssten wir selbst uns als Menschenaffen bezeichnen. Die einzig mögliche Alternative ist, die Menschenaffen als menschliche Wesen zu betrachten. Muss man ihnen dann auch „Menschenrechte" zuerkennen?

All das erregt große Aufmerksamkeit, denn es beweist, dass stammesgeschichtliche Verwandtschaft und morphologische Ähnlichkeit nicht zwangsläufig dasselbe sind: Der Schimpanse ist evolutionsgeschichtlich dem Menschen näher, gleicht aber äußerlich eher dem Gorilla und auch dem Orang-Utan. Vor allem dem deutschen Entomologen Willi Hennig fiel auf, dass wir uns zur Klärung der stammesgeschichtlichen Beziehungen zwischen den Arten nicht allein auf die Ähnlichkeiten stützen können, sondern dass wir genauer forschen müssen. Diese scheinbar so einfache Entdeckung ist in Wirklichkeit genial, da sie der augenscheinlichen Logik widerspricht, dass die ähnlichsten Arten immer derselben Gruppe angehören müssen. Nur die großen Weisen können die andere Seite des Spiegels sehen und erkennen, was wir übrigen Sterblichen nicht sehen können, auch wenn es direkt vor uns liegt.

Ähnlich wie bei den menschlichen Wesen, wenn auch in viel größerem Ausmaß, ist es bei den Vögeln. Sie bilden eine Gruppe, eine Klasse mit zahlreichen Arten, deren nächste Verwandte die Dinosaurier waren, genauer gesagt, einige kleine, zweibeinige und fleischfressende Dinosaurier innerhalb der Gruppe der Theropoden (einer Gruppe, zu der auch andere, viel größere und bekanntere Dinosaurier gehörten, wie beispielsweise die Tyrannosaurier). Es wäre also besser zu sagen, dass die Vögel noch lebende Dinosaurier *sind*, die einzigen, die übrig geblieben sind; es gibt große wie die Strauße – und wir Menschen haben noch größere Vögel gekannt – und kleine wie die Kolibris. Die Vögel sind nicht einmal die einzigen Dinosaurier mit Federn, sondern eine der Gruppen von Theropoden-Dinosauriern mit Federn. Es ist möglich, dass die berühmten Velociraptor aus dem Film Jurassic Parc ebenfalls gefiedert waren und ihr Körper nicht mit Schuppen bedeckt war. Und es ist möglich, dass sie, genau wie die Vögel, endotherm, also „warmblütig" waren: Die Federn scheinen als Anpassung aufgetreten zu sein, die hilft, die Körpertemperatur konstant zu halten, da sie einen wunderbaren Kälte- und Wärmeschutz bieten. Wenn alle Säugetiere mit Ausnahme der Fledermäuse verschwinden würden, käme dies der heutigen Situation der Vögel in etwa gleich. Ein etwaiger Betrachter des Ergebnisses einer solchen Katastrophe könnte nur fliegende Säugetiere sehen.

Die Vögel sind von den übrigen Wirbeltieren getrennt, seit eine große Katastrophe vor 65 Millionen Jahren alle Dinosaurier auslöschte, oder, wenn man so will, alle Dinosaurier, die keine Vögel waren. Unsere Isolation ist jedoch viel jünger, da wir vor sieben Millionen Jahren noch Anthropomorphe „waren"; und eigentlich „waren" wir noch nichts, da zu jener Zeit die beiden aufeinanderfolgenden Verzweigungen noch nicht stattgefunden hatten, die die Linien von Gorillas, Schimpansen und Menschen trennten.

Affen-Menschen

Im Dendrogramm der Abbildung 3 wurden die umgangssprachlichen Namen der Arten durch ihre wissenschaftlichen, lateinischen Namen ersetzt: *Pan paniscus* und *Pan troglodytes* im Fall der Schimpansen, Gorilla gorilla steht für Gorilla, und *Homo sapiens* bezeichnet den Menschen.

Zwischen den Schimpansen und dem Menschen erscheinen jetzt vier neue Arten: *Ardipithecus ramidus, Australopithecus anamensis, Australopithecus afarensis* und *Australopithecus africanus*. Keine davon gibt es heute noch, da sie vor mehr als zwei Millionen Jahren verschwanden. Alle vier sind Arten der Hominiden, d. h. sie gehören unserer eigenen Evolutionslinie oder unserem Geschlecht an, da sie nach der Verzweigung auftraten, die unser Schicksal innerhalb der Evolution von dem der Schimpansen trennte.

Man beachte, dass in diesem Dendrogramm keine einzige fossile Schimpansenart auftaucht. Das liegt daran, dass man keine kennt. Wir können aber nicht hoffen, dass die fossilen Schimpansen den Graben auffüllen werden, der uns von ihren lebenden Nachkommen trennt, da sie in dieser Diskussion unwichtig sind: Niemand glaubt, dass es in der Vergangenheit Schimpansen gab, die eher zweibeinig oder intelligenter waren als die heutigen. Was wir brauchen, sind in gewisser Weise

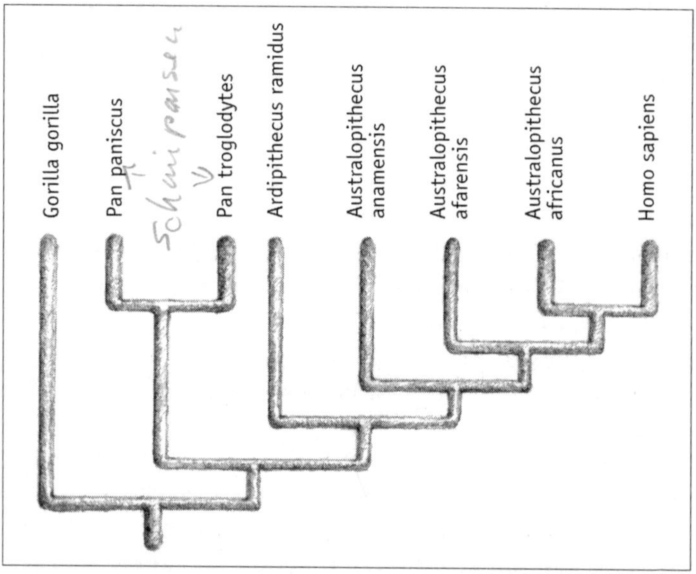

Abb. 3: Stammbaum einschließlich der Australopithecinen.

Zwischenformen, „verlorene Glieder" im traditionellen Fachjargon, oder noch salopper ausgedrückt: „Affen-Menschen".

Das Schema in Abbildung 3 beinhaltet sowohl fossile als auch lebende Arten. Da jedoch alle oben auf gleicher Höhe erscheinen, handelt es sich nicht um eine Stammtafel. Keine Art erscheint als Nachkomme einer anderen. Was das Dendrogramm ausdrückt, sind die unterschiedlichen Grade stammesgeschichtlicher oder verwandtschaftlicher Beziehungen zwischen den verschiedenen Arten. Die Hominiden wurden absichtlich zwischen Schimpansen und Menschen eingeordnet. Wir haben bereits gesehen, dass es bedeutungslos ist, ob sich eine Art nach einer Verzweigung des Dendrogramms rechts oder links befindet, dass es jedoch wichtig ist, wie die Arten nach unten hin miteinander verknüpft sind; die Mittelstellung der fossilen Hominiden ist also aus genealogischer (d.h. stammesgeschichtlicher) Sicht rein zufällig. Aus morphologischer Sicht hingegen nehmen die vier Arten fossiler Hominiden tatsächlich den Platz der lange Zeit gesuchten „verlorenen Glieder" ein, wenngleich diese Glieder in keinem noch so entfernten Urwald überlebten, sondern sich in der Zeit verloren, einem Ort, an dem die Suche ganz besonders schwierig ist.

Um es kurz zu machen: Das einzige menschliche Merkmal, das diese fossilen Hominiden (und vielleicht nicht alle) aufwiesen, war der aufrechte Gang, die Zweibeinigkeit, d.h. das eindeutig als am wenigsten „vornehm" eingestufte Charakteristikum, das wir besitzen. Ihr Geist war noch der eines Affen, der Geist eines Anthropomorphen wie der heutigen Schimpansen. Sie waren also Hominiden in dem Sinn, dass sie unserer zoologischen Familie angehörten, aber sie waren noch keine Menschen.

Der *Ardipithecus ramidus* lebte vor viereinhalb Millionen Jahren im heutigen Äthiopien. Die Gruppe um den Paläoanthropologen Tim White hat in den letzten Jahren zahlreiche Fossilien dieser Art entdeckt, die zum Großteil noch erforscht werden. Noch wurde kein Ergebnis der Untersuchung des Körperskeletts bekannt gegeben, sodass es bezüglich der Art seiner Fortbewegung lediglich Spekulationen gibt. Es handelt sich zweifellos um einen sehr primitiven Hominiden, der im Regenwald lebte, so wie die heutigen Gorillas und Schimpansen. Aus der Form seines Gebisses ließ sich schließen, dass er sich von denselben Pflanzen ernährte wie die Schimpansen, also von Früchten, Knospen, zarten Trieben und frischen Blättern. Dadurch haben wir erfahren, dass er viel Zeit auf den Bäumen verbrachte, um zu essen und zu schlafen, man weiß jedoch noch nicht, wie er von einem Baum zum anderen kam. Der *Ardipithecus ramidus* besaß jedoch ein Merkmal, das er mit den Menschen und nicht mit den Schimpansen gemein hatte: Die Eckzähne hatten begonnen, kleiner zu werden. Allein wegen dieses Merkmals gehört die Art des *Ardipithecus ramidus* zu den Hominiden. Dem Leser mag es zu verwirrend erscheinen, dass ich zur Erklärung der menschlichen Evolution Dendrogramme statt der klassischen Stammtafel oder eines Phylogramms verwende. Ich möchte schon jetzt ankündigen, dass der Leser in einem der nächsten Kapitel eine dieser Stammtafeln finden wird, und zwar diejenige, die mir persönlich am besten gefällt, aber es wäre besser, nicht jetzt schon dorthin vorzublättern. Die hier verwendeten Dendrogramme sind nämlich besonderer Art und nennen sich Kladogramme: Bei ihrem Aufbau folgen sie den Prinzipien der systematischen Schule von Willi Hennig, die allgemein als kladistisch bezeichnet wird, da sie die Arten in natürliche Gruppen oder Kladen zusammenfasst.

Nach dieser Schule kann man nicht sicher sagen, ob eine fossile Art der Vorfahre einer anderen fossilen oder lebenden ist, da niemand wirklich in die Vergangenheit reisen kann, um den Verlauf der Evolution zu verfolgen. Das Einzige, was sich wissenschaftlich rekonstruieren lässt, ist der Grad der Verwandtschaft zwischen den Arten, so wie er im Kladogramm aufgezeigt wird. Für die Kladisten sind die stammesgeschichtlichen Bäume rein spekulativ und entbehren jeder wissenschaftlichen Aussagekraft. Das eben Gesagte darf man nun nicht so verstehen, dass die Kladisten die Evolution leugnen. Ganz im Gegenteil betrachten sie sich selbst als treueste Nachfolger von Darwins Ideen. Sie lehnen es lediglich ab, über das Anlegen von Kladogrammen hinauszugehen. Um diese zu erstellen, wird ausschließlich Information aus dem morphologischen Bereich verwendet, sodass es ohne Bedeutung ist, ob eine Art fossil ist oder noch lebt, ob sie aus Afrika oder aus Australien kommt.

Ich bin kein fanatischer Kladist, und ich glaube, dass das Alter der Fossilien und ihre geografische Herkunft wissenschaftliche Daten sind, die wir für unsere Analyse der menschlichen Evolution unbedingt mit einbeziehen müssen. Wenn sie einem Kladogramm hinzugefügt werden, lässt sich das anlegen, was sich ein „Evolutionsszenario" nennt, nämlich eine Schilderung oder Erzählung über die Evolution einer Gruppe, in die alle verfügbaren Informationen einfließen, so wie ich es in diesem Buch versuchen werde. In unserem Fall spielen bei der Ausarbeitung der Schilderung auch archäologische Erkenntnisse eine große Rolle und all das, was wir über das Klima und die übrigen Bereiche des Ökosystems wissen, in dem die Hominiden lebten, sowie alles, was wir über sie selbst wissen. Wenn auch die Wahrheit eines Evolutionsszenarios als solches nicht belegbar ist, so lassen sich doch die verschiedenen Elemente, auf die es sich stützt, mit neuen Beweisen belegen oder widerlegen. Wenn sich aus den späteren Entdeckungen grundlegende und zahlreiche Veränderungen ergeben, so wird man ein neues Buch schreiben müssen. Aber diese Möglichkeit kann ich ja dann in ein paar Jahren nutzen; vielleicht werden es nicht viele sein, bei den rasanten Fortschritten in der Paläoanthropologie. Für heute können wir feststellen, dass der *Ardipithecus ramidus* ein sehr alter und primitiver Hominide aus Ostafrika war und dass wir von dieser oder einer sehr ähnlichen Art abstammen, die vor etwa viereinhalb Millionen Jahren in Afrika lebte, vermutlich in dessen östlichem Teil. Von den Merkmalen dieser Art werden wir bald sehr viel mehr wissen: Wir müssen nur ein bisschen Geduld aufbringen.

Der folgende Hominide ist der *Australopithecus anamensis*. Von ihm haben wir eine Handvoll Fossilien, die aus Kenia stammen und von der Forschergruppe Meave Leakeys in der Höhle des Turkanasees gefunden wurden, bei den Ansiedelungen von Kanapoi (westliche Begrenzung) und Allia Bay (östliche Begrenzung). Alle Fossilien von Kanapoi (außer eines Unterkiefers) wurden vor kurzem mit großer Genauigkeit auf zwischen 4,17 und 4,07 Millionen Jahre datiert. Diese Art weist größere Backenzähne mit dickerem Zahnschmelz auf als der *Ardipithecus ramidus*, was uns sagt, dass er außer weichen Früchten auch pflanzliche Nahrung zu sich nahm, die länger gekaut werden musste und die Zahnkronen stark abnutzte. Diese harten und abschleifenden Produkte waren vermutlich Körner und getrocknete Früchte. Außerdem geht man davon aus, dass sie auch unter der Erde liegende Speicherorgane von Pflanzen verwerteten, wie Zwiebeln, Knollen, verdickte Wurzeln und Wurzelstöcke. Die Mineralienpartikel, die mit diesen Pflanzenteilen aus der Erde in den Mund gelangten, ließen wohl die Zähne knirschen und trugen zu ihrem Verschleiß bei. All diese pflanzlichen Produkte findet man in Wäldern, die trockener sind als die Regenwälder der vermutlichen Vorfahren der Art des *Ardipithecus ramidus*, sodass man annimmt, dass der *Australopithecus anamensis* seinen Lebensraum gewechselt hatte, oder besser gesagt, dass sein Lebensraum sich verändert hatte, nämlich trockener geworden war. Außerdem fand man in Kanapoi ein ziemlich vollständiges Schienbein (nur das mittlere Drittel fehlte), aufgrund dessen man zu dem Schluss kam, dass diese Hominiden bereits Zweibeiner waren. Da wir von keiner anderen Art zu jener Zeit wissen, können wir vorläufig feststellen, dass es sich um Vorfahren von uns handelt. Jedenfalls stammen wir von Hominiden desselben Typs wie der *Australopithecus anamensis* ab.

Die ersten Fossilien dieser Art sind jedoch nur 200 000 Jahre weniger alt als die Fossilien des *Ardipithecus ramidus*, was zu der interessanten Frage führt: Reicht diese Zeit aus, dass sich die bedeutenden anatomischen und ökologischen Veränderungen vom *Ardipithecus ramidus* bis zum *Australopithecus anamensis* vollziehen konnten? Vielleicht ja und vielleicht nein, denn die Evolution schreitet nicht gleichmäßig fort, sie bewegt sich manchmal schnell voran, manchmal scheint sie stillzustehen. Was aber sicher ist: Sollten irgendwann Reste des *Australopithecus anamensis* mit einem Alter von 4,4 Millionen Jahren gefunden werden, so wird der *Ardipithecus ramidus* nicht weiter als unser Vorfahr betrachtet werden, sondern als Seitenzweig der menschlichen Evolution angesehen werden, der nirgendwohin führte.

Vor 4 bis 2,9 Millionen Jahren lebte eine andere Hominidenart, bekannt als *Australopithecus afarensis*. Seine Überreste wurden in Tansania und vor allem in Äthiopien gefunden, im Afardreieck. Der Protagonist dieser Funde ist Donald Johanson. Da es von dieser Art umfassendere Aufzeichnungen gibt, können wir über diese primitiven Hominiden viel erfahren. Die Ausbildung ihres Gebisses weist auf eine fast ausschließlich vegetarischen Ernährung in einem trockenen Wald mit Lichtungen. Die Haltung war aufrecht, die Arme allerdings lang im Vergleich zu den Beinen: Sie konnten noch sehr gut auf Bäume klettern.

Der *Australopithecus afarensis* war eine im Vergleich zu uns kleinwüchsige Art und kaum größer als Schimpansen. Die Männchen werden etwa 135 cm oder etwas größer gewesen sein und um die 45 kg gewogen haben, und die durchschnittliche Größe der Weibchen könnte bei 105 cm, das Gewicht bei 30 kg oder etwas niedriger gelegen haben. Nach diesen Schätzungen war der Unterschied zwischen den beiden Geschlechtern ausgeprägter als bei uns und bei den Schimpansen, und damit eher so wie bei den Gorillas: Bei diesen Australopithecinen war das Gewicht der Männchen ein Eineinhalbfaches (1,5-fache) des Gewichts der Weibchen, bei den Gorillas ist es das 1,6-fache, das 1,3-fache beim gewöhnlichen Schimpansen und das 1,2-fache beim Menschen.

Die beiden „Starfossilien" der Sammlung des *Australopithecus afarensis* sind ein recht vollständiges weibliches Skelett mit Spitznamen Lucy und ein fast ganz erhaltener männlicher Schädel. Das Hirnvolumen dieses Schädels wurde auf etwas mehr als 500 cm^3 geschätzt. Ein anderer unvollständigerer Schädel scheint ein Fassungsvermögen von klar unter 400 cm^3 zu haben. Es handelt sich dabei offensichtlich um eine Hominidenart mit einem kaum größeren Volumen als dem der Schimpansen, bei denen es durchschnittlich etwa 400 cm^3 beträgt. Da das Körpergewicht ähnlich ist, kann man dem *Australopithecus afarensis* auch in der Relation weder ein größeres Hirn noch einen Geist mit höheren Fähigkeiten als dem eines Schimpansen zuschreiben. Die Hirngröße des Menschen variiert zwischen den Personen und zwischen den verschiedenen Rassen, denn es ist ganz eindeutig so, dass die Größe eines Körperorgans zum Teil von der Körpergröße abhängt. Im Allgemeinen wird als Durchschnitt für unsere Art der Wert von 1350 cm^3 angegeben, wobei es viele Millionen menschlicher Wesen und viele verschiedene Rassen gibt, auf die diese Zahl überhaupt nicht zutrifft. Jedenfalls aber ist es interessant zu wissen, dass der weibliche menschliche Durchschnitt keine 1300 cm^3 erreicht und der männliche 1400 cm^3 überschreitet. Dies bedeutet nicht, dass Männer intelligenter sind als Frauen, worüber wir zum gegebenem Zeitpunkt diskutieren werden. Andererseits liegen etwa 10 Prozent der heutigen menschlichen Lebewesen unter 1100 cm^3 oder über 1600 cm^3 und sind dabei völlig normal.

Noch einmal: Man kann nicht sicher sein, das der *Australopithecus afarensis* unser direkter Vorfahr ist, und dies gilt auch für die noch älteren Arten der Hominiden. Einige Forscher glauben, dass dies so ist, andere sind anderer Meinung, wie wir später sehen werden. Diese offensichtliche Verwirrung, die die menschliche Evolution immer umgibt, ist nicht so gravierend, wie es vielleicht scheint. Zum einen weil der, der absolute Wahrheiten, unbestreitbare und unumstößliche Dogmen will, in eine andere Richtung schauen muss, die nicht die Wissenschaft sein kann. Diese erarbeitet nur Hypothesen, unsichere Annäherungen an die Wahrheit, die ständig aufgrund neuer Erkenntnisse total oder teilweise geändert werden können; aber sie ist das Beste, was der menschliche Geist erschaffen kann. Zum anderen weil es, abgesehen von der Eitelkeit der Entdecker, gar nicht so wichtig ist, ob der *Australopithecus afarensis* in direkter Evolutionslinie mit uns verbunden ist: Wir können sicher sein, dass wir einen Vorfahr haben, der im Wesentlichen dem *Australopithecus afarensis* entspricht, der im Zeitraum vor 3 bis 4 Millionen Jahren in Afrika lebte. Und dies ist das wirklich Wichtige. Zwar hat der französische Paläontologe Michel Brunet vor kurzem Reste des *Australopithecus* aus eben derselben Zeit im Tschad gefunden, mitten in Afrika, sodass ich vorsichtig geworden bin und weiter oben schrieb, dass unser Vorfahr in Afrika, und nicht unbedingt in Ostafrika lebte, wie ich dies einige Jahre zuvor getan hätte.

Der nächste Zweig des Kladogramms in unsere Richtung gehört zum *Australopithecus africanus*. Seine Fossilien sind zwischen 3 und etwas weniger als 2,5 Millionen Jahre alt und stammen dieses Mal nicht aus Ostafrika sondern aus drei Höhlen Südafrikas: Taung, Sterkfontein und Makapansgat. Körperlich war er dem *Australopithecus afarensis* ähnlich, und sein Hirn scheint nicht oder kaum gewachsen zu sein. Die drei am besten erhaltenen Schädel, alle von Mitglied 4 von Sterkfontein, haben folgende Volumina: 375 cm^3, 485 cm^3 und 515 cm^3. Der letzte Schädel hat allem Anschein nach ein großes Gehirn, und es wurde bestätigt, dass sein Schädelvolumen über 600 cm^3 liegt. Das Exemplar ist jedoch, wie übrigens ein Großteil der Fossilien in den südafrikanischen Höhlen, durch den Druck des Sediments verformt, und um die Verformung des Fossils zu korrigieren, muss es rekonstruiert werden. Glenn Conroy und andere Kollegen benutzten eine moderne Röntgentechnik, die bei menschlichen Fossilien immer häufiger angewendet wird. Es handelt sich um die Computertomographie, die das Anfertigen vieler Röntgenbilder sehr dicht hintereinander ermöglicht, so als ob das Fossil in dünne Scheiben geschnitten würde. Anschließend werden diese zweidimensionalen Bilder in den Computer eingelesen, und mit entsprechenden Programmen kann man das Objekt wieder dreidimensional abbilden und es dann auf dem Bildschirm des Computers bearbeiten, um, wie in diesem Fall, die Verformung zu korrigieren. Nun ist es möglich, Werte wie das Hirnvolumen zu messen. Auf diese Weise kam man auf eine Zahl zwischen 500 cm^3 und 530 cm^3, wobei einige Wissenschaftler diesen Wert als Untergrenze ansehen.

Im Oktober 1998 gaben der altgediente Paläoanthropologe Phillip Tobias, ehemaliger Leiter der Ausgrabungen von Sterkfontein, und sein langjähriger Mitarbeiter und jetziger Leiter derselben, Ron Clarke, die Entdeckung eines sehr gut erhaltenen Skeletts bekannt, auf das man in großer Tiefe dieses Fundorts gestoßen war (das Mitglied 2); das erwähnte Skelett könnte ebenso alt sein wie Lucy – sie ist 3,2 Millionen Jahre alt – oder sogar älter, nämlich bis zu 3,5 Millionen Jahre. Die Umstände, die der Meldung des Fundes vorausgingen, sind unglaublich, wie dies in der Welt der Paläoanthropologie zuweilen der Fall ist. Im September 1994 identifizierte Ron Clarke zwischen Tierfossilien, die zwei Jahre zuvor am Fundort freigelegt worden waren, einige Teile des linken Fußes desselben Skeletts, das daraufhin Little Foot („Kleiner Fuß") getauft wurde. Clarke und Tobias sahen in ihm sehr primitive Merkmale, die er mit den Schimpansen teilte, und die typisch sind für ein Tier, das zumindest teilweise auf Bäumen lebt, was andere bezweifeln. Im Mai 1997 fand Ron Clarke weitere Reste desselben Fußes im Labor, darunter auch die unteren Enden des linken Schien- und Wadenbeins sowie den unteren Teil des rechten Schienbeins und einen Fußknochen der gleichen Seite, die ebenfalls zum Individuum Little Foot gehörten. Nun bekamen die Helfer Clarks am Fundort im Juni 1997 die Anweisung, eine fast aussichtslose Mission zu übernehmen, nämlich in den Wänden der großen, tiefen und dunklen Höhle einen abgebrochenen Knochen zu suchen, der zu dem gefundenen Teil des rechten Schienbeins von Little Foot gehörte (das war, als solle man eine Stecknadel im Heuhaufen suchen). Und nach nur zwei Tagen gelang es ihnen! Little Foot ist noch immer großteils im Felsen eingeschlossen, da die Fossilien und die Matrix in der Höhle von Sterkfontein einen einzigen Block bilden, aber man kann schon erkennen, dass der dort entdeckte Schädel komplett ist. Wir müssen also noch etwas abwarten, bis wir erfahren, um welchen Hominiden es sich handelt, und um sein großes Alter und seine angeblichen Baumbewohner-Eigenschaften bestätigen zu können. Es wird ein spannendes Warten werden, denn wenn das Skelett tatsächlich einem Zeitgenossen des *Australopithecus afarensis* gehört und einer anderen Art zuzurechnen ist (womöglich einer frühen Form des *Australopithecus africanus*), so könnte dieser als ernsthafter Kandidat antreten, als Vorgänger aller nachfolgenden Hominiden, die also jünger sind als 3 Millionen Jahre – und dazu gehören auch wir.

Was man isst, bringt man hervor

Obwohl man glaubt, dass der *Australopithecus africanus* in einer von Wald geprägten Umgebung lebte, die sich nicht wesentlich von der des *Australopithecus afarensis* unterschied, hatte er größere Backenzähne, was darauf hinweist, dass seine Nahrung längeres Kauen erforderte. Offensichtlich bestand sie aus pflanzlichen Produkten, die noch härter waren als die Kost seiner Vorfahren. Aber gibt es eine Möglichkeit, auf direktem Weg etwas über die Ernährung der fossilen Hominiden zu erfahren?

Jedes der chemischen Elemente kann in verschiedenen Formen auftreten, den so genannten Isotopen. Wir haben in unseren Knochen beispielsweise Kohlenstoff vom Typ C12 und einen wesentlich geringeren Anteil des Typs C13, dem schweren Kohlenstoff. Der Unterschied zwischen beiden besteht darin, dass der schwere Kohlenstoff 13 Neutronen und Protonen im Kern hat, der leichte Kohlenstoff hingegen nur zwölf.

Matt Sponheimer und Julia Lee-Thorp führten eine großartige Studie über die Anteile an schwerem und leichtem Kohlenstoff in der Fossiliengemeinschaft am Fundort Makapansgat durch, die etwa 3 Millionen Jahre alt ist und Vertreter des Hominiden *Australopithecus africanus* einschließt. In Afrika enthalten die Bäume und Büsche weniger schweren Kohlenstoff als die Gräser der offenen Weideplätze. Darum nehmen diejenigen Huftiere, die Gräser fressen, relativ mehr schweren Kohlenstoff auf als andere, die Blätter von den Bäumen fressen. Aufgrund einer Zahnschmelzanalyse der fossilen Zähne fanden die beiden Forscher heraus, dass die Australopithecinen – wie zu erwarten – weniger schweren Kohlenstoff in sich hatten als die grasfressenden Tiere wie Riedbock und *Hipparion* (ein pferdeähnliches Tier mit drei Klauen an den Extremitäten statt eines Hufs wie beim Pferd). Bei den Australopithecinen ließ sich aber mehr schwerer Kohlenstoff nachweisen als bei den Waldbewohnern, wie beispielsweise den Antilopen mit gedrehten Hörnern, etwa den Kudus und Sitatungaantilopen. Es ist möglich, dass die Australopithecinen von Makapansgat außer fleischigen Früchten und weichen Blättern von Bäumen auch Wurzeln und Samen der hohen Savannengräser aßen. Oder sie ernährten sich vielleicht von Insekten, die diese Gräser fraßen oder von den Tieren, die auf der offenen Ebene weideten. Möglicherweise töteten sie Lämmer oder suchten Aas. Das Größerwerden der Backenzähne, das vom *Australopithecus afarensis* zum *Australopithecus africanus* auftritt, lässt mich mehr an Körner, Nüsse und unter der Erde wachsende Speicherorgane denken als an tierische Produkte; um Letztere zu vertilgen, wäre keine Vergrößerung der Kauflächen nötig, sondern vielmehr Instrumente, die Fleisch zerkleinern und Knochen knacken können, die man jedoch niemals bei diesen Australopithecinen gefunden hat. Jedenfalls lässt sich aus dem, was uns die stabilen Kohlenstoffisotope erzählen, wohl ableiten, dass die Australopithecinen von Makapansgat nicht im tiefen Wald eingeschlossen lebten, sondern auch lichtere Orte aufsuchten.

Beinahe-Menschen

Im Kladogramm der Abbildung 4 habe ich zwei neue Zweige zwischen den Australopithecinen und dem *Homo sapiens* eingeführt. Beide sind Vertreter unserer eigenen *Gattung*: Sie gehören ebenso wie der Mensch der Neuzeit zur Gattung *Homo*. Die weiter von uns entfernte und dem Australopithecinen näher stehende Art ist der so genannte *Homo habilis*, die früheste Art dieser Gattung. Sein Auftreten erstreckt sich von Äthiopien (Flusstal des Omo und Hadar) über Kenia (Turkanasee) bis Tansania (Oldoway-Schlucht) und über den Zeitraum von vor 2,3 bis vor 1,5 Millionen Jahren. Es ist interessant, die geogra-

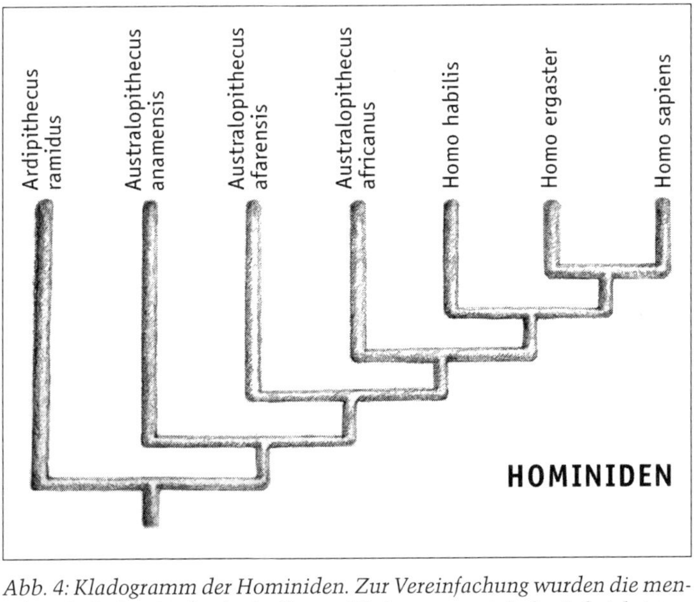

Abb. 4: Kladogramm der Hominiden. Zur Vereinfachung wurden die menschenähnlichen Vorläufer in diesem Kladogramm nicht berücksichtigt.

fische Verteilung der vorherigen drei behandelten Hominidenarten zu betrachten, denn wenn wir den *Homo habilis* vom *Australopithecus africanus* und diesen wiederum vom *Australopithecus afarensis* abstammen ließen, müssten wir vom Osten Afrikas (*Australopithecus afarensis*) nach Südafrika (*Australopithecus africanus*) reisen und dann nach Ostafrika zurückkehren (*Homo habilis*). Die Unterbrechung der Biogeografie in unserem stammesgeschichtlichen Szenario stellt ein schwieriges Problem für uns dar.

Einige Wissenschaftler erkennen Fossilien der Art des *Homo habilis* in den Sammlungen von Südafrika: Er könnte sich dort aus dem *Australopithecus africanus* entwickelt und sich später in den Osten Afrikas ausgebreitet haben, aber ich sehe diese angeblichen südafrikanischen *Homo habilis* nicht. Außerdem kommen die ersten Fossilien des *Homo habilis* aus Äthiopien. Die von mir bevorzugte Hypothese ist die, dass im Osten Afrikas in dem Zeitraum vor 3 bis 2,5 Millionen Jahren eine dem *Australopithecus africanus* ähnliche Art lebte, aus der sich der *Homo habilis* entwickelte. Als ich schon den Schlusspunkt dieses Buches gesetzt hatte, musste ich zu dieser Seite zurückkehren, da das Team von Tim White eine neue Art von Hominiden benannt hatte, den so genannten *Australopithecus garhi*. Die Grundlage bildeten Schädel und Zahnreste, die in Äthiopien gefunden worden waren (im Afardreieck, am Mittellauf des Flusses Awash und nicht weit von den Stätten, an denen dasselbe Team die Fossilien des *Ardipithecus ramidus* entdeckt hatte. Diese Überreste sind etwa 2,5 Millionen Jahre alt und scheinen in das stammesgeschichtliche Modell zu passen, an dessen Existenz ich glaubte, sodass man vernünftigerweise davon ausgehen kann, dass die ersten *Homo habilis* aus einer Hominidenart des Typs *Australopithecus africanus* hervorgegangen sind und dass ihr Ursprung in Afrika liegt, ohne die geografische Lage präzisieren zu wollen. Außer dem Tschad, dem Osten Afrikas und Südafrika wäre Malawi ein weiteres denkbares Szenario zwischen den beiden letztgenannten Regionen.

Tim Bromage und Friedemann Schrenk fanden an der Mündung des Malawi-Sees einen etwa 2,5 Millionen Jahre alten Unterkiefer, den sie der Gattung *Homo* zuordnen, eine Einordnung, die ich wiederum nicht für gesichert halte.

Der Körper des *Homo habilis* unterschied sich kaum von den Australopithecinen: von kleiner Gestalt, mit langen Armen und kurzen Beinen. Darauf scheint zumindest das vollständigste Skelett hinzuweisen, das zur Verfügung steht. Es stammt aus Oldoway (Tansania) und wurde von Donald Johanson und Tim White gefunden. Ein anderes, unvollständiges Skelett, das vom Team Richard Leakeys am Turkanasee gefunden wurde, ist diesem ähnlich. Aus morphologischer Sicht gibt es nicht viele Gründe, den *Homo habilis* in unserer eigenen Gattung zu akzeptieren, und es wäre anschaulicher, ihn als „*Australopithecus habilis*" zu bezeichnen. So wäre dem Leser klarer, von welcher Hominidenart die Rede ist. Es ist jedoch nicht so sicher, ob der Homo habilis den Verstand eines Australopithecinen hatte, letzten Endes also das Gehirn eines Affen.

Zunächst lässt sich beim *Homo habilis* eine gewisse Vergrößerung des Hirns im Vergleich zu den Australopithecinen erkennen. Ein aus dem Turkanasee stammender Schädel hat ein kleineres Hirn von nur 510 cm^3. Dieser Schädel unterscheidet sich eigentlich wenig von dem einiger *Australopithecus africanus* von Sterkfontein, wenn er sich auch in einigen zwar winzigen, kaum wahrnehmbaren, aber doch wichtigen Details als uns näher erweist. Weitere vier Schädel des *Homo habilis* haben etwas größere Hirne von 582 cm^3, 594 cm^3, 638 cm^3 und 674 cm^3 (der erste stammt vom Turkanasee, die übrigen drei aus Oldoway). Es sind allerdings große Zweifel angebracht, wie man die Hirne dieser Fossilien rekonstruiert hat, da sie sehr unvollständig und verformt waren, und es ist möglich, dass die Schätzungen in den nächsten Jahren gewaltig nach unten korrigiert werden müssen.

Die Hirne als solche sind nicht erhalten, aber ihre Form und Ausmaße, da im Innern des Schädels ein Loch bleibt, die Schädelhöhle; richtiger wäre es, vom Gehirn zu sprechen, denn wenn auch der größte Teil der Schädelhöhle dem Hirn (d.h. dem Großhirn) entspricht, so befinden sich dort auch das Kleinhirn und das verlängerte Mark. Die Paläontologen füllen die Schädelhöhle mit Modellgips oder mit Silikon oder Latex aus und erhalten so einen Abdruck vom Gehirn eines mehrere Millionen Jahre alten Hominiden. Tatsächlich ist es das einzige Körperorgan, das – wenn auch in negativer Form – zum Fossil wird.

Als wäre die Taxonomie – also die systematische Einordnung in Arten – der ersten Fossilien aus der Gattung *Homo* noch nicht kompliziert genug, fand Richard Leakey einen Schädel, der nicht ohne weiteres in diese Geschichte passt. Richard Leakey ist der Entdecker vieler bedeutender Fossilien in der Region des Turkanasees und verheiratet mit der Forscherin Meave Leakey, die wir bereits erwähnten. Die Eltern von Richard, Louis und Mary, gaben den Anstoß zu den Funden menschlicher Fossilien im Osten Afrikas und machten weitreichende Entdeckungen in der Schlucht von Oldoway, in Tansania. Der Schädel, der uns die Schilderung schwer macht, trägt die Kennnummer KNM-ER 1470, und sein Schädelvolumen beträgt nicht weniger als 752 cm^3. Es könnte sich um einen großen männlichen *Homo habilis* handeln, wenn man bedenkt, dass es bei dieser Art einen deutlichen Unterschied zwischen beiden Geschlechtern gab, einen Geschlechtsdimorphismus ähnlich wie bei den Australopithecinen oder sogar noch größer. Etwas macht es schwer, dieser Hypothese zu folgen, und zwar die Tatsache, dass der Unterschied zwischen dem KNM-ER 1470 und den übrigen Fossilien des *Homo habilis* nicht nur in der Größe, sondern auch in der Form auffällt. Der *Homo habilis* hat ein kleineres Gesicht und kleinere Backenzähne als der *Australopithecus africanus*: In diesen Merkmalen nähert er sich uns an. Was jedoch den KNM-ER 1470 außer seines großen Hirns auszeichnet, das sind sein großflächiges Gesicht und sein enormer Kauapparat (eine seltsame Kombination). Deshalb ordnen einige Wissenschaftler den KNM-ER 1470 und einige andere Fossilien mit großen Backenzähnen (wie den bereits erwähnten Unterkiefer von Malawi) einer anderen Art, dem *Homo rudolfensis*, zu.

Auch hinsichtlich des Lebensraums unterschied sich der *Homo habilis* von den vorangegangenen Hominiden. Es ist die erste Art, die nicht vollständig auf eine bewaldete Umgebung angewiesen ist, sei es nun auf einen feuchten Urwald wie der *Ardipithecus ramidus* oder auf einen trockenen und weniger dichten Wald wie die Australopithecinen. Der *Homo habilis* bewohnte anscheinend sehr viel offenere Landschaften wie Savannen, in denen es Bäume und Büsche gab, die entweder verstreut wuchsen oder Inseln auf weiten, grasbewachsenen Lichtungen bildeten. Dieser ökologische Wechsel ist äußerst wichtig, da er, wie wir später sehen werden, den Weg frei machte für noch bedeutendere Veränderungen, die dazu führten, dass die Nachkommen des *Homo habilis* schließlich in den verschiedensten Regionen, Klimaten und Ökosystemen leben konnten. Alle anderen Mitglieder unserer Gruppe aus Primaten (Gibbons, Orang-Utans, Gorillas und Schimpansen) und all unsere Vorfahren bis zu diesem Zeitpunkt sind und waren ausnahmslos Waldbewohner.

Der Wechsel des Lebensraums, der sich mit dem *Homo habilis* vollzog, trifft zeitlich mit einer großen Klimaveränderung zusammen und könnte deren Folge sein. In den letzten vier Millionen Jahren unterliegt der Planet einer kontinuierlichen Tendenz zur Abkühlung und Austrocknung. Innerhalb dieser allgemeinen Tendenz gibt es Klimaschwankungen, thermische Kehrtwenden, die die Erde wechselweise abkühlen oder erwärmen und sie dabei einmal austrocknen und dann wieder feuchter werden lassen. Diese Schwankungen hängen mit astronomischen Bedingungen zusammen, nämlich mit der Erdachse und der Umlaufbahn des Planeten um die Sonne. Solche astronomischen Schwankungen folgen bestimmten Zyklen, welche die auf die Erde treffende Sonneneinstrahlung beeinflussen und die klimatischen Zyklen festlegen (neben anderen Faktoren, die nichts mit dem Umlauf um die Sonne zu tun haben).

Nun ist es so, dass sich die Klimaschwankungen bis vor 2,8 Millionen Jahren etwa alle 23 000 Jahre ereigneten und geringe Ausmaße hatten: Sie veränderten nicht viel. Vor 2,8 Millionen Jahren jedoch begannen diese Schwankungen, sich alle 41 000 Jahre zu ereignen, und waren nun von sehr viel bedeutenderem Ausmaß, sodass sich während der kalten Zeiten große Eismassen rund um die Pole auftürmten. Außerdem waren die beiden Polkappen, die Arktis und die Antarktis, möglicherweise schon dauerhaft vorhanden und blieben, wenn auch in geschrumpfter Form, während der warmen Zeiten bestehen. Diese Zeiten der Abkühlung und Austrocknung des Planeten scheinen einen enormen ökologischen Einschnitt in allen Erdteilen bewirkt zu haben, so auch in den afrikanischen Regionen, in denen die Hominiden lebten, sodass der Regenwald drastisch abnahm und die offenen Ökosysteme sich auf seine Kosten ausweiteten. Die Ausdehnung der Savannen und die damit verbundene Veränderung des Pflanzenwuchses ging mit der Entwicklung mehrerer Linien von Säugetieren einher, die Arten hervorbrachten, die der neuen Umgebung angepasst waren. Und darunter befand sich der *Homo habilis*.

Kapitel zwei
Das menschliche Paradox

Ich habe die Begriffe Bewusstsein und Wahrnehmung mehr oder weniger ohne Unterscheidung gebraucht, obwohl ich Wahrnehmung (z. B. in „visuelle Wahrnehmung“) normalerweise für konkrete Aspekte des Bewusstseins verwende. Es gibt Philosophen, die zwischen beiden Begriffen unterscheiden, aber es herrscht keine Einigkeit darüber, worin der Unterschied besteht. Ich muss gestehen, dass ich in einem Gespräch „Bewusstsein“ sage, wenn ich meine Gesprächspartner überrumpeln will, und „Wahrnehmung“, wenn ich dies vermeiden möchte.

Francis Crick,
Was die Seele wirklich ist –
Die naturwissenschaftliche Erforschung der Seele

Die Erfindung

Die Anpassung des *Homo habilis* an die offeneren und grasbewachsenen Ökosysteme, die Savannen, bedeutet nicht nur eine Veränderung des Lebensraums, sondern auch eine Veränderung der ökologischen Nische, des Platzes also, den die Art in der Nahrungskette einnimmt: mit anderen Worten, wovon ihre Vertreter sich ernährten. Zum ersten Mal wurden Fleisch und tierische Fette wichtige Bestandteile des Speiseplans der Hominiden. Dieser Wechsel in eine andere ökologische Nische scheint jedoch – und das ist erstaunlich – keine grundlegende Veränderung in der Morphologie des *Homo habilis* bewirkt zu haben, die, wie bereits erwähnt, der der Australopithecinen sehr ähnlich blieb. Dennoch gibt es mit einem etwas kleineren Gesicht und einem etwas größeren Hirn leichte Veränderungen des Kopfes.

Die Zunahme der Gehirngröße kann mit der neuen Lebensform zusammenhängen, die auf der Verwertung verstreuterer und weniger vorhersehbarer Vorräte basierte als im tropischen Regenwald. Diese Überlegung gilt für die pflanzlichen Produkte und erst recht für die tierischen. Das größere Gehirn könnte dem *Homo habilis* eine zusätzliche Möglichkeit verschafft haben, die Kartographie eines sehr großen Gebiets im Kopf zu speichern und so detaillierte geistige Karten zu erstellen sowie die Spuren der Tiere und andere Zeichen zu deuten, wie beispielsweise den Flug der aasfressenden Vögel, wenn sie ein totes Tier entdeckt haben. Vielleicht ermöglichte es ihm auch, die Rhythmen des Lebens und der Erde zu verstehen, den wiederkehrenden Wechsel der Jahreszeiten, um sich auf die (vorhersehbaren) Ereignisse der natürlichen Umgebung einstellen und längerfristig planen zu können. Wenn dies so wäre, befänden wir uns vor einer wirklich sehr bedeutsamen Veränderung, denn es scheint nicht so, dass die Schimpansen irgendwelche Pläne für die Zukunft schmieden. Zugleich ist es sehr wahrscheinlich, dass die sozialen Gruppen größer, besser strukturiert und kooperativer wurden und dass die Zunahme der grauen Substanz die Folge wachsender sozialer Komplexität darstellt, d.h. dass sie auch dazu dient, dem Verhalten der anderen vorzugreifen.

Der Primatologe Robin Dunbar hat die Größe des Gehirns und seiner Bestandteile bei den Primaten untersucht, um festzustellen, in welchen Variablen sich die großen Gehirne entsprechen, die man bei vielen ihrer Arten findet. Nachdem er andere ausgeschlossen hatte, blieben Robin Dunbar nur noch zwei Hypothesen zur Wahl: Ist die Gehirngröße nur abhängig von der ökologischen Nische oder von der Größe und der Komplexität der sozialen Gruppe? Das Endergebnis seiner Studien ist, dass zwischen der sozialen Komplexität eines Primaten und seiner Großhirnrinde (Neocortex) ein enger Zusammenhang besteht, und dass es keine ökologische Variable gibt, die die Großhirnrinde zunehmen lässt. Die Großhirnrinde macht bei den Menschen den größten Teil des Gehirns aus, bei den Reptilien und den Säugetieren, die keine Primaten sind, ist er jedoch nicht der größte Teil.

Die Vergrößerung des Neocortex beim *Homo habilis* wäre dementsprechend ein soziales Phänomen. Hier kann man anfügen, dass es andere Hominiden, die Paranthropinen (über die wir später sprechen) gab, die sich ebenfalls und zur selben Zeit wie der *Homo habilis* an offene Ökosysteme anpassten, ohne dass sich dadurch eine bedeutende Zunahme ihrer Gehirngröße einstellte. Da aber die Zunahme des Neocortex sich auf die mentalen Verbindungsfunktionen und die analytische Fähigkeit auswirkt, bin ich sicher, dass sie den ersten *Homo habilis* dabei half, sich gleichermaßen in einer sozial geprägten Umwelt zu entwickeln und eine völlig neue ökologische Nische zu besetzen. Es ist gut möglich, dass seine ungewöhnliche soziale Komplexität der Schlüssel für seinen und letztlich auch unseren ökologischen Erfolg war.

Schließlich folgt ein großer Schritt, eine erste Erfindung wird gemacht. Die morphologischen Neuerungen, die wir bisher betrachtet haben, sind Folgen der Evolution, ein Ergebnis des Wechselspiels von Mutation und Neukombination – den Kräften der Genetik – und der natürlichen Auslese – oder der Kraft der Umwelt, wenn man so sagen kann. Aber nun kommt etwas ganz Neues aus dem Geist, die erste Erfindung: der behauene Stein. Die ersten steinernen Artefakte, die man eindeutig datieren kann, wurden in Gona, in der Gegend von Hadar, im Afardreieck (Äthiopien) gefunden und sind etwa zweieinhalb Millionen alt. Andere steinerne Werkzeuge vom Turkanasee, von den Flüssen Omo und Kongo, aus Uganda und Malawi scheinen nur geringfügig jünger zu sein. Das erste menschliche Fossil, das man zusammen mit Artefakten fand, besteht aus dem unteren Teil eines Gesichts (Kiefer) mit dem Gaumen und einigen Zähnen, es ist 2,33 Millionen Jahre alt und wurde vom Team Donald Johansons ebenfalls in der Gegend von Hadar aufgefunden.

Der Lebensraum war, wie man aus der Vielzahl von Fossilien der Weideantilopen erkennen kann, ziemlich offen und deutlich weniger bewaldet als jener der Schwarzfersenantilopen und des *Australopithecus afarensis*, die vorher dieselbe Region bewohnt hatten. Das Fossil (A.L. 666-1) gehört zweifellos zu einem *Homo*, aber die Zuordnung eines so unvollständigen Überrestes wie diesem zur Art des *Homo habilis* ist lediglich eine Vermutung, die ich mir erlaube. Jedenfalls waren diese Artefakte von Hadar und spätere, die dem *Homo habilis* zugeschrieben werden, grob behauene Kieselsteine und die bei der Bearbeitung anfallenden Abschläge (da es tatsächlich nicht leicht ist, an diesen primitiven Teilen zu erkennen, was die eigentlichen Instrumente und was die unbrauchbaren Abfälle des Behauens waren, fassen einige Wissenschaftler den Begriff des Artefakts weiter und bezeichnen damit die Abschläge und das, was übrig bleibt, wenn man sie entfernt, nämlich den Kern). Die Archäologen bezeichnen diese Fertigkeit als Oldoway-Industrie oder I. Technische Art. Man sprach bei allen vom *Homo habilis* gefertigten Hilfsmitteln von „biologischen Hilfsmittel", da sie die Morphologie des Individuums verstärkten oder verlängerten.

Seit sich die Eckzähne beim *Ardipithecus ramidus* nämlich zurückzubilden begannen, verfügten die Hominiden nicht mehr über geeignete natürliche Werkzeuge, um die Haut und das Fleisch toter Tiere zu zerteilen, und sie hatten auch keine Möglichkeit, die Knochen zu zerbrechen, um an das Mark zu gelangen. So waren die steinernen Werkzeuge wirklich der Schlüssel dazu, oder einer der Schlüssel, eine neue Speisekammer aufzutun.

Zwar trifft es zu, dass die Schimpansen sorgfältig ausgewählte Hilfsmittel, die in der Natur vorhanden sind, einsetzen können (und sie sind nicht die einzigen Tiere, die dies tun), und sie

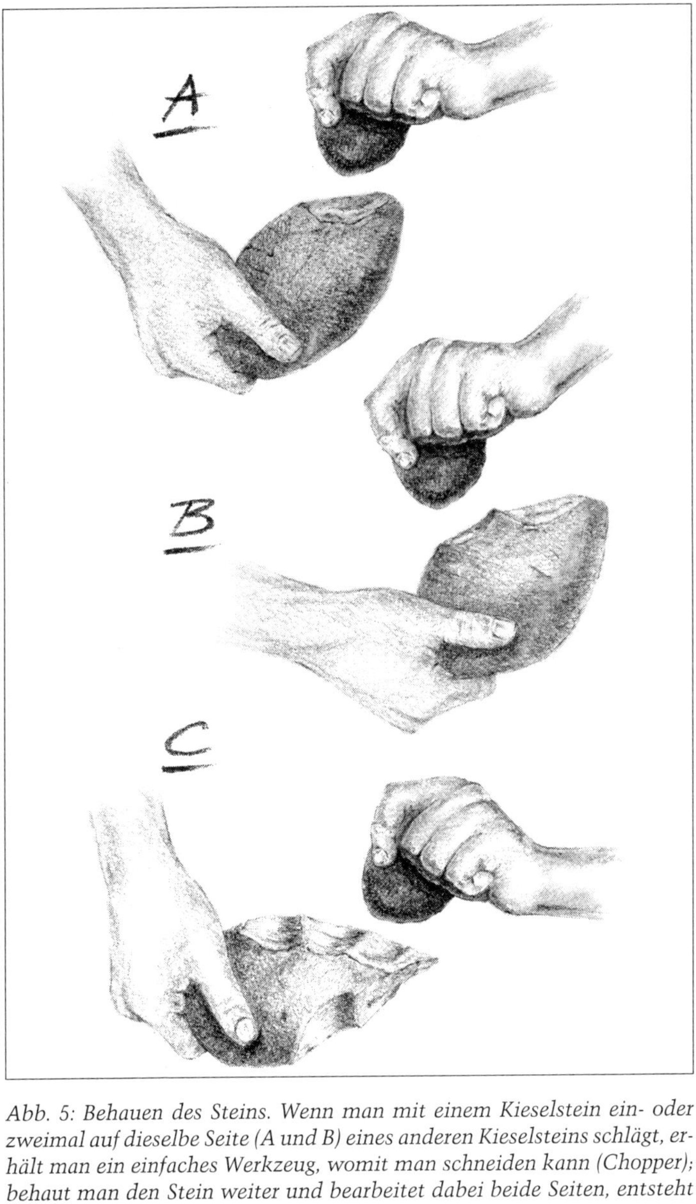

Abb. 5: Behauen des Steins. Wenn man mit einem Kieselstein ein- oder zweimal auf dieselbe Seite (A und B) eines anderen Kieselsteins schlägt, erhält man ein einfaches Werkzeug, womit man schneiden kann (Chopper); behaut man den Stein weiter und bearbeitet dabei beide Seiten, entsteht ein Faustkeil (C).

verändern sie sogar ein bisschen zu ihren Zwecken. Man hat sie beispielsweise beim Nüsseknacken beobachtet, wozu sie einen Felsblock als Hammer und einen zweiten als Amboss benutzen. Aber niemals hat man einen Affen gesehen, der absichtlich einen Stein spaltete, und selbst unter Versuchsbedingungen konnte man Affen nicht dazu bringen, zielsicher Steine gegeneinander zu schlagen, um scharfe Kanten zu erhalten. Man kann ihnen jedoch die Nützlichkeit der scharfen Steinsplitter begreiflich machen, und es gelingt ihnen, sie zu benutzen, wenn sie auch nicht geschickt genug sind, sie anzufertigen. Alles weist darauf hin, dass ihre Arme und Hände für eine solche Tätigkeit nicht gut ausgelegt sind (was kein großer Nachteil ist, denn sie sind mit den Füßen viel geschickter als wir Menschen). Schimpansen sind auch nicht sehr zielsicher, wenn sie Dinge werfen, und Behauen ist nichts anderes, als einen Stein gezielt gegen einen anderen zu schlagen; dazu muss man den geeigneten Winkel und den genauen Punkt des Aufschlags suchen und das richtige Maß an Kraft aufwenden. Wenn Schimpansen jemandem Angst einjagen wollen, schleudern sie ziemlich ungeschickt Stöcke oder andere Gegenstände herum, und dies hat nichts mit unserem genauen Zielen zu tun. Andererseits ist es wichtig darauf hinzuweisen, dass Schimpansen in ihrem natürlichen Umfeld nicht in Situationen kommen, in denen sie scharfe kantige Gegenstände brauchten, sodass die präzisen (geistigen oder anatomischen) Fähigkeiten, solche anzufertigen, durch die natürliche Auslese nicht begünstigt wurden.

Bei den Australopithecinen aber war der Bau der Arme und Hände im Wesentlichen der gleiche wie beim Menschen. Sie hatten sicher die notwendige geistige und biomechanische Fähigkeit, Werkzeuge herzustellen, auch wenn man an keinem ihrer Fundorte auf solche Artefakte stieß. Möglicherweise brauchten sie sie nicht. Darum denke ich, dass, so spektakulär das Auftauchen der ersten Artefakte auch war, diese nicht den weit reichenden geistigen Sprung widerspiegeln, wie man glaubte. Außerdem weist diese Art des Behauens nicht auf die Existenz eines idealen Modellwerkzeugs hin, nach dem der Stein gefertigt wurde wie nach einer geistigen Schablone. Ziel war es vielmehr, irgendwie etwas Scharfkantiges zu bekommen: Man strebte eine Eigenschaft an, keine bestimmte Form. Jedenfalls erleichterten die Schneidwerkzeuge, die der *Homo habilis* mit seinen selbst gemachten Hilfsmitteln fertigte, ihm den Zugang zu einer neuen ökologischen Nische, den Fleischfressern. Aus diesem Grund sollte man den *Homo habilis* vielleicht nur als „Beinahe-Menschen" bezeichnen, da sein Auftreten in der menschlichen Evolution einen bedeutenden Schritt eher im ökologischen und sozialen als im kognitiven Bereich darstellt.

Trotzdem haben uns die ersten Hersteller von Steinwerkzeugen vor „läppischen" zweieinhalb Millionen Jahren mit dem Einsatz von Werkzeugen vielleicht Beweise für eine überlegte Tätigkeit geliefert. An einigen Fundorten wurde das Primärmaterial anscheinend kilometerweit herangeschleppt, um dann für die Herstellung von Werkzeugen verwendet zu werden, mit denen man schließlich Tiere zerlegte. Zwar konnte niemand solche Tätigkeiten beobachten, die sich in grauer Vorzeit abspielten, aber als Indizien bleiben die zurückgelassenen Steinwerkzeuge, ebenso wie die beim Behauen anfallenden Steinsplitter und die Spuren an den Knochen der Pflanzenfresser. Man muss davon ausgehen, dass die Hominiden nach Steinen suchten, wenn sie einen Kadaver fanden. Aber in Gegenden, in denen geeignete Felsen rar waren, trugen die Hominiden die Steine und sogar die fertigen Werkzeuge möglicherweise mit sich, wenn sie umherstreiften, für den Fall, dass sie vielleicht auf Aas träfen und das Fleisch sofort zerteilen und die Knochen herauslösen müssten (denn so liefen sie nicht Gefahr, das Fleisch im harten Kampf zu verlieren, den sie wohl mit den großen Plünderern und anderen Aasfressern bestehen mussten).

Keines der Tiere, die Werkzeuge benutzen, die Schimpansen eingeschlossen, legen Vorräte an, und sie kümmern sich erst dann darum, an ein Werkzeug zu gelangen, wenn sie es brauchen. Außerdem legen sie dazu nie weitere Entfernungen zurück, sondern sie suchen in ihrer Nähe nach Materialien, in einem Umkreis von wenigen Metern. Könnte man schließlich beweisen, dass die ersten Hominiden sich nicht damit begnügten, durch mechanische Bearbeitung der Steine, die ihnen in die Hände fielen, eine Schneide herzustellen oder einen Knochen mit einem in der Nähe gefundenen Felsbrocken zu zertrümmern, sondern dass sie die Idee, den Stein zu beschaffen, lange in ihrem Kopf hatten, so wäre die Existenz bewussten technologischen Handelns bewiesen, das darüber hinausgeht, was jemals von einer heute lebenden Art außer dem Menschen bekannt wurde.

Ein Verhaltensmerkmal der Tiere ist es, dass sie dann zu handeln beginnen, wenn sie unmittelbar ein Ziel erreichen wollen, das sie direkt vor Augen haben. Schimpansen jagen manchmal kleine Affen, vor allem Stummelaffen, und andere kleine Tiere, aber sie scheinen keine Strategie zu entwickeln, Beute zu fangen, die sie nicht sehen (die also nur hypothetisch vorhanden ist); ihr Jagdverhalten ist eher opportunistisch. Sie nutzten die Gelegenheit, wenn sie sich bietet, und statt sich in Trupps zu organisieren, scheinen die Männchen sich der Jagd anzuschließen, wenn sie begonnen hat. Sie fertigen auch pflanzliche Schwämme, um Flüssigkeit aufzusaugen, oder schnitzen Stöcke, um damit in Termitennestern zu stochern und Insekten zu fangen, aber immer mit dem Ziel, die Schwämme oder Stöcke sofort zu verwenden.

Man kann einwenden, dass die Vögel über lange Zeit das Material herbeischaffen, aus dem sie ihre Nester bauen, wie auch die Biber es für ihre Dämme tun oder Ameisen für ihre Ameisenhaufen, und so können wir mit allen Arten von Bauwerken fortfahren, die von Tieren errichtet werden. Dies sind jedoch völlig instinktgesteuerte und daher vorprogrammierte Verhaltensweisen und keinesfalls ein Indiz für Ausdauer beim Verfolgen eines Ziels, das aufgrund einer Willensentscheidung zustande kam. Zum Beispiel weisen die aus exakten sechseckigen Zellen zusammengesetzten Waben keinesfalls auf die Existenz von Architekten bei den Bienen hin. Wenn sich im Fall der ersten Hominiden beweisen ließe, dass sie die Steine von ihrem Ausgangspunkt mitnahmen oder gar dass die Werkzeuge bereits im Voraus angefertigt wurden und nicht erst nach dem Auffinden des Kadavers, so würde mich das noch mehr von ihren vorausschauenden Fähigkeiten überzeugen, davon also, dass die Hominiden im Voraus wussten, was sie tun wollten. Wie ließe sich das beweisen? Würde man an den Fundorten auf viele Knochen von Pflanzenfressern mit Schnitt- oder Quetschspuren, jedoch auf keinen einzigen behauenen Stein treffen, so könnte man das so interpretieren, dass den Hominiden ihre Werkzeuge wegen der Knappheit an Primärmaterial so wichtig waren, dass sie sie nach der Benutzung nicht einfach liegen ließen, sondern sie mitnahmen. Genau das meinen Tim White und seine Kollegen an denselben 2,5 Jahre alten Fundorten Äthiopiens ablesen zu können, an denen die Überreste des *Australopithecus garhi* gefunden wurden.

Das erste menschliche Wesen

Die bekanntesten Fossilien des *Homo ergaster*, dem nächsten Zweig des Kladogramms in Abbildung 4, sind zwei Schädel und ein fast vollständiges Skelett, sie stammen aus der Höhle des Turkanasees in Kenia. Der vollständigste Schädel ist ungefähr 1,8 Millionen, die beiden anderen Fossilien 1,6 Millionen Jahre alt. Vor kurzem fand ein italienisches Team der Universität Florenz in der Senke von Danakil in Eritrea einen Schädel, der, nach den vorangegangenen Studien zu urteilen, anscheinend dieser Art angehört und nur eine Million Jahre alt sein soll. Das Datum ist wie immer, wenn gerade eine Entdeckung gemacht wurde, vorläufig: Man muss noch etwas warten, um sicher sein zu können. Wenn es sich bestätigen sollte, ließe sich die Art des *Homo ergaster* chronologisch in die Zeitspanne vor knapp zwei Millionen bis einer Million Jahren einordnen. Seine geografische Ausbreitung könnte sehr weit gewesen sein, da es aus dem südafrikanischen Fundort Swartkrans einige bruchstückhafte Überreste gibt, die man derselben Art zuordnen kann. Sein geologisches Alter liegt bei etwa eineinhalb Millionen Jahren. In diesem Fall und zum ersten Mal hätten wir es mit einem Hominiden zu tun, der sowohl im Osten Afrikas als auch im Süden des Kontinents präsent war.

Ein Großteil der Fossilien des *Homo habilis* ist 1,8 bis 1,9 Millionen Jahre alt, wobei sich noch herausstellen könnte, dass diese Art bereits vor 2,33 Millionen Jahren, zur Zeit des Fossils von Hadar und anderer noch weniger vollständiger Bruchteile vom Fluss Omo existierte. Im Prinzip spricht weder aus chronologischer noch aus biogeografischer Sicht etwas dagegen, dass diese Art der Vorfahr des *Homo ergaster* war, dessen Fossilien 1,8 Millionen Jahre oder jünger sind. Zwar gibt es einige Exemplare, die allgemein als *Homo habilis* aus der zweiten Schicht (Bed II) von Oldoway eingestuft werden und die auf 1,7 bis 1,6 Millionen Jahre und 1,5 bis 1,4 Millionen Jahre datiert sind. Die übrigen Fossilien des *Homo habilis* aus der Schlucht von Oldoway stammen aber aus der Bed I, der älteren Schicht, und sind etwa 1,8 Millionen Jahre alt. Darunter befindet sich ein Fossil, das auch ich dem *Homo ergaster* zurechne, ein Hüftknochen, der zwischen 1,8 und 2 Millionen Jahre alt sein könnte. Einige Wissenschaftler meinen jedoch, dass die neueren Fossilien von Oldoway (Bed II) für einen *Homo habilis* zu weit „entwickelt" seien und vielleicht zum *Homo ergaster* gehörten; andererseits ist auch nicht sicher, aus welcher Schicht (und welcher Zeit) der Hüftknochen vom Turkanasee stammt; vielleicht ist er nur 1,8 Millionen Jahre alt oder gar noch jünger.

Manche sehen in dieser möglichen (und nicht sicheren) Überschneidung der letzten Fossilien des „*Homo habilis*" und den ersten des „*Homo ergaster*" einen Hinderungsgrund für die Annahme, dass die zweite Art stammesgeschichtlich aus der ersten hervorgeht. Aber es gibt keinen Grund, weshalb der Untergang einer Art in der ganzen Welt mit dem Erscheinen ihrer Nachfolgeart, ebenfalls in der ganzen Welt, zusammenfallen muss. Das würde nur dann geschehen, wenn eine Art sich im gesamten Gebiet ihrer geografischen Ausbreitung verwandeln würde, in einem Prozess, der alle Populationen ohne Ausnahme beträfe. Meistens entwickelte sich die Nachfolgeart jedoch an einem konkreten geografischen Ort aus einer einzigen Population der Vorgängerart, sodass die beiden Arten dann über lange Zeit gleichzeitig an verschiedenen Orten existieren konnten (zum Beispiel der *Homo ergaster* in der Gegend des Turkanasees und der *Homo habilis* in Oldoway). Und wenn die Nachfolgeart sich in anderen Gegenden ausbreitet, in denen noch die Vorgängerart lebt, könnten die beiden Arten (die Mutter und die Tochter) sogar zusammenleben. Wenn jedoch beide im Ökosystem die gleiche Rolle innehaben, werden sie dort, wo sie zusammenleben, konkurrieren, und die Vorgängerart könnte schließlich verschwinden. Dies ist in groben Zügen der Mechanismus, der für den *Homo-habilis- / Homo-ergaster*-Übergang und für andere ähnliche Artenfolgen in der menschlichen Evolution angenommen werden muss.

Der *Homo ergaster* wies in vielerlei Hinsicht große Unterschiede zu allen vorangegangenen Hominiden auf. Zunächst hatte sein Körper sich verändert, seine Größe und die Proportionen waren den unseren ähnlich und sehr verschieden von denen der Australopithecinen und der ersten Arten des *Homo*. Darauf weisen einige nicht zusammengehörige Überreste hin, wie zum Beispiel der bereits erwähnte Hüftknochen oder ein Oberschenkelhalsknochen, beide aus dem östlichen Bereich des Turkanasees. Aber die Bestätigung dafür, dass der moderne körperliche Stammvater mit dem *Homo ergaster* in Afrika entstand, kam mit dem Fund eines erstaunlich gut konservierten Skeletts am Westufer des Turkanasees (in der Ortschaft Nariokotome) durch Mitglieder des Teams von Richard Leakey. Es gehörte zu einem Jungen, der im Alter von 9 bis 10 Jahren starb und dessen Gestalt mit der eines modernen Jungen seines Alters vergleichbar ist, wenn er nicht sogar größer war.

Andererseits nahm beim *Homo ergaster* das Gehirnvolumen zu und erreichte bei den am besten konservierten Schädeln Werte von 804 cm^3, 850 cm^3 und 900 cm^3. Dieses Hirnwachstum beim *Homo ergaster* verlief jedoch gleichzeitig mit der Zunahme des Körpergewichts, sodass es in Relation dazu keinen so großen Fortschritt im Vergleich zum *Homo habilis* darstellt. (Allerdings wurde schon erwähnt, dass die Schädelvolumina dieser letzten Art in der Vergangenheit möglicherweise zu hoch geschätzt wurden.)

Trotzdem fällt es mir schwer zu akzeptieren, dass das Anwachsen des Gehirns beim *Homo ergaster* gegenüber dem *Homo habilis* nicht auch einen großen Sprung bei den kognitiven Fähigkeiten bedeutete. Bis jetzt habe ich bei der Angabe der Gehirngröße einer Art immer sofort einen Kommentar zu deren Körpergewicht gegeben. Dies gründet darauf, dass man davon ausgehen kann, dass mit zunehmender Körpergröße einer Art alle Körperorgane wachsen, und das Gehirn ist eines von ihnen, nicht mehr und nicht weniger als beispielsweise die Leber.

Diese wissenschaftliche Strategie funktioniert im Allgemeinen gut, wenn sehr verschiedene Gruppen von Säugetieren betrachtet werden, die sehr große Unterschiede in der Gehirn- und Körpergröße aufweisen. Bei den in der Systematik weiter unten erscheinenden Arten ist es jedoch weniger nützlich. Das beginnt damit, dass verschiedene menschliche Personen oder Populationen unterschiedliche Hirngewichte aufweisen, ohne dass dies sich auf ihre Intelligenz niederschlägt. Im Durchschnitt ist das Gehirn eines Mannes bei gleichem Gewicht etwa 100 cm^3 größer als das einer Frau, aber es besteht kein Grund zur Aufregung, denn dieser Unterschied hat mit den so genannten höheren geistigen Funktionen (den kognitiven Fähigkeiten) nichts zu tun. Den Beweis liefern die Meerkatzen, denen die menschliche Intelligenz fehlt, dennoch gibt es große Unterschiede zwischen den Geschlechtern. Diese könnten mit der Fähigkeit zusammenhängen, visuelle und räumliche Informationen umzusetzen, die beim männlichen Geschlecht unserer Art – und vielleicht ist es bei den Meerkatzen ebenso – besser ausgebildet ist. Hat die natürliche Auslese vielleicht, so fragen sich Dean Falk und andere Kollegen, die sich mit dem Geschlechtsdimorphismus bei der Gehirngröße beschäftigt haben, bei den männlichen Hominiden den Orientierungssinn begünstigt? Sind wir Männer also allgemein beispielsweise die besseren Seefahrer? Aber lassen wir diese Spekulationen und kehren wir zum Thema zurück.

Die Gehirngrößen von gewöhnlichem Schimpansen und Gorillas liegen absolut gesehen viel näher beieinander als ihre Körpergewichte. Das durchschnittliche Hirngewicht des Schimpansen liegt bei 410 g gegenüber etwa 500 g beim Gorilla. Dagegen beträgt das durchschnittliche Körpergewicht des Schimpansen 33 kg bei den Weibchen und 43 kg bei den Männchen, während die entsprechenden Durchschnittswerte beim Gorilla bei 98 kg bzw. 160 kg liegen. Das Hirngewicht ist beim Gorilla also verhältnismäßig viel geringer, ohne dass seine Intelligenz, soweit wir wissen, niedriger wäre.

Mit anderen Worten: Zwei nahe verwandte Arten mit Gehirnen ähnlicher Größe haben normalerweise ähnliche geistige Fähigkeiten (die sie von einem gemeinsamen Vorfahr geerbt haben), unabhängig davon, ob ihre Körper mit der Zeit größer oder kleiner wurden. Der Hauptgrund für diese Tatsache ist darin zu sehen, dass das Gehirn sehr viel Energie verbraucht, seine Versorgung sehr aufwändig ist. Bei unserer Spezies verbraucht es 20 % der verfügbaren Energie, obwohl es im Allgemeinen nicht mehr als 2 % des Körpergewichts (zehnmal weniger) ausmacht. Beim Schimpansen entfallen beim Energieverbrauch auf das Gehirn 9 %. Wenn sich also beim Übergang einer Art zu ihrer Nachfolgeart das Hirngewicht erhöht, so vielleicht darum, weil diese Zunahme trotz des großen Energieaufwands sehr wichtig war. Wenn das Wachstum hingegen nicht so notwendig gewesen wäre, so hätte die natürliche Auslese das begünstigt, was gleich blieb, auch wenn der Körper größer wurde; möglicherweise wurden die Gorillas darum so groß, weil sie sich in Blattfresser verwandelten, sich also von wenig nahrhaften Blättern und Stielen ernährten, zu deren Verarbeitung sie große Verdauungsapparate benötigten. Umgekehrt macht die Abnahme des Körpergewichts eine Art nicht intelligenter, nur weil die Gehirngröße gleich bleibt.

Außerdem ist das, was im Hinblick auf einige wichtige Aspekte der Physiologie und vielleicht auch des Verhaltens zählt, nicht die relative Hirngröße, sondern die absolute. Ich beziehe mich auf die Dauer des Entwicklungsprozesses, der unter allen Primaten bei unserer Art am längsten dauert, und der mit einer langen Zeit der Abhängigkeit, der Versorgung mit Nahrung und der Fürsorge verbunden ist, bevor das Individuum erwachsen ist. Während dieser Zeit lernt man auch, mit den anderen in Beziehung zu treten und in Gesellschaft zu leben, womit man Lektionen von höchstem Wert erhält, da kein Individuum einer sozialen Art, und die unsere ist es in höchstem Grad, allein überleben kann.

Bei allen vor dem *Homo ergaster* lebenden Hominiden dauerte die Entwicklung so lange wie bei den Schimpansen oder etwas länger. Wenn man die vollständige Ausbildung des Skeletts zum Maß nimmt, so endet die Entwicklung bei uns mit über 20 Jahren – das Körperwachstum endet allerdings schon etwas früher –, während sie bei den Schimpansen, Gorillas und Orang-Utans mit etwa 12 bis 13 Jahren abgeschlossen ist. Die erste Menstruation findet bei den Schimpansenweibchen im Durchschnitt mit 13 Jahren statt, sodass die Geschlechtsreife im Großen und Ganzen mit dem Abschluss der Knochenentwicklung zusammenfällt. Wenn dieser beendet ist, beginnt das Erwachsenenleben, und damit die Fortpflanzung. Solange das Schimpansenweibchen ein Junges war, wuchs sein Gewicht von Tag zu Tag, sodass es mit der Nahrung stets mehr Kalorien aufnahm, als es zum Überleben brauchte, und mit diesem Überschuss an Energie seinen eigenen Körper aufbaute. Mit Erreichen der Geschlechtsreife sollte sein Gewicht nicht mehr zunehmen, jedoch mit dem Überschuss an Kalorien ein neues Wesen in seinem Körper heranwachsen, so als sei es ein weiteres Organ. Dann sollte der Abkömmling während der Stillzeit eine Weile an der Seite des Weibchens außerhalb der Gebärmutter wachsen, bis ein neues Junges kam. In gewisser Weise wächst ein Weibchen daher immer, zuerst während des eigenen Körperaufbaus und dann, indem es seine Kinder „produziert".

In der heutigen Welt lebt fast die gesamte Menschheit in Produktionsgesellschaften, in denen die Nahrung, also Tiere und Pflanzen, nicht mehr gejagt oder gesammelt, sondern gezüchtet und angebaut werden. Diese in gewisser Weise künstlichen Lebensbedingungen vor allem in der westlichen Welt, wo man während des Wachstums eine außerordentlich reichhaltige und abwechslungsreiche Kost genießen kann, können manche Aspekte unserer Entwicklungsbiologie, wie das Fortpflanzungsalter, verändert haben, sodass es besser ist, für einen Vergleich die wenigen Populationen heranzuziehen, die sich auch heute noch wie unsere Vorfahren ernähren, also wilde Tiere essen und wild wachsende Pflanzen sammeln. Bei den Ache in Paraguay und den Dobe !Kung in Namibia stellt sich die erste Schwangerschaft im Allgemeinen mit etwa 16 bzw. 18 Jahren ein, in einem Alter, das dem Ende des Körperwachstums der Frauen in den jeweiligen Volksstämmen sehr nahe kommt. Ich werde später noch von diesen Völkern, von Schwangerschaften und Kindern sprechen. Jetzt wollen wir uns aber weiter mit dem Thema Gehirn beschäftigen.

Man hat nachgewiesen, dass bei der Gruppe der Primaten eine sehr enge Beziehung zwischen der Dauer des Lebenszyklus oder auch den verschiedenen Lebensabschnitten und der Gehirngröße besteht. Daher dauern Kindheit, Jugend und das gesamte Leben eines Schimpansen doppelt so lang wie die entsprechenden Abschnitte im Leben einer Meerkatze, deren Gehirn etwa ein Viertel des Schimpansengehirns ausmacht. Aus demselben Grund ist unser Lebenszyklus viel länger als der eines Schimpansen: Unsere Langlebigkeit hängt mit unserem großen Gehirn zusammen. Da die durchschnittliche Gehirngröße des *Homo ergaster* zwischen der des Schimpansen und unserer eigenen liegt, kann man davon ausgehen, dass auch die Dauer von Kindheit, Jugend und gesamtem Leben dazwischen liegt. Und eine lange Entwicklungsdauer weist auch auf eine ausgedehnte Zeit des Lernens und der Vorbereitung auf das Erwachsenenleben hin.

Im Alter von drei Jahren haben sowohl ein Schimpansen- als auch ein Gorillajunges sowie ein menschliches Kleinkind ein Gehirn, das schon mehr als drei Viertel der endgültigen Größe misst. Dies bedeutet, dass der größte Teil des Gehirns auf Kosten der Mutter wächst, die die nötige Energie zunächst beim Austragen und dann während der Stillzeit zur Verfügung stellt. Der Anteil, um den das Gehirn nach dem Abstillen noch wachsen muss, ist gering, und daher kann man sich fragen, welche Bedeutung einer so ausgedehnten Entwicklungszeit dann zukommt. Die Antwort lautet, dass sich während dieser Zeit die „Programmierung" des Gehirns vollzieht, die Installation einer äußerst umfassenden Software auf eine Hardware, die in ihren wesentlichen Teilen bereits angelegt ist, wenn die Analogie zu den Computern erlaubt ist. Mit all diesen Ausführungen messe ich der Verlängerung dieses Lebensabschnitts große Bedeutung bei, da sie für mich eine grundlegende Voraussetzung für das Bestehen einer komplexen Gesellschaft sowie für die Entwicklung einer immer ausgefeilteren Technologie ist.

Die Faustkeile

Vor 1,6 Millionen Jahren erscheint in Afrika eine neue Art von Steinwerkzeugen (jetzt können wir wirklich von „Werkzeugen" sprechen, denn die Objekte, auf die ich mich beziehen will, wurden zweifellos zum Gebrauch als Werkzeuge hergestellt). Es handelt sich um die Faustkeile, große Instrumente, die zweiseitig mit erstaunlicher Genauigkeit und Symmetrie behauen waren. Es gibt verschiedene Arten davon: Steinhacken, Äxte

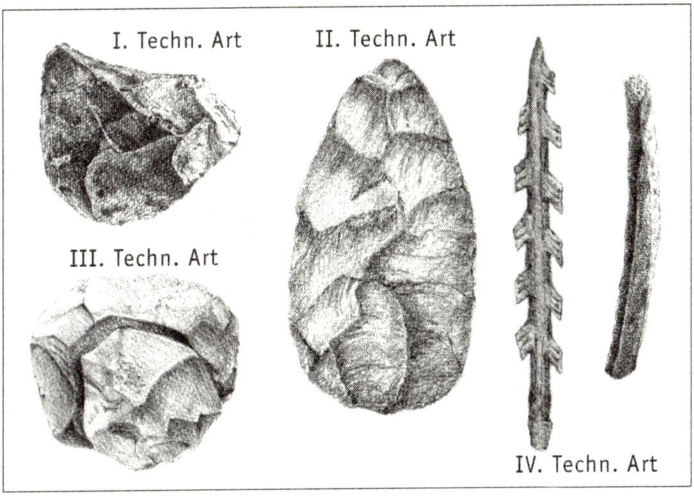

Abb. 6: Die vier großen Technischen Arten.

oder Pickel. Der Fertigungszyklus, zu dem sie gehören, wird als Acheuléen-Industrie oder II. Technische Art bezeichnet und lässt einen gewaltigen technologischen Sprung im Vergleich zur I. Technischen Art (von Oldoway) erkennen, da diesmal das überlegte, also bewusste Suchen nach Instrumenten mit einer bestimmten Form erkennbar ist, die für den Hersteller vorher nur im Geist existierte. Für Marcel Otte stellt ein Faustkeil daher eine Skulptur dar, die außer der Funktion auch das Gefallen an der Schönheit (eine Ästhetik) erkennen lässt. Diese primitiven menschlichen Wesen wussten sehr gut, was sie in der Hand hielten.

Was die zeitliche Einordnung betrifft, so geht man davon aus, dass die Faustkeile vom *Homo ergaster* gefertigt wurden; außerdem wurden in Konso, einem 1,4 Millionen alten Fundort in Äthiopien, Zeugnisse des Acheuléen und ein Unterkiefer des *Homo ergaster* zusammen gefunden. Um den Unterschied zwischen der biologischen Evolution und den kulturellen Veränderungen richtig zu verstehen, muss betont werden, dass die ersten Fossilien des *Homo ergaster* dem technologischen Zyklus der I. Art angehören. Die Erfindung und Verbreitung der II. Art weist also nicht auf eine biologische Veränderung zu größerer Intelligenz hin. Anders ausgedrückt: Vor eineinhalb Millionen Jahren verwendeten einige *Homo ergaster* eine weiter fortgeschrittene Technik als ihre Vorfahren oder die Mitglieder anderer Populationen derselben Art (und sogar als später lebende menschliche Wesen, wie wir sehen werden). Und wenn daher auch eine neue Technologie nicht unbedingt auf das Auftauchen einer neuen Art hindeutet, so ist doch klar, dass eine recht komplexe Fertigung sich nicht mit einem sehr einfachen Geist vereinbaren lässt: Es gibt zwar Menschen, die sich nicht mit Informatik auskennen, aber es ist völlig unmöglich, dass ein Affe lernt, am Computer zu arbeiten. Es ist also unwahrscheinlich, dass die II. Art dem Geist des *Homo habilis* zugänglich war.

Der berühmte französische Schriftsteller Jules Verne veröffentlichte 1901 einen wenig bekannten Roman mit dem Titel *Das Dorf in den Lüften*. Darin erzählte er das Abenteuer von zwei Expeditionsteilnehmern, einem Franzosen und einem Amerikaner, die auf Wesen (die „Wagddis") treffen, die Merkmale zwischen Schimpanse und Mensch aufweisen und in einer Siedlung in den Baumkronen leben, im Himmelbett des afrikanischen Tropenwaldes. Die Novelle spiegelt perfekt den Geist der Jahre wider, als der afrikanische Kontinent erforscht wurde und ständig Landstriche mit neuen Tierarten und menschlichen Völkern entdeckt wurden, die im Abendland bis zu diesem Zeitpunkt unbekannt gewesen waren. Diese Affen-Menschen, die Jules Verne erstehen ließ, standen für das Überleben eines Zwischengliedes in der menschlichen Evolution an einem versteckten und unerforschten Ort im Urwald des Kongo. In einer Passage des Romans heißt es: „Was den Kleinköpfigen angeht, der die Übergangsart zwischen dem Menschen und dem Affen sein soll, eine von den Anthropologen vergeblich vorausgesagte und gesuchte Art, ein Bindeglied zwischen dem Tierreich und dem Menschenreich, konnte man zulassen, dass er von jenen Wagddis verkörpert wurde?"

Mit der Art des *Homo ergaster* stehen wir auch vor einigen „verlorenen Gliedern zwischen dem Affen und dem Menschen", wenn wir im Jargon der Evolutionslehre des 19. Jahrhunderts sprechen wollen, auch wenn der „Kontakt" zwischen unserer Art und dem *Homo ergaster* an einem Ausgrabungsort statt im fernen Urwald stattfand. Äußerlich waren jene fossilen Menschen uns vom Hals abwärts sehr ähnlich, aber ihr Gehirn hatte eine Zwischengröße: Man muss sie sich mit einem Verstand vorstellen, der noch weit von dem des modernen Menschen entfernt war, jedoch auch weit von dem des ersten Hominiden, des *Ardipithecus ramidus* und der Australopithecinen (nicht so sehr von dem des *Homo habilis*) – ein Verstand, der sehr verschieden war von dem des heutigen Schimpansen, um ein nahes Beispiel zu nennen. Alle Lebensabschnitte waren bei ihnen länger, wenn auch noch kürzer als bei uns. Sie konnten sehr gut ausgearbeitete Werkzeuge herstellen, die eine klare Vorstellung des gewünschten Ergebnisses und der vielen Schritte voraussetzen, die dazu nötig waren; es ging hier nicht nur darum, einen Stein ein- oder zweimal irgendwie gegeneinander zu schlagen.

Mit dem *Homo ergaster* beginnt sich das außergewöhnliche Paradox in seiner ungeheuren Dimension zu manifestieren, was die menschlichen Wesen, die Personen, in der Biologie sind: anatomisch gesehen einfache Primaten mit aufrechtem Gang, eine stammesgeschichtliche Neuheit, die zwar interessant ist, aber nicht außergewöhnlicher als der Flug der Fledermäuse oder die Anpassung der Wale an das Meer. Doch gleichzeitig waren sie Organismen, die sich von allen anderen Lebewesen grundlegend unterschieden wegen ihrer erstaunlichen Intelligenz, ihres Erinnerungsvermögens und dem totalen Selbstbewusstsein in all ihrem Handeln.

Auch in Bezug auf den Lebensraum war der *Homo ergaster* von den ersten Hominiden völlig verschieden. Er hatte die dichtbewaldeten Ökosysteme des *Ardipithecus ramidus* und der Australopithecinen endgültig verlassen und nutzte die Vorräte der offenen Lebensräume. Peter deMenocal, einer der weltweit bedeutendsten Spezialisten der Klimate der Vergangenheit, bestätigt in den afrikanischen Ökosystemen, in denen sich der *Homo ergaster* entwickelte, ein neues Anziehen der Schraube im Prozess von Abkühlung und zunehmenden Dürre vor genau 1,7 Millionen Jahren, verbunden mit einer weiteren Ausdehnung der Savannen und noch größerem Rückgang des tropischen Regenwaldes. Außer pflanzlicher Nahrung nahm der *Homo ergaster* regelmäßig das Fleisch von Tieren zu sich, das er als Aas oder durch Jagen erhielt. Der *Homo habilis* hatte diesen Weg bereits eingeschlagen, aber seine geringere Körperkraft wird ihn wohl weniger zum Jäger (zumindest nicht auf mittelgroße und große Beutetiere) und eher zum Aasfresser gemacht haben als den stämmigen *Homo ergaster*. Und zudem geschah vor weniger als zwei Millionen Jahren etwas Bedeutendes: Die menschliche Evolution hörte auf, ein auf einen Kontinent begrenztes Phänomen zu sein und wurde zum weltweiten Erfolg; die denkenden Zweibeiner breiteten sich über Afrika hinaus aus.

Der abgeschnittene Zweig

Bevor wir den Ursprungskontinent verlassen, muss ich mich kurz einem sehr bemerkenswerten Zweig des Baumes menschlicher Evolution zuwenden: dem der Paranthropinen. Es handelte sich hierbei um Hominiden, die den Australopithecinen körperlich sehr ähnlich waren, so sehr, dass viele Wissenschaftler sie ihnen zurechnen. Sie ähneln oberflächlich auch dem *Homo habilis*, der, soweit wir heute wissen, bezüglich der Körperform keinerlei Neuheit darstellte. Bei den Paranthropinen entwickelte sich jedoch eine sehr auffällige Veränderung des Kauapparats, sodass sie große Mengen harter und faseriger, stark abschleifender Pflanzenprodukte zerkleinern konnten.

Viele Forscher glauben, die Paranthropinen seien eine Antwort auf denselben klimatischen Wandel vor 2,8 Millionen Jahren, der, wie wir gesehen haben, die Gattung *Homo* entstehen ließ. Diese Hypothese deckt sich mit der Chronologie der Paranthropinen, da ihre erste Art, der *Paranthropus aethiopicus*, vor 2,6 Millionen Jahren lebte. Arten späterer Paranthropinen sind der ebenfalls ostafrikanische *Paranthropus boisei* und *der Paranthropus robustus*, den man in einigen südafrikanischen Höhlen (Swartkrans, Kromdrai und Drimolen) fand.

Noch nicht geklärt ist die Frage, wo man den Zweig der Paranthropinen im Baum der Hominiden eingliedern soll. Die meisten Wissenschaftler stellen die Verwandtschaft auf Höhe des *Australopithecus afarensis* her, den sie als gemeinsamen Vorfahr der Paranthropinen und der Menschen sehen. Aus praktischen Gründen kann das tatsächlich zutreffende Evolutionsschema diesem oder einem sehr ähnlichen entsprechen. Es könnte allerdings auch sein, dass der *Australopithecus afarensis* nicht der gemeinsame Vorfahr von Paranthropinen und Menschen ist, da er uns, meinem Kollegen Ignacio Martínez und mir, in einigen Zügen schon „ein bisschen paranthropisch" erscheint. In diesem Fall wäre der gemeinsame Vorfahr der beiden Zweige der *Australopithecus anamensis* oder, wie ich immer sage, eine ihm sehr ähnliche Art (allerdings sind der *Australopithecus afarensis* und der *Australopithecus anamensis*, soweit wir wissen, auch zwei untereinander sehr ähnliche Arten).

Die Besiedelung Asiens

H. ergaster wurde in Asien zu H. erectus

Bis zu diesem Punkt war dies eine rein afrikanische Geschichte wie die der Gorillas und der Schimpansen. Der *Ardipithecus ramidus*, die Australopithecinen und der *Homo habilis* kannten niemals andere Landschaften (noch andere Tiere und Pflanzen) als die der heißen Landstriche des Kontinents, auf dem unsere Wiege stand. Jede Tierart ist an ihre ökologische Nische angepasst, an den Platz, den sie im Ökosystem einnimmt, zu dem sie gehört. Dazu hat die Evolution sie mit Werkzeugen ausgestattet, die sie benötigt, und zwar nicht nur in ihrer Morphologie (dies ist der Teil, den man von einem Organismus „sieht"), sondern auch in ihrer Physiologie (den Funktionen der verschiedenen Körpersysteme) und in ihrem Verhalten. Es gibt Arten, die auf die Veränderungen ihrer Umwelt wenig tolerant reagieren; sie leben immer in sehr stabilen Verhältnissen, in einer Art ökologischer Zwiebel, die ihre ganze Welt darstellt. Für diese Arten ist es sehr schwierig, aus ihrem Lebensraum herauszutreten, und ihre geografische Verteilung reicht meist nur bis dahin, wo dieser endet. Die Gorillas und Schimpansen überschreiten die Grenze des feuchten Waldes, in dem sie leben, nicht; dort ist für sie die Welt zu Ende.

Andere Tierarten sind ökologisch flexibler gegenüber den Veränderungen der Umweltbedingungen, seien sie physischer Art (beispielsweise des Klimas oder der Salzhaltigkeit bei den Wassertieren) oder biologischer Art (der Lebensgemeinschaften oder *Biozönosen*). Logischerweise reichen die Verbreitungsgebiete dieser Arten viel weiter. Manchmal bringt die Evolution eine Art hervor, die eine neue ökologische Nische besetzt, entweder in demselben Ökosystem oder auch in einem andersartigen. Im Allgemeinen handelt es sich aber nur um kleine Variationen, die eine Art geringfügig von ihren engsten Verwandten unterscheidet. In ganz seltenen Fällen ist die ökologische Veränderung so tiefgreifend, dass eine neue Evolutionslinie entsteht, die den Rahmen ihrer bisherigen Entwicklung völlig verändert: Es gibt Säugetiere, die sich daran gewöhnt haben, immer im Meer zu leben, und andere, die praktisch ihr ganzes Leben in der Luft verbringen.

Die Hominiden, die wir vor dem *Homo ergaster* behandelt haben, gehören ausnahmslos dem Artentyp mit eingeschränktem Lebensraum an. Die ersten Hominiden lebten im Wald und spätere in der Savanne, die einen wie die anderen aber immer in Afrika. Nach Asien zu gelangen bedeutete jedoch, wie wir sehen werden, eine große ökologische Veränderung, und Europa zu besiedeln eine noch größere, sodass außer dem Menschen keine weiteren Primaten auf dem europäischen Kontinent leben.

Zur Anpassung an die neuen und veränderten ökologischen Bedingungen, die die menschlichen Wesen außerhalb Afrikas vorfanden, vollzogen sich jedoch keine spektakulären morphologischen oder physiologischen Veränderungen. Ein einziges Organ ermöglichte diese ökologische Flexibilität: das Gehirn.

Die ersten asiatischen Fossilien befinden sich in Java und China. Obwohl Java heute eine Insel ist, gelangten die menschlichen Wesen zu Fuß dorthin. Die Erklärung dieses scheinbaren Paradoxes liegt darin, dass Java ebenso wie Sumatra und Borneo aus der Sunda-Ebene herausragen, einer großen, nicht weit unterhalb des Meeresspiegels liegenden Ebene, die während der Eiszeiten wegen der durch diese bewirkten Senkung des Meeresspiegels mit dem asiatischen Kontinent verbunden waren. Auf Java gibt es mehrere Orte, an denen menschliche Fossilien aufgetaucht sind. Leider weiß man bei den meisten Funden nicht, woher genau sie stammen, sodass es nicht einfach ist, ihr geologisches Alter zu bestimmen. In den letzten Jahren ist ein Team aus Geochronologen, angeführt von Carl Swisher, dabei, einen zeitlichen Rahmen für das fossile Protokoll der menschlichen Evolution auf Java zu erarbeiten. Folgende Fossilien haben sich (bei aller Vorsicht aus oben genannten Gründen) als die ältesten herausgestellt: a) ein kindlicher Schädel ohne Gesicht (eine Kalvarie), der in Modjokerto gefunden wurde und auf 1,8 Millionen Jahre datiert ist (oder zumindest ist das Gebiet, aus dem er vermutlich stammt, so alt) und b) einige unvollständige und sehr verformte Schädelreste aus der Höhle von Sangiran, die 1,6 Millionen Jahre alt sind (allerdings muss nochmals wiederholt werden, dass die Datierung sich auf das Sediment bezieht, aus dem die Fossilien vermutlich stammen). Außer den bereits erwähnten Funden brachte der Fundort Sangiran, eine große Höhle aus Sedimentgestein, eine bedeutende Sammlung menschlicher Schädel hervor.

Die Datierungen von Java decken sich mit denen der ersten *Homo ergaster* aus Afrika, und es könnte sich um dieselbe Art handeln. Weil jedoch das Kind von Modjokerto zu jung starb (mit drei oder fünf Jahren), lässt sich nur schwer feststellen, zu welcher menschlichen Art es gehörte. Die datierten Fossilien von Sangiran besitzen darüber hinaus zu wenig Aussagekraft: Eigentlich wissen wir nicht genau, wann die ersten Menschen nach Java kamen und wer sie waren.

Ein anderer Fundort auf Java ist Trinil. Hier entdeckte Eugène Dubois 1891 ein Schädelgewölbe zusammen mit einem Backenzahn und einem Oberschenkelknochen. Aufgrund dieser Überreste benannte Dubois die Art *Pithecanthropus erectus*. Heute wird die Art Homo erectus genannt, aber der alte Name *Pithecanthropus erectus* gibt Auskunft darüber, wofür man die Art hielt: für einen „Affen-Menschen", eine aufrechte Art, die in ihren geistigen Merkmalen noch von uns abweicht, nicht aber in ihrer Körpergestalt. Letzten Endes lag Dubois damit gar nicht so falsch.

Die Schädelvolumina all dieser Fossilien aus Java übersteigen die des *Homo ergaster* nicht sehr und bewegen sich zwischen 813 cm^3 und 1059 cm^3. Neue Studien von Carl Swisher zeigen, dass alle Fossilien aus der Höhle von Sangiran unabhängig von ihrer Herkunft mehr als eine Million Jahre alt sind.

Viele Wissenschaftler sind der Ansicht, dass man nicht zwischen den Fossilien des *Homo ergaster* und denen des *Homo erectus* unterscheiden sollte und dass sie alle zum *Homo erectus* gehörten (der ältere Name hat immer Vorrang, und dieser stammt aus dem 19. Jahrhundert). Ich selbst habe den Aufbau des Gehirnschädels untersucht und bin zu dem Schluss gekommen, dass es keine großen Unterschiede zwischen den einen und den anderen gibt. Von Anfang an waren die asiatischen Schädel aber robuster als die afrikanischen – in einigen Fällen waren sie extrem robust –, und es bestehen einige Unterschiede in der Schädelbasis, die die Unterteilung in verschiedene Arten rechtfertigen. Jedenfalls möchte ich klarstellen, dass dies Diskussionen zwischen Spezialisten sind, denn bei den afrikanischen und den asiatischen Fossilien handelt es sich im Grunde um denselben Hominidentyp. Was also die in diesem Buch behandelten Fragen betrifft, so könnte man die Fossilien des *Homo ergaster* vom Turkanasee ebenso gut auch als *Homo erectus* bezeichnen.

Die Besiedelung des asiatischen Kontinents muss zweifellos früher als die Javas stattgefunden haben, da die Menschen um die halbe Welt wandern mussten, um zu der Insel zu gelangen. Es gibt einen Fundort in China, die Teufelshöhle (Longuppo), die vermutlich steinerne Werkzeuge und zwei menschliche Fossilien von vor fast zwei Millionen Jahren zutage gefördert hat. Die erwähnten Werkzeuge sind zweifelhaft, und eines der menschlichen Überreste (ein Fragment eines Unterkiefers mit zwei Zähnen) könnte von einem fossilen Orang-Utan stammen. Und wenn wir gerade bei den Zweifeln sind, so können wir uns auch fragen, ob das andere Fossil, zweifellos ein menschlicher Schneidezahn, so alt wie der Rest des Fundorts oder jünger ist.

In Dmanisi (Georgien), südlich des Kaukasus, wurde ein menschlicher Unterkiefer gefunden, der zwischen 1,5 und 1,2 Millionen Jahre alt ist. In China gibt es einen Schädel (Gongwaling) und einen Unterkiefer (Chenjiawo), die etwa eine Million Jahre alt sind. Der Schädel ist ziemlich verformt und unvollständig, aber man kann erahnen, dass es sich um ein Exemplar des *Homo erectus* handelt, derselben Art, von der Java zur gleichen Zeit bevölkert wurde. Die größte Schädelsammlung (eigentlich sind es Kalvarien) des *Homo erectus* auf dem asiatischen Kontinent stammt jedoch aus der Höhle von Zhoukoudian, in der Nähe von Beijing (Peking). Diese Fossilien decken anscheinend eine große Zeitspanne ab, nämlich zwischen 300 000 und 600 000 Jahre, wenngleich einige Wissenschaftler dieses Intervall etwas ausdehnen und andere es verkürzen. Der Forscher Franz Weidenreich konnte die Schädelvolumina der Fossilien von Zhoukoudian in fünf Fällen ziemlich genau bestimmen und fand heraus, dass sie zwischen 915 und 1225 cm^3 lagen.

Bejinig liegt etwa auf dem gleichen Breitengrad wie Madrid (beide Hauptstädte befinden sich auf dem 40. Grad nördlicher

Breite), und die Höhlenbewohner lebten in sehr ähnlicher Umgebung wie ihre europäischen Zeitgenossen. Später werden wir Genaueres über diese Ökosysteme erfahren, aber man kann schon vorwegnehmen, dass sie sehr verschieden von den afrikanischen Lebensräumen der Urahnen oder den tropischen Wäldern Javas waren.

Praktisch alle menschlichen Fossilien von Zhoukoudian gingen während des Zweiten Weltkriegs verloren, von einem jedoch, dem Schädel V fand man bei späteren Ausgrabungen neue Überreste. Dieses Fossil ist wichtig, da es das modernste der Sammlung ist, aber das Schädelvolumen ist anscheinend nicht größer als bei den übrigen Modellen. Ein anderes chinesisches Fossil des *Homo erectus* ist das Schädeldach von Hexian mit einem Schädelvolumen von fast 1000 cm^3.

Auf der Insel Java hat man bis heute kaum Artefakte gefunden. Außerdem ist deren Herkunft und ihre zeitliche Einordnung genau wie bei den menschlichen Fossilien im Allgemeinen problematisch. Eine positive Ausnahme ist der Fundort von Ngebung, in der Gegend von Sangiran, wo ein französisch-indonesisches Team in den letzten Jahren einige Werkzeuge in einem klaren geologischen Kontext fand, und zwar sogar zusammen mit einem menschlichen Zahn. Die Werkzeuge sind grob ausgearbeitet und haben die Form von Polyedern oder Kugeln. Man muss jedoch bedenken, dass die Insel Java kein geeignetes Gestein zum Behauen raffinierterer Gegenstände bietet. In China ist dies nicht so, ganz im Gegenteil: In Zhoukoudian fand man Tausende von Artefakten. Wie in Java fehlen die Faustkeile, woraus man schloss, dass der *Homo erectus* die Acheuléen-Industrie nicht kannte, vielleicht weil er nie Faustkeile brauchte, vielleicht weil er Afrika verließ, bevor dort die II. Technische Art entstand, und nun von den menschlichen Populationen isoliert blieb, die diese Art Werkzeuge später sehr wohl kannten. Eine dritte Hypothese geht davon aus, dass wir das Archäologische Protokoll des Fernen Ostens anders lesen müssen. Dafür plädieren der Chinese Huang Weiwen und der

Amerikaner Rick Potts. Sie entdeckten im Süden Chinas 700 000 bis 800 000 Jahre alte Werkzeuge, die sie schon der II. Technischen Art zuordnen, obwohl sie nicht direkt dem Acheuléen entsprechen.

Während der *Homo erectus* sich aber des Fernen Ostens bemächtigte, spielten sich in Europa und Afrika zwei weitere Evolutionen mit verschiedenen Protagonisten ab. Am Ende dieses Buches, fast am Ende der Vorgeschichte, treffen sich die drei Anfangsakteure in einem Drama, dessen Szenario die ganze Alte Welt ist. Der Name der europäischen Figur ist der Mensch von Neandertal: In den nächsten Kapiteln versuchen wir seine Vergangenheit kennen zu lernen, die dem großen Treffen mit unseren von Afrika eingewanderten Vorfahren vorausging. Wir haben das Glück, dass die Iberische Halbinsel in dieser Geschichte eine wichtige Rolle spielt, und ein grundlegender Teil der Information, über die wir verfügen, stammt aus einem spanischen Fundort: der Sierra de Atapuerca.

Kapitel drei
Die Neandertaler

Und wenn einst der letzte dieser Fetzen zwischen Busch und Wasser vermodert ist, dann wird eine rechtlich denkende und fühlende Generation vor den Savannen und Bergen des Westens stehen und sagen: „Hier ruht die rote Rasse: Sie wurde nicht groß, weil sie nicht groß werden durfte!“

Karl May, *Winnetou III*

Die Eiszeit und die menschliche Evolution in Europa

Alle Hominiden-Fossilien, die älter als 1,7 Millionen Jahre sind, gehören zu einem als Pleistozän bezeichneten geologischen Zeitalter, dem letzten der Tertiär-Zeit innerhalb des Känozoikums. Im Pleistozän lebten der *Ardipithecus ramidus*, der *Australopithecus anamensis, der Australopithecus afarensis*, der *Australopithecus africanus* und der *Homo habilis*. Möglicherweise findet man bald mehr als 5 Millionen Jahre alte fossile Hominiden, die schon zum Miozän gehören (dem Zeitalter vor dem Pleistozän). Die ersten *Homo ergaster* lebten vielleicht ebenfalls vor dem Ende des Pleistozäns, aber die Exemplare, die weniger als 1,7 Millionen Jahre alt sind, gehören schon zum nächsten geologischen Zeitalter, dem Quartär. Einige Fossilien, die dem *Homo habilis* zugeordnet werden, sind ebenfalls quartär. Die Paranthropinen lebten während eines Zeitraums ihrer Existenz als Arten des Pleistozäns, aber der *Paranthropus ro-*

bustus und der *Paranthropus boisei* starben im Quartär aus. All diese Fossilien sind afrikanisch, und wir haben schon darauf hingewiesen, dass es schwierig ist, die erste Besiedelung Eurasiens zeitlich präzise anzugeben, die vielleicht vor Beendigung des Pleistozäns oder vielleicht ein wenig danach stattfand. Man kann erkennen, dass die Grenze Tertiär/Quartär zufälligerweise mit zwei wichtigen Zeitpunkten der menschlichen Evolution zusammenfällt, die vielleicht miteinander zu tun haben: Es erscheinen die ersten Hominiden, die die Bezeichnung „Mensch" verdienen, und es findet die Ausbreitung dieser „zweibeinigen Affen" außerhalb Afrikas statt.

Das Zeitalter des Quartärs ist von der allgemeinen Abkühlung des Planeten geprägt, die zwar schon früher einsetzte, sich aber vor allem in der letzten Million Jahre auswirkte: Während dieser Zeit fand etwa alle 100 000 Jahre eine stärkere Abkühlung statt, was vor allem in den Ländern der Nordhalbkugel zu spüren war. Es handelt sich um die so genannten Kaltzeiten, während derer dicke Eisschichten einen großen Teil der borealen oder nördlichen Länder Europas und Nordamerikas bedeckten. Während der größten Ausbreitung des Eises im Quartär vor rund einer halben Million Jahre bedeckten die Eiskappen ganz Irland, Schottland, Wales sowie Skandinavien komplett, und die eisbedeckten Ausläufer reichten so weit in den Süden des europäischen Kontinents, dass sie das heutige Berlin, Warschau, Moskau und Kiew umfassten.

Während der Kaltzeiten gefror eine solche Wassermenge, dass der Meeresspiegel schließlich auf mehr als 100 Meter unter das heutige Niveau sank. Zwischen diese kalten Zeiten schoben sich immer wieder wärmere Abschnitte, die Warmzeiten. Momentan leben wir in einer solchen, die unserem Zeitalter seinen Namen gibt: dem Holozän. Das ausgehende Ende des Quartärs ist als Pleistozän bekannt, wobei manche Wissenschaftler keinen Sinn darin sehen, das Holozän, das nur die letzten 10 000 Jahre umfasst, als eigenes Zeitalter neben dem Pleistozän zu betrachten, es sei denn unter dem Aspekt der menschlichen

Aktivität selbst, die zwar die Biosphäre drastisch veränderte und viele Arten verschwinden ließ, jedoch noch keine einzige neue hervorgebracht hat; darum werden die Begriffe Quartär und Pleistozän fast synonym verwendet.

Man erfuhr von der Existenz der quartären Eiszeiten durch die Erforschung der Spuren, die die Eismassen bei ihrem Vorschieben und bei ihrem Rückzug (sogar in so südlichen Gebirgen wie der Sierra Nevada) hinterlassen hatten, und aufgrund der Funde von Arten kalter Klimate an Fundorten in Regionen, in denen sie heute nicht leben könnten. Später werden wir sehen, dass es Rentiere auf der Iberischen Halbinsel gab, und dass die Mammuts, die hin und wieder aus den Frostschichten in Sibirien auftauchen, einst bis nach Granada vordrangen. Üblicherweise werden die extremen klimatischen Kälteeinbrüche, die den europäischen Kontinent verwüsteten, in vier große Kaltzeiten eingeteilt, die aus vielen Überschwemmungsebenen (so genannten Terrassen) hervorgingen, die die Gewässer in den Eiszeiten am Oberlauf der Donau und in den Alpen zurückgelassen hatten. Diese alpinen Kaltzeiten sind nach vier bayerischen Donauzuflüssen als Günz, Mindel, Riss und Würm benannt.

Innerhalb jeder Kaltzeit konnte man sehr kalte Spitzen oder maximale Fröste ausmachen, so genannte Stadiale, die durch Phasen geringerer Kälte, die Interstadiale, unterbrochen wurden. Die gemäßigten Zeiten zwischen den Kaltzeiten bezeichnet man als Warmzeiten (sie waren immer länger und wärmer als die Interstadiale), so wie die heutige, von der wir seit 10 000 Jahren profitieren. In Holland und Deutschland wurden die Kaltzeiten anhand der Geologie des Nordseebeckens erforscht, und sie tragen die Namen Menap, Elster, Saale und Weichsel. Die Warmzeiten heißen Cromer, Holstein und Eem.

Aber die Art, wie man heute die klimatischen Veränderungen untersucht, führt uns direkt zu den Meeresgründen. Unter den Elementen des Meeresplanktons befinden sich die Lochschalenträger, einzellige Mikroorganismen, die einen Kalkpanzer (aus Kalziumkarbonat) besitzen. Wenn ein Lochschalen-

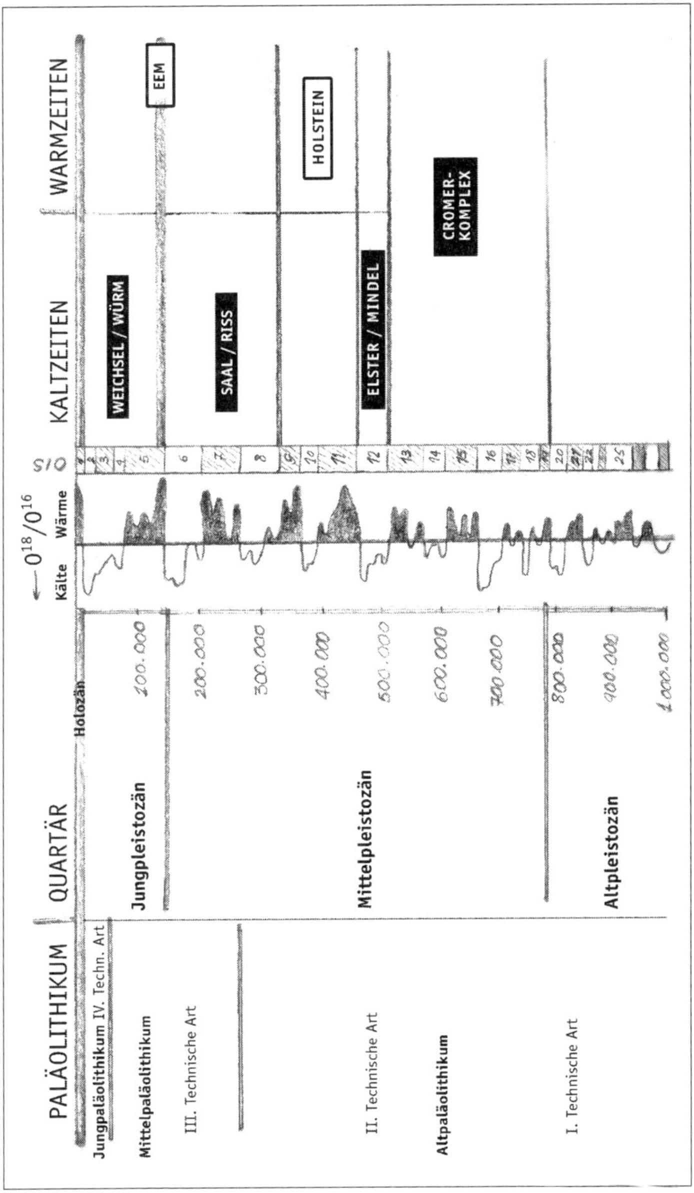

Abb. 7: Das Quartär

träger stirbt, sinkt sein Panzer ab und lagert sich auf dem Meeresgrund ab, sodass sich langsam aber unaufhörlich Panzer über Panzer häufen. Es laufen derzeit wissenschaftliche Projekte, die Meeresgründe zu erforschen, um so eine Abfolge von Mikrofossilien zu erhalten. Dies nimmt sehr viel Zeit in Anspruch. Da es Arten von Warmwasser- und Kaltwasserlochschalenträgern gibt, können wir aus der Aufeinanderfolge von Lochschalenträgern aus den ozeanischen Tiefen die Temperaturänderungen des Wassers ableiten.

Außerdem verändert sich das Verhältnis zweier Sauerstoffarten (zweier Isotope, wie es fachlich richtig heißt) im Meerwasser, einer leichten und einer schweren, mit der Durchschnittstemperatur des Planeten, und diese chemischen Veränderungen kann man wiederum an den Panzern der Lochschalenträger „ablesen". Auf diese Weise konnte man anhand des klimatischen Protokolls der Meeresgründe eine sehr genaue Kurve der Paläotemperaturen erarbeiten, die warme und kalte Phasen enthält. Dies sind die Stufen oder Stadien der Sauerstoffisotope – im Englischen mit OIS abgekürzt –, die vom heutigen, dem OIS 1 ausgehend, rückwärts durchnummeriert werden. Die ungeraden Zahlen stehen für warme, die geraden für kalte Phasen. In diesem Buch werde ich mich sowohl auf die modernen Isotopenstadien des Sauerstoffs sowie auf die klassischen Kaltzeiten beziehen, die Zyklen aus verschiedenen Stadien (geraden und ungeraden) sind.

Man kann das Verhältnis der Sauerstoffisotopen in der Vergangenheit direkt anhand des fossilen Eises kennen lernen. Man hat Bohrungen in der Eisschicht vorgenommen, die Grönland bedeckt, und ein Alter von 120 000 Jahren ermittelt. Nun führt man Bohrungen an der Polkappe der Antarktis durch, die dicker ist als das Grönlandeis, und hofft darauf, ein sehr detailliertes Protokoll zu erhalten, das die letzte halbe Million Jahre abdeckt.

Im Hinblick auf die menschliche Evolution in Europa kann man das Quartär in vier große Abschnitte unterteilen. Im Altpleistozän (vor 1,7 Millionen bis 780000 Jahren) findet die erste Besiedelung des Kontinents durch den Menschen statt. Die ältesten Fossilien mit 800000 Jahren sind die vom Fundort von Gran Dolina in der Sierra de Atapuerca. Heute noch handelt es sich um eine nicht sehr große Zahl an Fossilien, etwa 80, aber man muss bedenken, dass sie in einer Schürfung von sehr kleinen Ausmaßen vorkommen. Da sie zu allen Teilen des Skeletts gehören und mindestens von sechs Personen stammen, ist es so gut wie sicher, dass es dort unten, im Niveau 6 der Höhle von Gran Dolina, sehr viel mehr Überreste gibt. Wir Forscher der Sierra de Atapuerca haben ständige Verbindung zu den Forschern von Gran Dolina, aber da die Abtragung der oberen Schichten des Fundorts wegen der peinlichen Genauigkeit, die die wissenschaftliche Methode erfordert, langsam vorangeht, fürchte ich, dass sie noch einige Jahre dauern wird.

Die Fossilien von Gran Dolina, über die wir bis jetzt verfügen, lassen jedoch bereits erkennen, dass es sich weder um den *Homo ergaster* noch um den *Homo erectus*, sondern um eine andere menschliche Spezies mit moderneren Merkmalen handelt, die also dem *Homo sapiens* entwicklungsgeschichtlich näher steht. Sein Schädelvolumen liegt anscheinend über 1000 cm^3. Da er jedoch auch uns nicht gleich und kein Neandertaler ist, musste man ihm einen eigenen Namen geben. Möglich schien der Name *Homo heidelbergensis*, aber da dieser Name eher zu den Vorgängern der Neandertaler passt, haben wir schließlich beschlossen, die von den menschlichen Fossilien von Gran Dolina verkörperte Art als *Homo antecessor* zu bezeichnen.

Seine Merkmale platzieren ihn, soweit wir bisher wissen, ein bisschen vor die Trennung der Evolutionslinien, die zu den Neandertalern einerseits und zu unserer Art andererseits führen sollten. Im Augenblick können wir uns der Einfachheit halber das Altpleistozän als *die Zeit der ersten europäischen Bewohner* einprägen. Das Repertoire an Steinwerkzeugen, das die Frühmenschen von Gran Dolina anfertigten, schließt keine Faustkeile ein und entspricht der ersten der großen Industrien oder

der I. Technischen Art. Ebenso wie im Fernen Osten hatten auch die ersten Bewohner des Fernen Westens eine Prä-Acheuléen-Industrie, während sich in Afrika längst die II. Technische Art entwickelt hatte.

Einen wichtigen Verhaltensaspekt der Menschenwesen von Gran Dolina kann man von den Fossilien selbst ableiten. Viele von ihnen zeigen eindeutig, dass sie von anderen menschlichen Wesen ohne jede Rücksicht entfleischt und zerstückelt wurden. Bei den Schimpansen von Gombe konnte Jane Goodall das Auftreten roher Gewalt zwischen Nachbargruppen beobachten bis hin zur Ausmerzung der jeweils anderen. Es kamen auch Kindsmorde mit anschließendem Verzehr des jungen Opfers vor. Aber die Körper der mindestens sechs Menschen aller Altersgruppen in der Höhle von Gran Dolina waren aufs Äußerste kaltblütig misshandelt worden, so als handle es sich um tierische Beute – von „Fleischtieren" –, in einer Art, die schauderhaft unmenschlich erscheint, oder eher *schauderhaft menschlich*, denn bei anderen Primaten sind keine ähnlichen Fälle bekannt.

Im Mittleren Pleistozän (von vor 780000 bis 127000 Jahren) lebten und entwickelten sich die Vorfahren der Neandertaler. Das älteste Fossil dieses Zeitalters ist der Unterkiefer von Mauer, in der Nähe von Heidelberg, der etwa eine halbe Million Jahre alt ist. Unter den „Großvätern" der Neandertaler spielen die Fossilien aus der Sima de los Huesos, ebenfalls in der Sierra de Atapuerca, eine herausragende Rolle: Sie stellen die größte Sammlung menschlicher Fossilien nicht nur Europas, sondern der ganzen Welt dar. Diesen Fossilien gab man als Gruppe eine eigene Artenbezeichnung, nämlich *Homo heidelbergensis*, nach dem Fundort des Unterkiefers von Mauer. Seine Werkzeuge, die Faustkeile, sind vom Acheuléen-Typ und gehören der II. Technischen Art an. I. und II. Technische Art, zusammen bilden sie ein kulturelles Zeitalter, das in der Vorgeschichte üblicherweise als Altpaläolithikum bezeichnet wird. Es mag den Leser etwas verwirren, dass das Altpaläolithikum sich über das Alt- und auch das Mittelpleistozän erstreckt, aber die Grenzen der vorgeschichtlichen und der geologischen Zeitalter fallen zeitlich nicht zusammen. Außerdem ist die geologische Zeit in der ganzen Welt gleich, während die archäologischen Zeitalter nicht bei allen Populationen oder menschlichen Arten gleichzeitig aufeinanderfolgen.

Im Jungpleistozän kristallisiert sich der Menschentyp des Neandertalers heraus, dem man auch einen wissenschaftlichen Namen geben kann: *Homo neanderthalensis*. Obwohl die Neandertaler ihren Ursprung in Europa hatten, zogen sie von unseren kleinen Kontinenten aus, um Zentralasien und den Nahen Osten zu bevölkern. Diese ganze Zeitspanne (im Zeitraum vor 127000 bis 40000 Jahren) ist die *Zeit der Neandertaler*. Die Industrie, die die Neandertaler kennzeichnet, ist das Moustérien, das der III. Technische Art oder dem Mittelpaläolithikum entspricht. Zur Verwirrung des Lesers reicht das Mittelpaläolithikum in Europa von der vorletzten Kaltzeit, die noch im Mittleren Pleistozän liegt, bis zu mehr oder weniger der Hälfte der letzten Kaltzeit, die schon zum Jungpleistozän gehört. Ich hoffe, dass das von mir erarbeitete Schema hilft, sich in diesem terminologischen Dschungel zu orientieren.

Vor 40000 Jahren oder etwas später, also während der letzten Kaltzeit, erschienen auf der Iberischen Halbinsel und in Europa Einwanderer afrikanischen Ursprungs, unsere Vorfahren: die ersten europäischen Vertreter der Spezies *Homo sapiens*, im Allgemeinen als Cro-Magnon-Menschen oder Cromagnonen bekannt. Nach einer langen Zeit des Zusammenlebens (10000 Jahre oder mehr) verschwanden die Neandertaler vor 30000 Jahren, gerade als die härteste Zeit der letzten Kaltzeit begann. Später werden wir auf dieses erneute Zusammentreffen von Klima und menschlicher Evolution zurückkommen. Seit damals sind wir die einzigen menschlichen Wesen und die einzigen Hominiden auf dem Planeten.

Die 20000 Jahre vor 30000 bis 10000 Jahren werden wir die *Zeit der Cromagnonen* nennen. Diese modernen Menschen treffen in Europa mit ihrer eigenen Technologie ein, die des

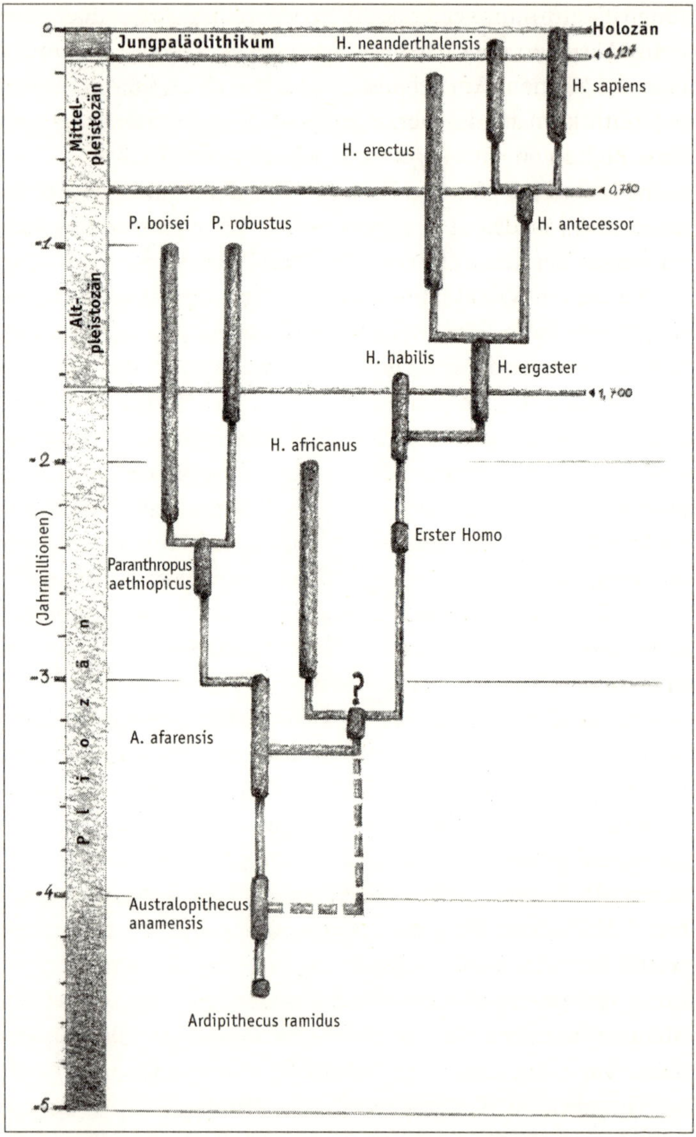

Abb. 8: Menschliche Stammesgeschichte. Der Australopithecus afarensis *könnte ein Vorläufer unserer Art oder nur der Paranthropine gewesen sein (in diesem Fall müsste er eigentlich* Paranthropus afarensis *heißen).*

Jungpaläolithikums oder der IV. Technischen Art, wobei auch einige Neandertaler sie beherrschten, sei es durch Nachahmung oder aus eigenem Antrieb und ohne äußeren Impuls. Das Jungpaläolithikum auf der Iberischen Halbinsel umfasst wiederum eine Reihe von Industrien, die aufeinanderfolgen, und zwar nicht überall zur gleichen Zeit: Aurignacien, Gravettien, Solutréen und Magdalénien (später werde ich einen neuen, sehr wichtigen Begriff einführen: das Châtelperronien).

Die letzten 10000 Jahre bilden das Holozän: die Warmzeit, in der wir heute leben. Als dieses Zeitalter gerade begonnen hatte, das letzte der geologischen Zeitrechnung, kam der Anbau von Getreide im Nahen Osten auf, mit einigen ersten bekannten Siedlungen bei Tell al Sultan (Jericho, im Jordantal) und Çatal Hüyük in der Türkei. Es sollten jedoch noch zwei Jahrtausende vergehen, bevor die Kenntnisse über Ackerbau und Viehzucht bis zu unserem Gebiet gelangten; in der Vorgeschichte ist dieses Zwischenzeitalter als Mesolithikum bekannt.

Das Züchten von Pflanzen und Tieren war die eigentliche Revolution des Neolithikums, von wo aus unsere Wirtschaft und unsere Lebensweise tatsächlich ihren Anfang nahmen. Seit jener Zeit produzieren wir Menschen unsere Nahrung selbst, anstatt uns direkt in der Natur durch Jagen, Aas suchen und Sammeln zu bedienen. Die Produktionswirtschaft machte die Menschen sesshaft, band sie an einen Ort und ließ sie immer zahlreicher werden, so dass sich die Oberfläche des Planeten allmählich „vermenschlichte". Heute sind wir schon fast 6 Milliarden Menschen auf der Welt und wir gehorchen weiter dem Mandat „Wachset und mehret Euch". Die einzigen nicht von uns produzierten Lebensmittel, die wir in großen Mengen verzehren, sind heute die Meeresfische. Und wir sind dabei, auch diese natürlichen Vorräte zu erschöpfen.

Wir haben der Zeitspanne von vor 40000 bis 30000 Jahren noch keinen Namen gegeben, dem Zeitalter, in dem die Cromagnonen bereits nach Europa vorgedrungen und die Neandertaler noch nicht verschwunden waren. Wir können es also

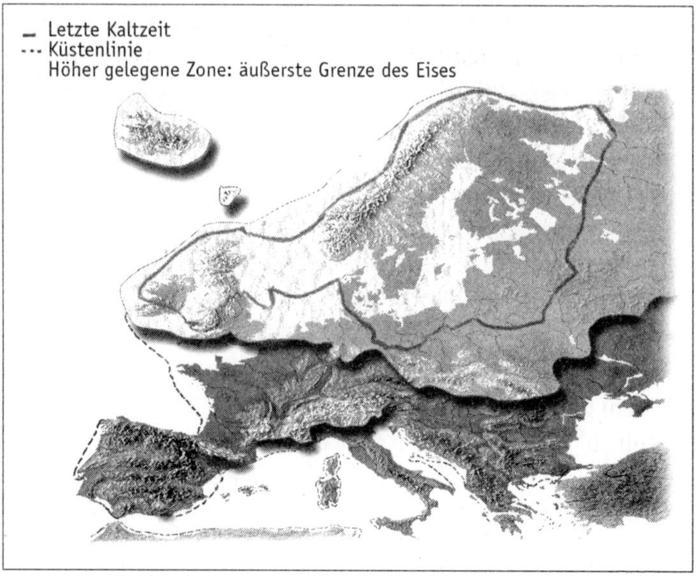

Abb. 9: Die Eiskappen der Kaltzeiten. Abgesehen von den großen Eisdecken entstanden Gletscher in den Alpen und Pyrenäen (in der Abbildung hervorgehoben) sowie in vielen anderen europäischen Gebirgsketten. Nach H. Kahlke (1994).

als *Zeit des Zusammenlebens von Neandertalern und Cromagnonen* bezeichnen. Zwar sind 10000 Jahre nach geologischem Maßstab kurz, nach menschlichem jedoch lang, genau so lang wie das Holozän.

Das europäische Jungpleistozän ist also die Zeit der Neandertaler und der modernen Menschen, die sie ablösten, wenn auch die Wurzeln beider Menschentypen tief reichen, nämlich bis ins Mittelpleistozän Europas bzw. Afrikas. Vor 127000 Jahren begann das Jungpleistozän, dessen Klima so warm war wie das heutige, wobei der übermäßige Wintereffekt, der durch die Emission der Industriegase entsteht, die Temperatur in jüngerer Zeit etwas über den entsprechenden Wert hat ansteigen lassen (der Wintereffekt an sich ist natürlich und für den Großteil des Lebens auf dem Planeten notwendig). Die warme Zeit, in der das Jungpleistozän beginnt, dauerte etwa 10000 Jahre, und der Meeresspiegel stieg auf das heutige Niveau an. Dies war eine so gemäßigte Zeit, dass die Flusspferde nach England zurückkehrten, wo sie bereits früher gelebt hatten.

Dann hörte die günstige Witterung auf, und das Klima wurde kälter, die letzte Kaltzeit begann, und mit einigen Schwankungen, auf die wir noch eingehen werden, erreichte sie ihren eisigsten Punkt des extrem strengen Klimas in der Zeitspanne vor 21000 bis 17000 Jahren. Zu jenem Zeitpunkt gab es die Neandertaler schon nicht mehr, und es waren unsere Vorfahren, die den Schnee und die langen Winter aushalten mussten. Anstatt vor dem unwirtlichen Klima zu flüchten, erlebten sie eine ideale Zeit für die großen Herden von Pflanzenfressern und für die großen tierischen und menschlichen Jäger.

Nach dieser eisigen Zeit wurde die Kälte etwas zurückgedrängt, um dann für eine kurze Zeit nochmals wiederzukehren (für weniger als tausend Jahre), die als Jüngeres Dryas bekannt ist, womit die letzte Kaltzeit vor etwa 10000 Jahren zu Ende ging. Mit dem Schmelzen des Eises zogen sich die großen Beutetiere zurück oder sie verschwanden ganz, und der Stern einiger ihrer kraftvollsten Plünderer ging allmählich unter.

Die Kalper

Nicht viel hätte gefehlt, und man würde die Neandertaler als „Kalper" kennen, zu Ehren des Neandertaler-Schädels, der 1848 in der Grube Forbes in Gibraltar gefunden wurde: Kalpe ist die antike Bezeichnung von Gibraltar (es gibt auch einen großen Felsen und ein Dorf in Alicante, die Kalpe heißen); der heutige Name Gibraltar stammt von Yabal Tariq, was auf Arabisch „der Berg von Tariq" heißt, nach einem der beiden Anführer der arabischen Eroberung Spaniens (der andere General hieß Musa). Des 150-jährigen Jahrestags des Schädelfundes wurde mit der Abhaltung eines Kongresses mit dem Motto Kalpe '98 gedacht. Eigentlich war dieser Neandertaler aus Gibraltar nicht der erste, der gefunden wurde, man hatte vielmehr in der Höhle von Engis (Belgien) zuvor, 1829 oder 1830, ein Kind von etwa zweieinhalb Jahren gefunden hatte, das der gleichen Menschengruppe angehörte. Der Fund des Schädels von Gibraltar fand jedoch acht Jahre früher statt als der in der Höhle Feldhofer im Tal des Flusses Neander (Deutschland), das dem populären menschlichen Fossil seinen Namen gab. Die Entdeckungen von Engis und Gibraltar erweckten keine große Aufmerksamkeit, und es war das fossile Feldhofer-Skelett, das die Polemik über die Bedeutung der Art für die menschliche Evolution in Gang setzte, eine Polemik, die, wie wir noch sehen werden, bis heute anhält.

Der wissenschaftliche Name *Homo neanderthalensis* wurde 1863 in einem Vortrag in der Versammlung der British Association for the Advancement of Science von William King kreiert. Dann geschah es, dass sich der Zoologe George Busk (16 Jahre nach der Entdeckung!) an die Existenz des Schädels von Gibraltar erinnerte, der zwischenzeitlich nach London geschickt worden war. Busk hielt gemeinsam mit dem Paläontologen Hugh Falconer eine Rede vor der Versammlung der British Association, die im September 1864 in Bath stattfand. Falconer riet Busk dazu, das Fossil von Gibraltar *Homo var. Calpicus* zu nennen, dieser wissenschaftliche Name wurde jedoch nie offiziell verwendet; jedenfalls handelte es sich um dieselbe Art, die zuvor von King als *Homo neanderthalensis* bezeichnet worden war (die schriftliche Version der Rede Kings wurde im Januar 1864 veröffentlicht).

Die Neandertaler sind zweifellos die Frühmenschen, die wir am besten kennen. Wir werden sehen, dass Erik Trinkaus nicht weniger als 206 Individuen untersuchte, um ihr Todesalter zu bestimmen. So können wir die physischen Merkmale dieser Frühmenschen mit einiger Sicherheit anhand der Knochen beschreiben. Trotz der relativ großen Menge an Fossilien kennt man einige Schlüsselpunkte des Skeletts noch nicht genau, wie beispielsweise die Hüfte oder die Schädelbasis. Und in beiden Fällen handelt es sich um wichtige Strukturen im Hinblick auf zwei unterscheidende Aspekte unseres Menschseins, die Sprache und das Gebären, und zwar nicht nur, weil Letzteres den Frauen einiges abverlangt, sondern auch hinsichtlich des sehr unreifen Zustands, in dem wir geboren werden, da der Weg, den der Fötus passieren muss, so eng ist, dass dieser nur bis zu einer gewissen Größe wachsen darf.

Die Information über die Vorfahren der Neandertaler im Mittelpleistozän (vor 780000 bis 127000 Jahren) ist noch unsicherer, vor allem in Bezug auf das Skelett vom Hals abwärts. Glücklicherweise gibt es die wunderbare Ausnahme der Sima de los Huesos in der Sierra de Atapuerca, die dieses Fossilien-Vakuum ausfüllt. Etwas Ähnliches geschieht bei unserer eigenen Art. Wir kennen sie in ihrem jetzigen Erscheinungsbild, aber es gibt kaum Reste des Körperskeletts aus dem Mittelpleistozän. Wir „brauchten" eine afrikanische Sima de los Huesos, um den Fossilienmangel unserer direkten Vorfahren auszugleichen.

Kehren wir zu den Neandertalern zurück und beschreiben und interpretieren wir zunächst ihre Morphologie, bevor wir versuchen, ihre Psyche kennen zu lernen. Einige der körperlichen Merkmale, in denen die Neandertaler sich von uns unterscheiden, sind einfach Archaismen, primitive Eigenschaften, die unsere Vorfahren ebenfalls aufwiesen, die wir jedoch zu irgendeinem Zeitpunkt unserer jüngeren Evolution ablegten. Bei diesen Merkmalen sind wir die Neuerer, während die Neandertaler sich einfach nicht veränderten. Bei anderen Merkmalen passierte genau das Gegenteil: Unsere Art war konservativ, und die Neandertaler entwickelten eigene charakteristische Züge im Laufe der Hunderttausende von Jahren, in denen sie sich selbständig – isoliert – in Europa entwickelten.

Die Arbeit des Paläontologen besteht darin, die einen von den anderen Merkmalen zu unterscheiden. Bis vor wenigen Jahren war eine solche Unterscheidung nicht üblich, und darum gab es große Verwirrung, als man die stammesgeschichtlichen Verbindungen zwischen den Arten herstellte. Die modernen Menschen von vor 100000 Jahren, die man in Israel fand, und auf die wir später eingehen, wiesen neben anderen, eindeutig modernen Merkmalen noch einige primitive Züge auf. Wegen solcher Archaismen brachte man sie mit den Neandertalern in Verbindung (die während ihrer gesamten Evolutionsdauer diese einzelnen primitiven Züge beibehielten, während sie ihre eigenen Eigentümlichkeiten in anderen Teilen des Skeletts entwickelten). So kam es, dass man die archaischen modernen Menschen, die „Protocromagnonen" von Israel für eine Variante der Neandertaler oder deren Nachkommen oder Hybride zwischen Neandertalern und Cromagnonen hielt. Heute jedoch sehen wir deutlich, dass das Vorhandensein moderner Züge sie als unsere Vorfahren erkennbar macht und die archaischen Merkmale keine Verbindungen zu den Neandertalern sind.

Die Trennung von primitiven und weiterentwickelten oder abgeleiteten Zügen – diese sind die entscheidenden – in der Analyse ist die Hauptlektion, die die Kladistik uns erteilt, jene von Willi Hennig entdeckte Methode, die ich im ersten Kapitel dieses Buches erwähnte. Jetzt haben wir Gelegenheit, sie in die Praxis umzusetzen. Es zeigt sich jedoch, dass diese Aufgabe sehr schwierig und manchmal etwas spekulativ ist, wenn es an Fossilien mangelt. Aber dieses Problem wird sich zweifellos lösen, wenn neue Überreste gefunden werden. Ich erwarte, wenn der richtige Blickwinkel dank der Kladistik erst gefunden ist, dass die Funde weiterer Fossilien in den nächsten Jahren im Panorama der menschlichen Evolution in großem Maß zur Transparenz beitragen werden. Dieses ist die gute Nachricht, die schlechte aber heißt: Je mehr wir über die menschliche Evolution wissen, umso klarer wird uns, wie außerordentlich komplex sie in ihrer Anzahl von Verzweigungen ist.

Die (vielleicht etwas weitschweifige) wissenschaftliche Untersuchung von primitiven und abgeleiteten Merkmalen dient auch einem anderen Zweck: eindeutig klarzustellen, dass die Neandertaler nicht einfach primitive Ausgaben von uns selbst waren, Personen auf niedrigerer Stufe, ziemlich eingeschränkt in ihren geistigen Fähigkeiten. Die Neandertaler hatten viele Merkmale mit uns gemein, die das Erbe einer ganzen gemeinsamen Evolutionsgeschichte sind, bis die beiden Linien sich trennten. Aber nach dieser Trennung blieb der europäische Zweig nicht stehen, sondern er entwickelte sich und brachte schließlich die Neandertaler hervor, die ihre eigenen spezifischen Merkmale entwickelten (wie auch wir es außerhalb Europas taten). Die Neandertaler waren keine lebendigen Fossilien, die in einer vergangenen Zeit verharrten, eine Art Anachronismen; sie waren einfach anders als unsere Vorfahren. Zu ihrer Zeit waren sie genauso „modern" wie die Menschen von Cro-Magnon. Zudem entwickelten sich die Neandertaler in einem sehr wichtigen Kennzeichen, der Gehirngröße, parallel zu unseren Vorfahren und erreichten einen ähnlichen, wenn nicht gar höheren Entwicklungsstand.

Die durchschnittliche Schädelgröße (oder das Gehirnvolumen) der Neandertaler errechnet sich aus den fossilen Schädeln, und da viele unvollständig sind und rekonstruiert werden müssen, besteht eine gewisse Abweichungsspanne. Alles weist jedoch darauf hin, dass der Durchschnitt beim Neandertaler höher lag als beim heutigen Menschen, jedenfalls aber nicht darunter. Der größte aller gefundenen Neandertaler-Schädel stammt aus Amud (einem israelischen Fundort). Sein Schädelvolumen betrug 1750 cm^3, und dies ist tatsächlich das größte Gehirnvolumen im Fossilienprotokoll. Wenn es wahr ist, dass die Neandertaler sich zu gleicher Zeit wie unsere Vorfahren auf ein immer größeres Gehirn zu entwickelten, jedoch unabhängig von ihnen, so könnten wir uns vor der faszinierendsten aller Geschichten befinden: Der Geschichte zweier menschlicher Arten, die unabhängig voneinander Intelligenz erlangen, um später miteinander zu kontaktieren (oder sollte man besser sagen zu kollidieren?). Aber wir wollen keine Schlussfolgerungen vorwegnehmen, denn um die Existenz einer solchen parallelen Evolution anzuerkennen, mussten zuvor zwei Erklärungsalternativen ausgeschlossen werden. Die eine ist, dass Neandertaler und moderne Menschen ihr großes Gehirnvolumen von ihrem gemeinsamen Vorfahr erbten; die andere besagt, dass es zwischen beiden Evolutionszweigen (dem unseren und dem der Neandertaler) zum Austausch von Genen kam, und dass wir darum ein so großes Gehirn (und vielleicht auch andere Dinge) gemein haben.

Noch sind wir nicht in der Lage, verlässliche Schätzungen des Gehirnvolumens beim *Homo antecessor* anzugeben, aber es scheint, wie bereits erwähnt, über 1000 cm³ gelegen zu haben. Wie viel darüber ist noch unbekannt. Es gibt jedoch einige wenige fossile Schädel des europäischen Mittelpleistozän, von Vorfahren der Neandertaler also, die uns bei unseren Forschungen helfen können. Einer davon ist der Schädel von Steinheim (Deutschland), der ziemlich verformt war, so dass man sein Gehirnvolumen kaum verlässlich angeben kann. Ich würde sagen, dass es etwas über 1000 cm³ liegt; vielleicht sind es auch 1100 cm³. Auch das Alter dieses Fossils kennt man nicht genau: Es kann zwischen 300000 und 420000 Jahren liegen, wobei meiner Ansicht nach die erste Zahl der Wahrheit näher kommt. Ein anderer europäischer Schädel des Mittelpleistozäns ist der von Petralona (Griechenland), der ein Volumen von 1230 cm³ aufweist und dessen Alter man nicht genau angeben kann. Glücklicherweise gibt es in der Sima de los Huesos drei Schädel, deren Hirnvolumina mit fast absoluter Sicherheit bestimmt werden können: Der Schädel 4 weist 1390 cm³, ein anderer, der Schädel 5, 1125 cm³ und der dritte, der Schädel 6, 1220 cm³ auf. Die Fossilien aus der Sima de los Huesos sind etwa 300000 Jahre alt, eventuell etwas älter, vielleicht etwas jünger.

Was geschah zwischenzeitlich im Mittelpleistozän in Afrika? Im Jahr 1921 fand man dort einen sehr vollständigen Schädel, der zum Klassiker wurde, den Schädel von Broken Hill oder Kabwe (Sambia), dessen Schädelvolumen 1285 cm³ beträgt. Leider kennen wir auch dieses Mal das Alter des Überrests nicht genau, aber er gehört wohl nicht zu den ältesten des afrikanischen Mittelpleistozäns; möglicherweise handelt es sich um einen Zeitgenossen der aus Burgos stammenden Fossilien in der Sima de los Huesos. Ein wesentlich größeres Schädelvolumen als das von Broken Hill von vielleicht etwa 1400 cm^3 hat das Fossil KNM-ER 3834 aufzuweisen, das an der Ostküste des Turkanasees (Kenia) gefunden wurde, und dessen Alter mehr oder weniger vergleichbar ist. Andere afrikanische Fossilien des Mittelpleistozäns, deren Gehirnvolumen bestimmbar ist, sind das von Florisbad (Republik Südafrika) mit 1280 cm^3 und das von Ndutu (Tansania) mit fast 1100 cm^3. Außerdem gibt es einen aus Salé (Marokko) stammenden Schädel, der zwar nicht vollständig ist, aber ein geringeres Schädelvolumen aufzuweisen scheint, etwa 1000 cm^3 oder sogar weniger. Während die Schädel von Salé und Ndutu älter sind als der von Broken Hill und ein Alter von etwa 400000 Jahren haben könnten, ist der von Florisbad anscheinend etwas jünger, nämlich etwa eine Viertelmillion Jahre.

In Afrika gibt es auch im Zeitraum von vor 200000 bis 100000 Jahren eine Reihe von Schädeln, deren Gehirnvolumina bestimmbar sind. Obwohl sie aus morphologischer Sicht noch nicht modern sind, bewegen sie sich doch schon in diese Richtung und können bedenkenlos als prämodern eingestuft werden. Es handelt sich um: Eliye Springs (Westküste des Turkanasees, Kenia), Omo Kibish 2 (Äthiopien), Laetoli 18 (Tansania), Jebel Irhoud 1 und Jebel Irhoud 2 (Marokko); die Spanne ihrer Schädelvolumina reicht von 1300 cm^3 bis 1430 cm^3.

Aus den vorgelegten Zahlen meine ich ableiten zu können, dass die Gehirngröße sowohl in Afrika als auch in Europa im Mittelpleistozän (der Zeit vor 780000 bis 127000 Jahren) zunahm. Vor 300 000 Jahren erreichten einige Gehirne auf beiden Kontinenten Volumina um die 1400 cm^3, wie beispielsweise der Schädel 4 aus der Sima de los Huesos und der des Fossils KNM-ER 3834 der Ostküste des Turkanasees. Möglicherweise lag der Durchschnitt der jeweiligen europäischen und afrikanischen Populationen noch unter dem der Neandertaler und dem der modernen Menschen, da es noch eine spätere Ausdehnung des Gehirnvolumens am Ende des Mittelpleistozäns und im ersten Teil des Jungpleistozäns (vor weniger als 127000 Jahren) gab.

Es ist interessant darauf hinzuweisen, dass die ältesten europäischen und afrikanischen Fossilien des Mittelpleistozäns mit der Acheuléen-Industrie oder der II. Technischen Art in Verbindung stehen. Vor einer Viertelmillion Jahre oder etwas weniger erscheinen in Europa und Afrika jedoch die ersten Spuren einer neuen Art des Steinbehauens, die als III. Technische Art bekannt ist. Dies ist der Beginn des Mittelpaläolithikums, das geprägt ist von der Levallois-Technik, die darin besteht, den Kern peinlich genau vorzubereiten, um später schließlich eine Klinge daraus zu fertigen. Es handelt sich also um eine Arbeitskette, die sich aus zwei ganz verschiedenen Arbeitsschritten zusammensetzt.

Wir können uns die *Homo ergaster* vorstellen, wie sie mit dem Bild – einer geistigen Vorstellung visueller Art – eines Faustkeils im Kopf einen Kieselstein oder einen Steinblock behauten. In der visuellen Sprache der Comics würde der Faustkeil in einer Sprechblase dargestellt: ein großer Kreis, der mit dem Kopf des vorgeschichtlichen Menschen durch eine Kette kleiner Kreise verbunden ist (damit wird in Comics ausgedrückt, was die Person denkt). Eindeutig sieht der erwähnte *Homo ergaster* – wenn auch nicht mit seinen beiden normalen Augen, sondern mit einem *inneren* oder *dritten Auge* – das Ergebnis des Behauens, bevor er damit beginnt. Man kann sagen, dass er das Bild auf den Stein *überträgt*.

Bei der Levallois-Technik muss der Behauer sowohl den vorbereiteten Kern vor Augen haben, das erste Glied der Arbeitskette, als auch das Werkzeug, das er danach mit einem einzigen Schlag fertigen wird. In diesem ganzen Prozess steckt eine neue Komplexität, die auf eine größere Planungsfähigkeit schließen lässt als die vorangegangenen Techniken. Und das Planen ist, wie bereits erwähnt, eine typisch menschliche Eigenschaft.

Die ersten Beweise der III. Technischen Art fallen zeitlich und räumlich mit den ersten Hirnschädelvolumina von 1400 cm^3 zusammen. Darin könnte man eine Beziehung aus Ursache und Wirkung sehen. Die Annahme, dass die Zunahme der grauen Substanz etwas mit der Fertigung besser ausgearbeiteter Werkzeuge zu tun hat, ist verlockend, lässt sich aber nur schwer, vielleicht auch gar nicht beweisen. Was aber das archäologische Protokoll sicher aufzeigt, ist eine gewisse Kontinuität in der Technologie zwischen Europa, Afrika und einem Teil Asiens (bis zum Ganges), eine Art kulturelle Verständigung zwischen Völkern unterschiedlicher Kontinente. Innerhalb des Mittelpaläolithikums sind aber deutlich regionale Varianten erkennbar, die einem Modell geografischer Unterschiedlichkeit im biologischen und im kulturellen Bereich entsprechen, jedoch an den Grenzen eine gewisse Durchlässigkeit für die fremden technologischen Einflüsse aufweisen. In Europa und einem Teil Asiens sowie in Nordafrika (vor allem in seinen östlichen Gebieten Libyen und Ägypten) entwickelte sich das Moustérien, in Indien und im übrigen Afrika nahm das Mittelpaläolithikum oder die III. Technische Art unterschiedliche Formen an.

Ich bringe nun einen Begriff aufs Tapet, den Pierre Teilhard de Chardin prägte: die *Noosphäre.* So wie man (nach Vladimir Vernadsky) von Biosphäre sprechen kann, wenn man die belebte Umhüllung der Erde meint, diesen feinen Film aus einer Vielzahl unabhängiger, aber miteinander in Beziehung stehender Wesen, die ein engmaschiges Gewebe bilden, so meinte Teilhard de Chardin, dass auch wir Menschen eine intelligente Schicht in der Art einer Sphäre um den Planeten bilden. Eine Gemeinschaft aus Lebewesen, die auf gleiche Art denken oder durch ihren Geist verbunden sind: eine Schicht außerhalb der eigentlichen Biosphäre. Teilhard de Chardin (der 1955 starb) konnte nicht ahnen, dass sein Traum, seine Metapher zu materieller Wirklichkeit werden würde in dem, was wir heute als „das Netz" kennen. In unserem Fall, könnte die Ausbreitung der III. Technischen Art (oder des Moustérien) auf ganz Europa,

Afrika und Teile Asiens – wie zuvor die der II. Technischen Art oder des Acheuléen – die Existenz einer echten Noosphäre widerspiegeln, und sei es auch nur in Form eines sehr losen Netzes, das geografisch auf ein Gebiet des Planeten begrenzt blieb; dies wäre der Beweis, dass es über die biologischen Grenzen hinaus kulturelle oder zumindest technologische Verbindungen zwischen den Völkern beider Kontinente gab (und man mache sich klar, dass der *Homo erectus* aus dem Fernen Osten – jenseits des Ganges – sich mit seiner unveränderlichen Technologie der I. Technischen Art niemals in eine der beiden Noosphären hätte einbeziehen lassen).

Es gibt jedoch eine andere mögliche Erklärung für das, was die archäologischen und paläontologischen Protokolle uns zeigen. Vielleicht waren die europäischen und afrikanischen Populationen sowie die der Gebiete Asiens, die diesen beiden Kontinenten am nächsten sind, die ganze Zeit biologisch miteinander verbunden, wobei sie eine gewisse geografische Isolation beibehielten, gleichzeitig aber Gene über die Grenzen hinweg austauschten, beispielsweise die Gene, die das Wachsen des Gehirns verursachten. Dies ist ein Modell der so genannten multiregionalen Evolution, deren Hauptverfechter heute, wenn auch mit unterschiedlichem Hintergrund, die US-Amerikaner Milford Wolpoff, Fred Smith und David Frayer, der Chinese Wu Xinzhi und der Australier Alan Thorne sind. Das Evolutionsmodell schließt auch die Populationen des Fernen Ostens von der Art des *Homo ergaster* ein, obwohl bei ihnen die Gehirnzunahme wesentlich weniger ausgeprägt war. Das fossile Protokoll der Insel Java schließt mit einer Serie aus 14 Kalvarien und zwei Schienbeinen, die auf den Terrassen des Flusses Solo in Ngandong gefunden wurden. Über ihr Alter streitet man sich: Für das Team Carl Swisher sind sie zwischen 54 000 und 27 000 Jahre alt, während Geochronologen wie der Franzose Christophe Falguères ihnen 200 000 Jahre oder mehr zuschreiben. Andere Kalvarien Javas, anscheinend mehr oder weniger Zeitgenossen derer von Ngandong, sind die von Sambungmacan und Ngawi. In sechs der Kalvarien von Ngandong kann man das Schädelvolumen bestimmen (oder zumindest schätzen): Es liegt zwischen 1013 cm^3 und 1251 cm^3; das von Ngawi wird mit 1000 cm^3 und das von Sambungmacan mit etwa 1200 cm^3 angegeben.

In China gibt es einige 150000 bis 300000 Jahre alte Fossilien (genauer kann man ihr Alter nicht angeben), die sich vom klassischen *Homo erectus* unterscheiden. Eines ist der Schädel von Dali mit einer Morphologie, die sich in einigen Zügen der modernen annähert, beispielsweise beim Gesicht, wobei sein Schädelvolumen mit etwa 1100 cm^3 gering ist. Aus Jinniu Shan stammt ein noch kaum beschriebenes fragmentarisches Skelett, über das man in Zukunft vielleicht noch viel sprechen wird. Sein (geschätztes) Schädelvolumen scheint größer zu sein, fast 1260 cm^3. Diese Fossilien können als afrikanische Einwanderer verstanden werden, die auf dem Kontinent die dortigen *Homo erectus* ersetzten; aus der Sicht der Multiregionalisten aber könnte man sie als *Homo erectus* ansehen, die sich durch den Einfluss afrikanischer Gene weiterentwickelten (also durch Mischung des Blutes statt durch völliges Ersetzen von Populationen).Wenn ermittelt würde, dass die Fossilien von Dali und Jinniu Shan Zeitgenossen der letzten *Homo erectus* von Zhoukoudian sind, könnten wir von einer Koexistenz zweier verschiedener Menschentypen in China sprechen (vielleicht sogar zweier verschiedener Arten), einem einheimischen Typ (dem *Homo erectus*) und einem anderen, der von außerhalb kam und der von den Fossilien aus Dali und Jinniu Shan verkörpert wird. Wenn sich herausstellt, dass Letztere später lebten, wäre die lokale Evolution des *Homo erectus* mit der Übernahme fremder Gene eher zu belegen.

Wie man sieht, ist die Lage in China sehr kompliziert, da es wenige Fossilien, ein großes Gebiet und vielleicht auch viele Geschichten zu erzählen gibt. Ich denke daher, dass die beste Strategie für dieses Buch die sein wird, uns mit den Gegenden zu befassen, aus denen es die meisten Informationen gibt, und

China außer Acht zu lassen (wir wollen hoffen, dass es nur für einige Jahre sein wird), da wir nicht genau wissen, was dort in der Zeit zwischen den letzten *Homo erectus* von Zhoukoudian bis zur Ankunft der ganz modernen Menschen geschah. Um ein Knäuel zu entwirren, zieht man am besten an den losen Enden, und es gibt zwei, die wir besonders gut kennen: unsere Art und die Neandertaler. Die losen Enden der Evolutionsknäuels sind die heute lebenden Arten, die noch keine Nachkommen haben und die, die ohne Nachkommen ausstarben. Da dies bei den Neandertalern der Fall war, wie ich hoffentlich beweisen kann, wollen wir dort anfangen.

Woran man einen Neandertaler in der U-Bahn von New York erkennt

Es wurde einmal gesagt, die Neandertaler seien uns so ähnlich, dass sie, europäisch gekleidet, in der U-Bahn von New York nicht auffallen würden (um diese Ähnlichkeit zu unterstreichen, stellte Carleton Coon in seinem 1939 erschienenen Buch auf einem sehr bekannten Bild einen Neandertaler mit Krawatte und Hut dar). Ich weiß, dass dies nicht stimmt, und zwar aus eigener Erfahrung. Nicht, dass ich einmal in der Metro von Madrid auf einen Neandertaler gestoßen wäre, aber ich habe für den mehrfach ausgezeichneten Dokumentarfilm *Atapuerca. El misterio de la evolución humana* (Atapuerca, Das Mysterium der menschlichen Evolution) von Javier Trueba an der Rekonstruktion des Kopfes eines Menschen aus der Sima de los Huesos teilgenommen. Wir verkleideten (bzw. maskierten) einen von uns mit einer Replik des Gesichts, und ich versichere, dass die Wirkung umwerfend war. Wenn ein primitiver Hominid, ein Australopithecin beispielsweise, nachgebildet wird, so erscheint uns diese Kreatur vertrauter, weniger schockierend, da sie uns an einen Schimpansen erinnert, wenn auch an eine zweibeinige Schimpansenart, die es nicht gibt. Für die Neandertaler gibt es jedoch keine Entsprechung in der Gegenwart; sie sind uns so ähnlich, so menschlich, und paradoxerweise so verschieden von uns. Einem Neandertaler zu begegnen, und sei es nur einem rekonstruierten, ist eine aufwühlende Erfahrung (und zweifellos war dies erst recht so für unsere Vorfahren, die sie *in persona* kannten).

Was war bei den Neandertalern anders? Was hielten die Cro-Magnon-Menschen von ihnen, als sie sie das erste Mal sahen? Zum einen waren die Neandertaler sehr hellhäutig, die Cromagnonen hingegen weniger. Wie können wir die Hautfarbe der fossilen Menschen kennen? Das ist einfacher als man denkt: Die menschlichen Völker, die in der Nähe des Äquators leben, sind einer Sonnenbestrahlung ausgesetzt, die so groß ist, dass sie für Personen mit heller Haut sehr schädlich wäre. Tatsächlich kann sie tödlichen Hautkrebs hervorrufen und verursacht ihn ja auch bei den Europäern, die sich ihr ständig und ohne intensiven Sonnenschutz aussetzen. Darum schützen sich die Populationen in den Ländern um den Äquator auf biologische Weise mit einem Pigment, dem Melanin, das sich in den tiefen Schichten der Epidermis befindet. Die Bewohner Afrikas ebenso wie beispielsweise die australischen Aborigines – die nichts mit ihnen zu tun haben – sind sehr dunkel. Der Anthropologe und Professor in Harvard, Earnest Hooton, schrieb 1936, dass eine seltsame und verdrehte Psychologie manche Mitglieder der „weißen" Rassen dazu treibt, ihr Haar zu kräuseln und körperliche Beschwerden in Kauf zu nehmen, um braun zu werden, und doch betrachten sie das natürlich gekräuselte Haar und die pigmentierte Haut als Zeichen der Minderwertigkeit der Rasse!

Unter der Epidermis liegt eine weitere Hautschicht, die Dermis, in der das Vitamin D_3 gebildet wird; dieses Vitamin ist für die Knochenbildung notwendig, aber damit es sich bilden kann, müssen die Zellen der Dermis genügend ultraviolette Sonnenbestrahlung aufnehmen. Trotz ihrer dunklen Hautfarbe sind die Afrikaner und die Australier einer solchen Menge an Sonnenstrahlung ausgesetzt, dass sie mehr als genug davon haben. Menschen afrikanischer Herkunft aber, die in Ländern hoher Breitengrade leben, können an Vitamin D_3-Mangel leiden (es sei denn, dass man ihnen das Vitamin zuführt, das sie nicht natürlich produzieren können), mit den daraus resultierenden Problemen in der Entwicklung und mit dem Auftreten von Rachitis, die bei Frauen häufig zu schwerwiegenden Problemen beim Gebären führen kann. In Gegenden mit geringer Sonnenbestrahlung sind Menschen mit heller Haut im Vorteil, da sie die geringe Menge ultravioletter Strahlung, die sie aufnehmen, besser nutzen können. Daher waren die Neandertaler, die sich in Europa in mittleren und nördlichen Breiten entwickelt haben, wohl heller als die Cromagnonen, deren Ursprung in Afrika liegt, zumindest so lange bis die neuen Europäer sich an die lokalen Umstände angepasst hatten (und das dauerte einige tausend Jahre). In dem amüsanten Roman über vorgeschichtliche Menschen *Dance of the Tiger* („Der Tanz des Tigers"), dem einzigen von einem professionellen Paläontologen, den ich gelesen habe, nämlich von Björn Kurtén, werden die Neandertaler die „Weißen" und die modernen Menschen die „Schwarzen" genannt.

Die Neandertaler hatten einen stark ausgeprägten Augenbrauenwulst: einen knöchernen Wulst über den Augenhöhlen (den Hohlräumen im Gesichtsskelett, in denen die Augäpfel sitzen). Der Augenbrauenwulst ist beim *Homo habilis* kaum sichtbar, wird aber ab dem *Homo ergaster* dick und sehr auffallend. Tatsächlich fehlt er nur bei unserer Art, obwohl manche Vertreter des *Homo sapiens* dieses Merkmal vor 100000 Jahren noch nicht ganz verloren hatten. Der Augenbrauenwulst der Neandertaler war jedoch sehr auffallend, da er zwei Bögen um die Augen herum bildete, die über der Nasenwurzel ineinander übergingen. Bei anderen menschlichen Arten mit Augenbrauenwulst war die Krümmung der Augenhöhlen nicht so regelmäßig, und außerdem gab es in der Mitte, zwischen den Bögen, eine Vertiefung.

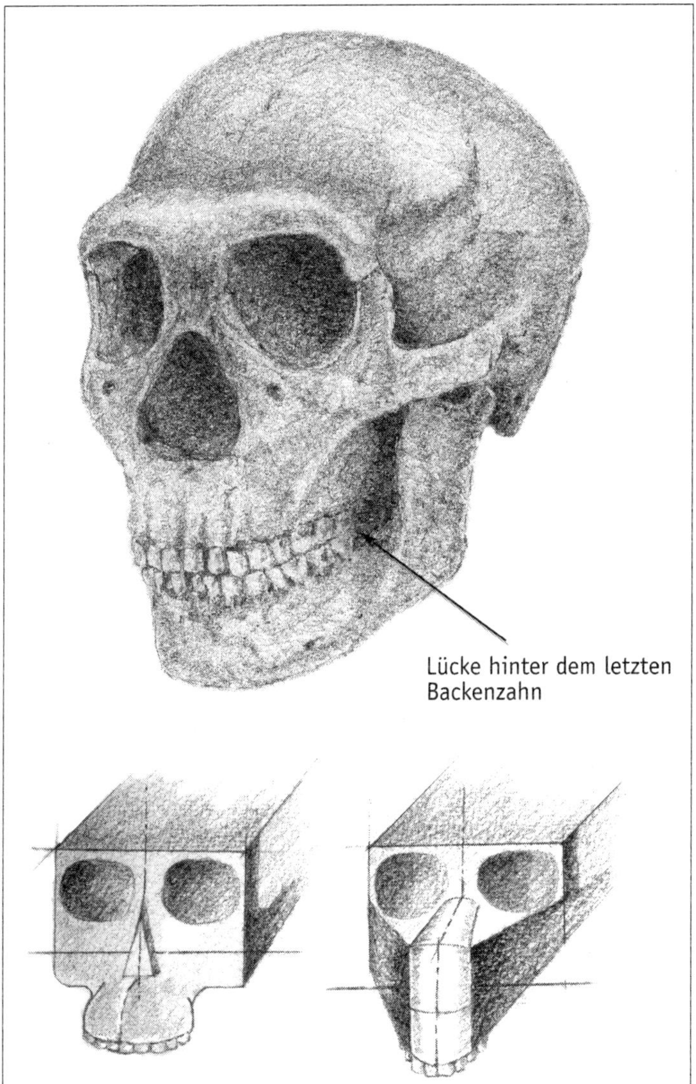

Abb. 10: Schädel des Neandertalers. In den schematischen Darstellungen in der unteren Bildhälfte wird die Morphologie des Neandertalers (rechts) der weniger auffallenden Morphologie eines hypothetischen Vorfahren (links) gegenübergestellt; schematische Darstellung nach Rak (1986).

Hinter dem Augenbrauenwulst war die Stirn bei den Neandertalern wesentlich abgeflachter als bei den heutigen Menschen. Man weiß nicht genau, welchen Zweck der Augenbrauenwulst erfüllte, wenngleich er zahlreiche Funktionen haben konnte, beispielsweise die Augen vor Schlägen von oben zu schützen und gleichzeitig die mechanischen Spannungen auszugleichen, die sich durch das Kauen in den Knochen bilden. Solche Anstrengungen übertragen sich von den Zähnen aufwärts und könnten das Gesicht auf Höhe der Stirn buchstäblich vom restlichen Schädel abspalten, wenn es nicht diese Verstärkungskonstruktion (den Wulst) gäbe. Die hohe Stirn unserer Art ist die vertikale Verlängerung des Gesichts ohne versetzte Ebenen zwischen Gesicht und Stirn wie bei den übrigen Hominiden; daher könnte sie dieselben Funktionen übernehmen wie der Augenbrauenwulst: die mechanische Spannung aufzulösen.

Im Allgemeinen verleiht der Augenbrauenwulst und die fliehende Stirn den Neandertalern ein archaisches und plumpes Aussehen, während das Fehlen des Wulstes und die hohe Stirn die Cromagnonen, unsere Vorfahren, graziler erscheinen ließ. Björn Kurtén jedoch betrachtet diese Auffälligkeiten von einem anderen Blickwinkel aus, nämlich dem der Neandertaler. Dieses Knochenvisier über den Augen soll ihnen ein erhabenes und furchterregendes Profil verschafft haben, den stolzen Blick eines Adlers. Die modernen Menschen mit ihrer rundlichen Stirn, dem Fehlen des Augenbrauenwulstes und einem kleineren Gesicht, erinnerte die Neandertaler angeblich an ihre eigenen Kinder. Bei allen Säugetieren sind nämlich sowohl eine gewölbte und glatte Stirn wie auch ein kleineres und weniger ausgeformtes Gesicht kindliche Merkmale, und sogar noch mehr: Sie sollen stets Beschützerinstinkte und Rührung hervorrufen und so die Aggressivität der Eltern den Jungen gegenüber verhindern (übrigens sind dies auch weibliche Merkmale, und sie haben denselben Zweck). In Zeichentrickfilmen, bei Kuscheltieren und Puppen werden diese Züge bewusst hervorgehoben, um die Figuren sympathischer wirken zu lassen (und oft werden sie ebenso wie die sexuellen Merkmale in Darstellungen von Frauen übertrieben). Wenn, wie es scheint, solche Mechanismen in unseren Genen (sowie bei allen Säugetieren) verankert sind, wie zart mussten die Cromagnonen doch den Neandertalern erscheinen! Vielleicht erkannten sie später betrübt, was für ein Schlag (und was für ein Verhalten) sich hinter einer so lieblichen Erscheinung verbarg.

Der Hirnschädel oder die Kalvarie – die Knochenhülle, die in ihrem Inneren das Gehirn enthält – hatte bei den Cromagnonen (wie bei uns) fast die Form einer Kugel, ein anderes kindliches (und weibliches) Merkmal, während sie bei den Neandertalern sehr in die Länge gezogen war, mit einem nach hinten gerichteten Hinterhauptsbein. Bei den Neandertalern wies der Hirnschädel außerdem eine ganze Reihe von Besonderheiten auf, die man bei keiner anderen Fossilienart kennt. Sicherlich würden diese Details bei einem behaarten Kopf nicht auffallen – ich weiß nicht, ob es bei den Neandertalern Kahlköpfe gab, es ist jedoch anzunehmen, da alle Säuger dazu neigen, im Alter das Haar zu verlieren – den Augen des Paläontologen entgehen sie jedoch nicht, und sie zeigen uns, dass die Neandertaler wirklich einzigartige menschliche Wesen waren, die sich neben den anderen Menschenwesen ihrer Zeit entwickelten. Das Gesichtsskelett der Neandertaler war wirklich eine Besonderheit, mit einer einzigartigen Morphologie. Um es mit wenigen Worten zu sagen: Die Nasenöffnung – der Zugang zur Nasenhöhle – befand sich in Bezug auf die Seiten des Gesichts sehr weit vorne (weiter als bei uns). Die Nasenbeine, die das Dach der Nasenhöhle bilden, verliefen fast waagerecht, sodass sie nach vorn gerichtet waren. Wangenknochen und Kieferknochen bildeten gerade Flächen rechts und links der Nasenöffnung; sie waren so angeordnet, dass sie dem Gesicht eine spitze, keilförmige Form gaben. Im Querschnitt erinnert der Gesichtsbereich eines Neandertalers fast an die dreieckige Form der Flügel eines Düsenjägers.

Der bereits erwähnte Alan Thorne beschrieb mir das Gesicht der Neandertaler einmal als „Hochgeschwindigkeitsgesicht": Es scheint äußerst windschnittig zu sein. Es ist überflüssig zu erwähnen, dass dies (die Windschnittigkeit) nicht Zweck dieser Kopfform war, und man suchte nach anderen Erklärungen. Die beiden ernsthaftesten sind die biomechanische und die klimatische Hypothese. Nach der ersten leitet eine keilförmige Gesichtsform die Spannung, die sich im Vorderteil des Gesichts aufgrund des intensiven Gebrauchs der Schneidezähne aufbaut, zu den Seiten hin ab (die Schneidezähne waren bei den Neandertalern immer schon in jungem Alter sehr abgenutzt). Man weiß nicht, wozu sie die vorderen Zähne so sehr gebrauchten, aber man nimmt an, dass sie sie zu Zwecken einsetzten, die mit dem Kauen und der Nahrungsaufnahme nichts zu tun hatten, beispielsweise dazu, Gegenstände zu halten oder zu ziehen (so als wären die Zähne eine „dritte Hand").

Die klimatische Hypothese besagt, dass das Gesicht des Neandertalers eine Anpassung an extreme, fast polare Kälte darstellt: Die riesige Nasenhöhle soll dabei wie eine Heizung gewirkt haben, die die eisige Luft befeuchtete und erwärmte, bevor sie in die Lunge eintrat; seitlich davon und darüber sollen außergewöhnlich ausgeprägte Kieferhöhlen und Stirnhöhlen das Gesicht zu einer großen hohlen Maske geformt haben, die als Isolierung zwischen Außenluft und Gehirn diente.

Der Ausdruck „Hochgeschwindigkeitsgesicht" scheint zu suggerieren, dass die Seitenpartien des Gesichts sich nach hinten zogen (dass sie „flohen") und so dem Gesicht das spitze Aussehen gaben, das für die Neandertaler typisch ist. Dies ist wörtlich die von dem US-Amerikaner Erik Trinkaus formulierte These zur Erklärung, wie es zu dieser Gesichtsform kam. Der Teil des Gesichts, der zurückgetreten sein soll, die Peripherie, ist auch der, der die wichtigsten zum Kauen benötigten Muskeln trägt (die Kaumuskeln und die Schläfenmuskeln), während der mittlere Teil mit den Zähnen an seinem Platz verblieben sein soll. Hinter dem dritten und letzten Backenzahn des

Unterkiefers gibt es bei den Neandertalern eine große Lücke, eine Folge der Trennung zwischen dem festen Gesichtsteil mit dem Kauapparat und dem Muskelteil, der sich nach hinten gezogen haben soll.

Yoel Rak, ein anderer, israelischer Wissenschaftler, glaubt jedoch nicht an ein solches Zurücktreten des äußeren in Bezug auf den mittleren Gesichtsbereich. Er sieht vielmehr lediglich eine Umformung des Gesichts und eine Änderung seiner Oberfläche aus den oben erwähnten biomechanischen Gründen; die Lücke hinter dem letzten Backenzahn hat seiner Meinung nach nur den Grund, dass die Backenzähne bei den Neandertalern kleiner wurden, der Kiefer jedoch seine Größe behielt, sodass ganz einfach hinter dem letzten Backenzahn Platz blieb.

Den Neandertalern dürfte das Kinn der Cromagnonen besonders aufgefallen sein, eine Ausbuchtung im vorderen Bereich des Unterkiefers (deren Funktion man nicht sicher kennt). Die Neandertaler hatten dies nicht, sodass bei diesem Merkmal wir modernen Menschen die Ursprünglichkeit bewahrt haben.

Wenn wir in der europäischen Entwicklungsgeschichte des Menschen zurückblicken, so kann man verstehen, wie das Gesicht des Neandertalers seine Form erhielt. Der vollständigste fossile Schädel des europäischen Mittelpleistozäns (und des gesamten fossilen Protokolls der menschlichen Evolution bis zu den Cro-Magnon-Menschen) ist der Schädel 5 der Sima de los Huesos in Atapuerca. Die anderen europäischen Schädel aus dieser Zeit, bei denen das Gesicht mehr oder weniger gut erhalten ist, sind die Schädel aus Steinheim (Deutschland), aus L´Arago (Frankreich) und aus Petralona (Griechenland). Wenn man die Gesichtsmorphologie des Neandertalers salopp als „Hochgeschwindigkeitsgesicht" bezeichnet, so könnten wir hinzufügen, dass die Neandertaler im „fünften Gang rasten", während ihre Vorfahren im zweiten oder höchstens dritten Gang „fuhren", da bei ihnen die Gesichtszüge nicht so stark ausgeprägt erscheinen, oder wenn man so will, dic Seitenpartien des Gesichts nicht so stark nach hinten „gezogen" waren.

Der Schädel 5 und die anderen Fossilien aus der Sima de los Huesos weisen die für den Neandertaler typische Lücke hinter dem Weisheitszahn auf und geben sich damit als seine Vorfahren zu erkennen. Ebenfalls mithilfe des Schädels 5 können wir die zuvor beschriebene Uneinigkeit um die Entwicklung des Neandertaler-Gesichts auflösen. Anscheinend haben beide Hypothesen teilweise Recht: Zuerst wurden die Backenzähne kleiner und die Gesichtsform begann sich zu verändern (in diesem Stadium befinden sich die Fossilien aus der Sima de los Huesos), und danach trat der Teil des Kiefers zurück, in dem die Kaumuskeln liegen.

Die Fossilien von Gran Dolina in Atapuerca sind mit 800 000 Jahren die jüngsten des gemeinsamen Vorfahren von Neandertalern und modernen Menschen. Es ist seltsam, dass das vollständigste Fossil aus Gran Dolina, ein elfjähriger Junge, ein wesentlich moderneres, dem heutigen Menschengesicht viel ähnlicheres Gesicht hat als das der zeitlich später lebenden Neandertaler. Bei Kindern war das Gesicht schon immer so ausgeprägt, wie es mit dem Entstehen unserer Art das ganze Leben hindurch blieb. Wir erwähnten bereits, dass die Cromagnonen den Neandertalern wohl sehr kindlich erscheinen mussten.

Wenn wir die verschiedenen Schädelmerkmale der Neandertaler genau untersuchen, stellen wir fest, dass die meisten bereits bei den beiden fossilen Überresten des 200 000 Jahre alten Fundorts Biache-Saint-Vaast (Frankreich) nachweisbar sind. Es gibt Schädelreste, ebenfalls mit typischen Neandertaler-Kennzeichen, vom deutschen Fundort Ehringsdorf, aber über ihr Alter diskutiert man noch: Nach Meinung einiger Wissenschaftler sind sie zwischen 120 000 und 127 000 Jahre alt, für andere sind sie älter, nämlich etwa eine Viertelmillion Jahre alt; möglicherweise haben Letztere Recht.

Das anfangs zaghafte, wie skizzierte und später, am Ende des Mittelpleistozäns, immer entschiedenere und deutlichere Auftreten der Neandertaler-Züge des Kopfes hilft uns auch, die zuvor diskutierten Thesen menschlicher Evolution zu beweisen.

Da meines Wissens kein Fossil des afrikanischen oder asiatischen Mittelpleistozäns diese Züge trägt, und dies nicht einmal ansatzweise, leite ich daraus ab, dass die Vorfahren der Neandertaler nicht Gene mit anderen zeitgenössischen Menschenvölkern austauschten, sondern dass sie sich in Europa in völliger (oder beinahe völliger) genetischer Isolation entwickelten.

Elvis, the pelvis

Neandertaler und Cro-Magnon-Menschen unterschieden sich nicht nur in Merkmalen des Kopfes voneinander, sondern auch in der Gestalt und den Proportionen ihres Körpers. Die Neandertaler waren den Affen jedoch keineswegs ähnlicher. Dem berühmten französischen Paläontologen Marcellin Boule, den wir im Vorwort erwähnten, wird vorgeworfen, dass er den Menschen von Neandertal mit gebeugten Knien und einem nach vorn geneigten Hals darstellte, also nicht ganz aufrecht. Sein Irrtum bestand darin, dass er einige Merkmale des Skeletts von La Chapelle-aux-Saints nicht als pathologisch erkennen konnte, d.h. als die Folgen einer Krankheit.

Eine Art, die Untersuchung der menschlichen Körperform anzugehen, ist es, sie einem Zylinder anzugleichen. Sowohl das Gewicht und das Volumen des Zylinders als auch die Oberfläche sind von seiner Höhe und seinem Durchmesser abhängig, und mit ihnen verändert sich auch das Verhältnis von Oberfläche und Volumen. Dieses Verhältnis ist für den Temperaturausgleich der Säugetiere von großer Bedeutung, da sie Lebewesen sind, die eine konstante Körpertemperatur anstreben. Zwei Zylinder mit gleichem Durchmesser weisen zwangsläufig dasselbe Verhältnis zwischen Seitenfläche und Volumen auf, unabhängig von ihrer Höhe. Je größer jedoch der Durchmesser, desto kleiner wird der Quotient aus Seitenfläche (Zähler) und Volumen (Nenner). Eine verhältnismäßig geringe Körperoberfläche ist für Lebewesen geeignet, die in kalten Klimaten leben, da sie den übermäßigen Verlust der Körperwärme durch die Haut verhindert. Genau das Gegenteil geschieht in heißen und trockenen Klimaten, wo der Durchmesser des Zylinders idealerweise kleiner wird: Ein Draht besteht praktisch nur aus Oberfläche, sein Durchmesser ist minimal. Beim Menschen können die Unterschiede wirklich gravierend sein. Wir wollen nun zwei Typen mit gleichem Volumen und Körpergewicht (sagen wir 70 kg) betrachten: Je nach Körperbau sind die jeweiligen Körperoberflächen sehr unterschiedlich. Ist der Typus groß und schlank, so kann seine Hautfläche 1,7-mal größer sein als bei einem kleinen dicken Typus. Ersterer würde in kaltem Klima viele Kalorien verlieren, der andere hätte hingegen in einem heißen Klima trotz kräftigen Schwitzens große Probleme, seine Körpertemperatur zu regulieren.

Eine Art, den Durchmesser des Körperzylinders bei Personen zu ermitteln, besteht darin, die maximale Hüftbreite zu messen, da das Becken einem Ring sehr ähnlich ist, der aus den beiden Hüftknochen (seitlich und vorn) und dem Kreuzbein (das den Hüftgürtel hinten schließt) gebildet wird. Die maximale Breite des Beckens ist ein Quermaß, das zwischen den Oberkanten der Hüftknochen genommen wird. Dieser Durchmesser ist ein ziemlich exaktes Maß für die Breite des gesamten Rumpfes. Die Höhe des Körperzylinders liefert uns natürlich die Körpergröße des Individuums.

So weit, so gut, leider gibt es jedoch nicht viele Skelette, bei denen man sowohl die Beckenbreite als auch die Körpergröße messen könnte; es gibt sogar äußerst wenige, sodass man im Allgemeinen auf Schätzungen dieser Parameter mit großen Abweichungsrisiken zurückgreifen muss. Wiederum sind wir im Fall Atapuerca mit dem Fund von reichlich Beckenmaterial aus der Sima de los Huesos gesegnet. Dem vollständigsten Hüftknochen, der von einem Mann stammt, haben wir den Namen „Elvis" gegeben.

Ich führte gemeinsam mit José Miguel Carretero und Carlos Lorenzo die Untersuchung des gesamten Körperskeletts der

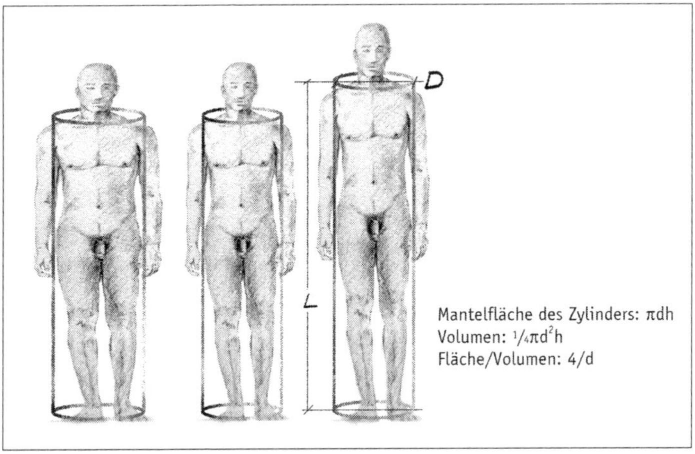

Abb. 11: Körperzylinder. In Übereinstimmung mit der biogeografischen Regel Bergmanns nimmt die Körperoberfläche in Bezug auf das Volumen mit zunehmendem Durchmesser des Körperzylinders (D) ab. Nach dieser Regel sind die im Norden lebenden Völker schwerer als die Angehörigen derselben Art aus dem tropischen Bereich, wodurch der Verlust von Körperwärme vermieden wird (nach Ruff und Walker, 1993).

menschlichen Fossilien von Atapuerca durch, aber ich muss zugeben, dass vom Hals abwärts die Hüfte meine „Leidenschaft" ist, ein Teil des Skeletts, über den ich vor vielen Jahren meine Doktorarbeit schrieb, bevor wir über Fossilien aus Atapuerca verfügten. Aus wissenschaftlicher Sicht ist eine solche Vorliebe für das Becken gegenüber anderen Knochen mehr als gerechtfertigt, da es das Becken ist, das es uns ermöglicht, so viel über die Entwicklung zur Zweibeinigkeit in der menschlichen Evolution zu erfahren und das so viel aussagt über das Gebären und die Kopfgröße des Fötus, der diesen knöchernen Ring passieren kann, was uns wiederum Informationen über den Entwicklungsstand des Neugeborenen bei den verschiedenen Hominidenarten liefert. Als wäre dies nicht genug, dient es uns auch dazu, das Geschlecht eines Skeletts und sogar sein Sterbealter zu erschließen. Außerdem ist es, wie wir später sehen werden, der Schlüssel zur Schätzung des Gewichts eines

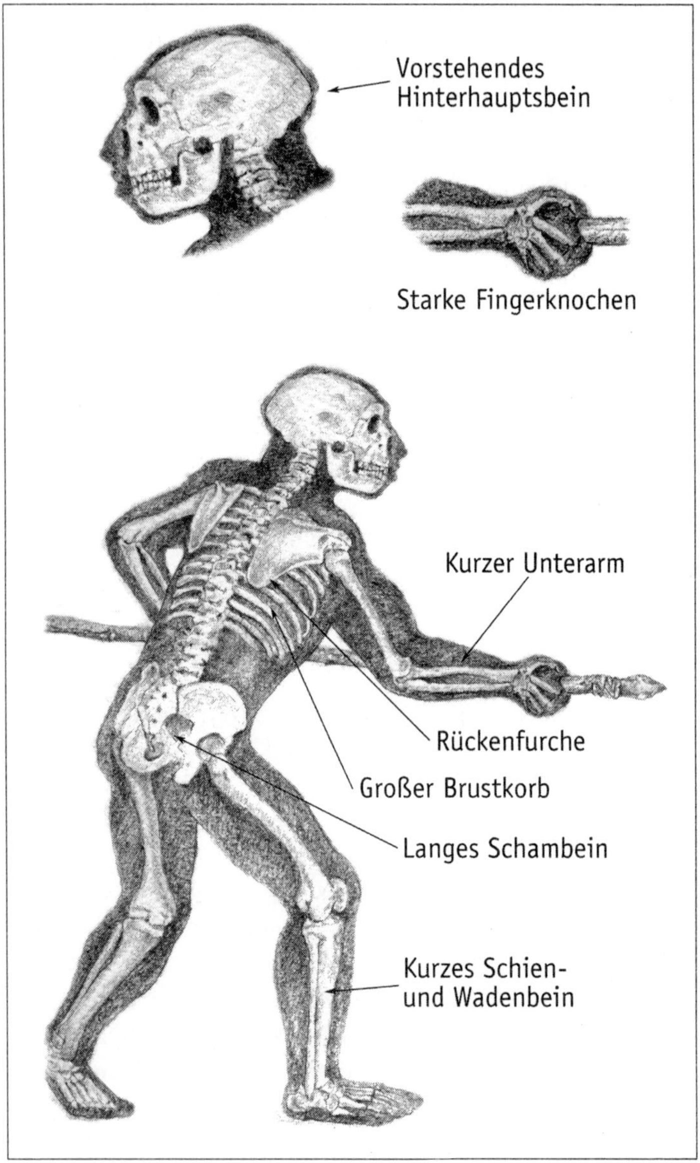

Abb. 12: Einige Kennzeichen des Neandertaler-Skeletts. Nach Churchill (1998).

fossilen Hominiden. All dies und dazu die enorme Seltenheit fossiler Becken führen dazu, dass sie für neue Erkenntnisse in der menschlichen Evolution genauso wichtig sind wie die Schädel, und ich würde sogar sagen, dass sie heute noch wichtiger sind.

Der amerikanische Paläoanthropologe Christopher Ruff bewies, dass beim modernen Menschen eine sehr enge Verbindung zwischen dem Gewicht eines Individuums (in seiner besten Form, d.h. ohne zu viel Fett) und diesen beiden Variablen besteht: Hüftbreite und Körpergröße. Nachdem dieser Zusammenhang erst einmal überprüft war, musste man die bei den lebenden Menschen ermittelten Formeln nur noch auf die Fossilien übertragen, um ihr Körpergewicht zu erfahren. Dieser Aufgabe widmete sich Ruff gemeinsam mit Erik Trinkaus und Trenton Holliday.

Die Neandertaler hatten breite Hüften, breitere als wir, waren aber kleiner. Ein Aspekt des Neandertaler-Körpers, der für seine Anpassung an das kalte Klima spricht, ist die Kürze der Ellen und Speichen einerseits und des Schienbeins andererseits; mit ihrem breiten Rumpf, den kurzen Unterarmen und Unterschenkeln müssen die Neandertaler den Cromagnonen ziemlich kompakt erschienen sein. Diese Morphologie scheint einem Gesetz – bekannt als Allen-Regel – zu entsprechen, das man bei den Säugetieren und auch bei den menschlichen Rassen beobachten kann. Die Glieder, Arme und Beine werden bei Völkern in warmem und trockenem Klima länger (das extremste Beispiel ist die Wüste um den Äquator), während sie in den hohen Breitengraden der Nordhalbkugel kürzer werden. Diese Allen-Regel widerspricht scheinbar den obigen Ausführungen, dass nämlich die Höhe des Körperzylinders sich nicht auf das Verhältnis von Seitenfläche und Volumen auswirkt, aber dies ist nicht der Fall, da der menschliche Körper in Wirklichkeit nicht aus einem einzigen Zylinder besteht, sondern aus fünf: dem Rumpf und den vier Extremitäten (plus Kopf); So kommt es, dass eine Verlängerung der Arme und Beine mehr die Körperoberfläche als das Körpergewicht vergrößert und so den Wärmeverlust begünstigt.

Das für die Neandertaler ermittelte Körpergewicht ist sehr hoch, im Durchschnitt höher als das jeder modernen menschlichen Rasse. Die männlichen Individuen dürften häufig 80 kg überschritten haben, das Durchschnittsgewicht der Art dürfte allerdings bei 76 kg gelegen haben. Bei diesem Körpergewicht wäre das Gehirn der Neandertaler in der Relation schon nicht mehr so groß; tatsächlich soll es nach Ruff und seinen Kollegen relativ kleiner gewesen sein als bei uns.

Dazu muss ich etwas erklären. Wenn man eine Gruppe verwandter Arten mit unterschiedlichem Körpergewicht betrachtet (beispielsweise die Säugetiere), so stellt man fest, dass das Körpergewicht und das Gehirn nicht in gleichem Tempo wachsen, sondern dass das Körpergewicht schneller zunimmt: Je größer das Tier, desto kleiner ist im Verhältnis das Gehirn (und umgekehrt hat eine Maus ein relativ größeres Gehirn als ein Elefant). Mathematisch lässt sich das Verhältnis beider Variablen bei einer Gruppe von mehr oder weniger eng verwandten Arten folgendermaßen ausdrücken: $y = ax^b$, wobei y das Gehirngewicht, x das Körpergewicht und a und b einzelne Konstanten sind; bei den Säugetieren liegen ihre Werte, wie der Primatologe Robert Martin errechnet hat, bei 11,2 bzw. 0,76. Laut Ruff und Kollegen hatten die Neandertaler ein Gehirn, das das 4,8-fache des Wertes wog, der – nach der oben genannten Formel – einem Säugetier seines Körpergewichts entspräche. Wir hingegen haben ein Gehirn, das 5,3-mal so schwer ist wie das eines Säugetiers unserer Größe (dieses Verhältnis ist bekannt als Enzephalisationsquotient). Wie man sehen kann, verfügen beide Arten über ein relativ großes Gehirn, es besteht jedoch ein gewisser – eher geringfügiger – Unterschied zu unseren Gunsten. Ich habe jedoch bereits im ersten Kapitel erklärt, dass ich den Enzephalisationsquotienten mit Vorbehalt anwende, wenn es darum geht, die Gehirngrößen sehr nah verwandter Arten zu vergleichen, da eine Zu- oder Abnahme des Körpergewichts aus ganz verschiedenen Gründen, von denen einer die Wärmeregulation sein kann, den Wert des Enzephalisationsquotienten beeinflussen könnte, ohne dass dabei Veränderungen in der Intelligenz auftreten. Deshalb richte ich mich im Folgenden lieber nach den Evolutionsbahnen.

Die Werte der Hüftbreiten aus der Sima de los Huesos sind wirklich sehr groß. Es gibt in der Sammlung auch mehrere Oberschenkelknochen, die auf Körpergrößen zwischen 170 und 180 cm schließen lassen. Bei solchen Körpergrößen und Rumpfbreiten dürfte das Gewicht der Männer kolossal gewesen sein, nämlich mindestens 90 kg. Ich persönlich glaube, dass der tatsächliche Wert sogar um einiges höher liegt (fast 100 kg), da die menschlichen Wesen von Atapuerca vor 300 000 Jahren genau wie die späteren Neandertaler vermutlich eine wesentlich ausgeprägtere Muskulatur hatten als wir. Das Gewicht des Skeletts dürfte auch schwerer gewesen sein als heute, da es etwa 15 Prozent des Körpergewichts ausmacht. Zu all dem kommt das Fett hinzu. Der körperliche Zustand eines Profiathleten ist im Vergleich wohl nicht sehr repräsentativ für den eines vorgeschichtlichen Menschen, der vermutlich Energiereserven in Form von Fett anlegte, wenn er Nahrung im Überfluss hatte. Ein Läufer oder ein Radrennfahrer verhält sich anders, da er weiß, dass ihm an keinem Tag die Nahrung fehlen wird, die er benötigt, und so kann er auf alles, was nicht dem Muskelaufbau und notwendigen Reserven dient, verzichten. Dasselbe geschieht bei einem Gepard oder einer Löwin, die ihre Spitzengeschwindigkeit erhalten müssen, wenn sie eine Gazelle oder ein Zebra fangen wollen. Wenn diese schnellen Raubtiere ihren *Sprint* verlieren, ist ihr Schicksal besiegelt, so wie es den Beutetieren geht, wenn sie aufgrund von Verletzungen, Krankheit oder Alter nicht mehr so schnell laufen können. Da bei uns Menschen die Jagdtauglichkeit aber nicht auf der Spitzengeschwindigkeit sondern auf Kraft, Widerstandsfähigkeit, Strategie und Technik basiert, scheint es mir realistisch, sich die Menschen aus der Sima de los Huesos mit Fettreserven in guten Zeiten, dagegen sehr dünn in Hungerzeiten vorzustellen.

Im Vergleich zu ihrem enormen Gewicht war das Gehirn bei den Menschen der Sima de los Huesos kleiner als bei uns und den Neandertalern. Wenn wir die beiden Extremwerte der Kopfvolumina in der Sammlung, nämlich 1390 cm^3 (Schädel 4) und 1125 cm^3 (Schädel 5) heranziehen, würde der Enzephalisationsquotient zwischen 3,1 und 3,8 liegen. Um jedoch die Intelligenz der einen und der anderen für die Evolutionsbahn auswerten zu können, wie ich es angekündigt habe, müssen wir den Körperbau der früheren Hominiden zur jeweiligen Zeit kennen. Der erste, über den wir sprechen können, ist Lucy *(Australopithecus afarensis)*, der im Vergleich zu seiner geringen Größe sehr breite Hüften hatte. Wir verfügen noch über kein Becken des *Homo habilis*, aber wir können bei ihm ähnliche Proportionen annehmen wie bei den Australopithecinen. Vom *Homo ergaster* besitzen wir das weitgehend vollständige Skelett des Jungen aus Nariokotome (WT 15000); da er noch jung war, um die zehn Jahre alt, muss man versuchen zu schätzen, wie er als Erwachsener ausgesehen hätte. Möglicherweise hätte er eine stattliche Größe von etwa 185 cm erreicht, wenn man auch vor kurzem feststellte, dass seine Wirbelsäule aufgrund einer Krankheit verkürzt war, so dass seine endgültige Größe vielleicht viel geringer gewesen wäre (wobei wir weiterhin nicht wissen, welche Größe er erreicht hätte, wenn er nicht krank gewesen wäre). Was jetzt aber vor allem interessiert, ist, dass das Individuum von Christopher Ruff und Alan Walker mit schmalen Hüften und langen Gliedern rekonstruiert wurde, also wie ein hoher schmaler Zylinder, ein Biotypus, der den jetzigen Bewohnern der Region ähnlich ist. (Die Ähnlichkeit könnte von einer ähnlichen Anpassung an ein heißes und trockenes Klima herrühren und nicht von einer besonders nahen stammesgeschichtlichen Beziehung zwischen den Afrikanern vor eineinhalb Millionen Jahren oder mehr und den heutigen Menschen.) Falls dies stimmt, sind die Menschen, als sie nach

Europa kamen, mit der Zeit allmählich immer breiter und kleiner geworden, vielleicht als Reaktion auf das kalte Klima, bis sie schließlich so groß waren wie die Neandertaler. Mit den Menschen von Cro-Magnon, die sich in Afrika weiterentwickelten, wären dann später die schmalen Becken und die langen Arme und Beine erneut nach Europa gelangt.

Ich bin jedoch anderer Meinung, zumindest was die Breite der Hüften (und somit des Rumpfes) betrifft. Die Rekonstruktion des Beckens des Kindes aus Nariokotome basiert auf sehr unvollständigen und wenig verlässlichen Überresten (die zudem erst „wachsen" müssten, um zu einem Erwachsenbecken zu werden). Es gibt einen einzelnen Hüftknochen derselben Art (den ich bereits zuvor erwähnte), der denen aus der Sima de los Huesos so ähnlich ist, dass ich denke, die Erwachsenen-Morphologie beider Arten war im Wesentlichen bei beiden Arten dieselbe. Von dieser Interpretation ausgehend rekonstruiere ich die Geschichte der Veränderungen sowohl in der Körpergröße wie in der Hirngröße in den beiden letzten Jahrmillionen folgendermaßen: Der *Homo ergaster* hatte eine stattliche Größe und ein relativ kleines Gehirn. Als die Menschen Afrika verließen, behielten sie dieselbe körperliche Kraft, während sich sowohl im europäischen Zweig (dem der Neandertaler) wie auch im afrikanischen (dem der modernen Menschen) unabhängig voneinander eine Zunahme des Gehirns vollzog, von der der *Homo erectus* im Fernen Osten nicht in gleichem Maß betroffen war. Vor 300000 Jahren etwa lagen die Enzephalisationsquotienten in Europa und Afrika bei Werten zwischen 3 und 4.

Später ging die Gehirnzunahme in beiden Zweigen weiter. Bei den Neandertalern wurden zudem als Anpassung an die Kälte die Extremitäten kürzer, und vielleicht nahm die Körperkraft (die Rumpfbreite) etwas ab, wodurch das Körpergewicht langsam sank (sodass der Enzephalisationsquotient noch mehr, nämlich auf fast 5, anstieg). Im afrikanischen Zweig veränderte sich der Körperbau, der Biotypus: Die Hüften wurden schmaler, und das Gewicht nahm noch mehr ab als bei den Neandertalern, sodass der Enzephalisationsquotient schließlich etwas anstieg (auf etwas über 5), obwohl das Brutto-Schädelvolumen kleiner war. Aus diesen Daten ziehe ich einen zweifachen Schluss: Einerseits besaßen die Völker zur Zeit der Sima de los Huesos in Europa und Afrika ein wesentlich kleineres Gehirn als wir oder die Neandertaler, und andererseits kann man nicht argumentieren, dass die modernen Menschen in der Enzephalisation weiter fortgeschritten waren als die Neandertaler. Wir haben somit, wenn man von den Fossilien ausgeht, keine Argumente, weswegen die Neandertaler geringere geistige Fähigkeiten gehabt haben sollten als wir. Korrekter wäre es zu sagen, dass wir weniger schwer sind.

Die ersten Skelette modernen Typs stammen aus den Gräbern von Protocromagnonen aus der Höhle von Jebel Qafzeh und vom Unterstand von Skhul, beides in Israel gelegene Fundorte, die auf 100000 Jahre datiert werden. In Afrika dagegen gibt es weniger vollständige, aber ältere Fossilien (zwischen 100000 und 150000 Jahren) wie die von Klasies River Mouth, im Süden des Kontinents). Die paläontologische Probe weist auf Afrika als Ursprungsort unserer Art hin, und die Daten, die Molekularbiologen bei der Untersuchung der heutigen Populationen gewannen, sprechen ebenfalls dafür. In den israelischen Skeletten finden wir schon den Biotypus und die schmalen Hüften unserer Art. Diese Beckenenge zeigt sich bei den modernen Menschen auf zwei verschiedenen Höhen: an der Oberkante (dort wo man die Beckenbreite misst) und weiter unten zwischen den Hüftgelenkspfannen (den Gelenken mit den beiden Oberschenkelköpfen). Da wir Zweibeiner sind, bot diese Verschmälerung einen großen biomechanischen Vorteil beim Zurücklegen weiter Strecken, und zwar aus folgendem Grund: Beim Gehen liegt das gesamte Gewicht des Rumpfes und des in der Luft befindlichen Beins auf dem Oberschenkelkopf des aufgesetzten Beins; als die Hüften schmaler wurden, näherte sich der Schwerpunkt dem Gelenk, wodurch bei jedem Schritt Energie eingespart wurde.

Gleichzeitig wurden die Knochen, die seit dem *Homo ergaster* sehr stark waren, bei den modernen Menschen leichter. Der Knochenmarkskanal, der im Inneren der Diaphyse (der Röhre) der großen Knochen verläuft, wurde weiter, und die Schädelwände dünner. Außerdem verschwanden die Verdickungen oder Wulste des Schädels (oder sie bildeten sich stark zurück). Die Neandertaler hatten spektakuläre Hände, die kräftig zugreifen konnten, die Oberschenkel und Speichen waren stark gekrümmt und die Gelenke der Gliederknochen sehr groß. Alle Veränderungen des Skeletts, die sich bei den ersten modernen Menschen vollzogen, und die Tatsache, dass dieses dadurch immer leichter wurde, gingen mit dem Rückgang an Muskelmasse einher. Die Merkmale von Neandertalern und anderen „archaischen" Hominiden (in der Regel bezeichnet man sie so, aber ich benutze das Adjektiv nur als Gegensatz zu modern oder zu „unserer Art") sind Gegenstand verschiedener Interpretationen, wobei Einstimmigkeit darin besteht, dass sie beachtliche körperliche Fähigkeiten hatten, die aufgrund ihres Lebensstils notwendig waren.

Man könnte versucht sein zu erklären, das Leichterwerden des Skeletts der ersten modernen Menschen sei eine Folge des Lebensstils, der sich nun weniger auf die Körperkraft stützte. Die morphologischen Veränderungen, die bei unseren Vorfahren auftraten, fallen jedoch nicht mit dem Entstehen einer neuen Technologie zusammen: Die modernen Menschen von Qafzeh und Skhul stellten die gleichen Moustérien-Hilfsmittel her wie die Neandertaler Europas oder, um nicht noch weiter zu gehen, wie die der Neandertaler des Nahen Ostens (die später lebten als diese Protocromagnonen).

Die ersten menschlichen Wesen, die nach Europa kamen, erschienen den Neandertaler Hausherren groß und schlank, jedoch noch sehr kräftig im Vergleich zu ihren Nachkommen, da eine fortschreitende Verringerung von Größe und Körperkraft während des Paläolithikums stattfand, die sich im Mesolithikum und im Neolithikum fortsetzte. Nach den Untersuchungen von Vincenzo Formicola und Monica Giannecchini hatten die männlichen Cromagnonen des ersten Teils des Jungpaläolithikums vor dem eiszeitlichen Höhepunkt von vor 18 000 Jahren eine durchschnittliche Körpergröße von etwa 176 cm, während sie bei den Frauen etwa 163 cm betrug. Diese Größen unterschieden sie nicht wesentlich von denen der modernen westlichen Völker. Sowohl der männliche als auch der weibliche Durchschnitt sank jedoch am Ende des Jungpaläolithikums (vor 18 000 bis 10 000 Jahren) auf 166 cm bzw. 154 cm und noch weiter im Mesolithikum (163 cm bzw. 151 cm). Diese Tendenz zur Zierlichkeit hat sich im letzten Jahrhundert umgekehrt. Unsere Kinder werden immer größer und kräftiger, so als stecke in den Genen, die uns unsere fernen Vorfahren vom Beginn des Jungpaläolithikums vermachten, ein Entwicklungspotenzial, das bis jetzt – vielleicht wegen der schlechten Ernährung und der häufigen Blutsverwandtschaft innerhalb der Völker – nicht ausgeschöpft wurde und sich nun aufgrund der reichhaltigeren Ernährung und der größeren Mobilität bei den jungen Generationen durchzusetzen beginnt: Wir werden wieder zu Cromagnonen.

TEIL II

Das Leben in der Eiszeit

Kapitel vier
Der belebte Wald

Dieses unbestimmte Gefühl, dieser Drang, den Kopf zu wenden, diese Versuchung, der wir schon so oft nachgegeben haben, stehen zu bleiben und auf etwas Unbestimmtes zu lauschen, kommt daher, dass die Seele dieser gestrüppbewachsenen Felsen uns einhüllt und unsere eigene Seele berührt.

Wenceslao Fernández Flórez, *El bosque animado*
(Der belebte Wald)

Ein Primat im Steineichenwald

Die Tatsache, dass der Mensch in allen Gebieten der Erdkugel lebt, ist für uns so selbstverständlich, dass sie uns etwas trivial erscheint. Wir sind eine allgegenwärtige Art, die in den verschiedensten Klimaten und Landschaften der fünf Kontinente wohnen kann. Die zoologische Gruppe, zu der wir gehören, die der Affen oder Primaten, entwickelte sich hingegen in sehr festgelegten Lebensräumen und „rechnete" niemals mit kosmopolitischen Arten. Die Primaten lebten über 65 Millionen Jahre im Wald, mit dem wir somit aufgrund unserer Geschichte verbunden sind. Die Merkmale, die wir mit allen Primaten teilen und die uns von den anderen Lebewesen unterscheiden, sind nämlich Anpassungen, die es uns ermöglichen, uns von Ast zu Ast zwischen den Bäumen fortzubewegen. Außer uns, den menschlichen Wesen, gab es niemals Primaten, die an völlig baumlose Lebensräume angepasst waren. Genau genommen gibt es allerdings einige wenige heute lebende Primaten, die ebenfalls aus der Norm fallen, wie die Dscheladas, die in den grünen Prärien der äthiopischen Hochebenen leben, die Mantelpaviane in den ausgetrockneten Wasserlöchern Äthiopiens und Somalias und in abgeschwächter Form den Anubispaviane und die Affenart *Erythocebus pata* , die in den fast baumlosen Savannen Ostafrikas leben.

Der europäische Kontinent hingegen ist reich an Wäldern, trotzdem sehen wir auf ihm außer uns keine Primaten, obwohl es sie früher gab, bevor der Mensch kam, und als das Klima wärmer und auch die Vegetation andersartig war. Nur ein Affe hat mit uns die Unwirtlichkeiten des europäischen Quartärs überstanden, die so genannte Eiszeit. Es handelt sich um den Berberaffen, der heute bis auf die vom Menschen eingeführte Population in Gibraltar in Europa ausgestorben ist, aber noch in Nordafrika lebt.

Die Biogeografie der Pflanzen, d.h. das Studium der geologischen Verteilung der Pflanzen, ermöglicht die Einteilung der Vegetation auf der Erde in eine Reihe von Einheiten, die hierarchisch gegliedert sind. Die höchste Kategorie von allen ist das *Reich*, die nächste die *Subregion*. Man unterscheidet auf der Erde sechs Pflanzenreiche. Die geografische Verbreitung der Primaten ist praktisch auf das paläotropische und das neotropische Reich begrenzt. Das erste umfasst Madagaskar und fast den gesamten südlich der Sahara gelegenen Teil Afrikas mit Ausnahme der südlichsten Spitze des Kontinents, die zu einem anderen Reich, dem Capensis gehört, in dem ebenfalls Affen leben. In Asien schließt das paläotropische Reich die Halbinsel Vorderindien – Pakistan, Indien und Bangladesh –, Birma, den Südosten des asiatischen Festlandes – Thailand, Laos, Kambodscha und Vietnam – sowie die indonesischen Inseln und die Philippinen ein.

Das neotropische Reich umfasst ganz Mittel- und Südamerika außer der südlichen Spitze (die zum antarktischen Reich gehört). Alle Länder der Paläotropis und der Neotropis sind heiß und liegen größtenteils zwischen den Wendekreisen des Krebses im Norden und des Steinbocks im Süden. Der Hauptgrund, aus dem es außerhalb der Tropen fast keine Affen gibt, ist der Wechsel der Jahreszeiten, der umso ausgeprägter ist, je weiter wir uns vom Äquator entfernen. Die Primaten überstehen die langen Zeitabschnitte nicht, in denen es weder Früchte noch grüne Blätter, zarte Triebe und Knospen oder Insekten gibt, von denen sie sich ernähren könnten. Die Jahreszeiten sind durch die Neigung der Erdachse bedingt, die mit geringen Abweichungen immer gleich war. Außerdem spielt aber auch die Abkühlung des Planeten in den letzten Jahrmillionen eine große Rolle für die heutige geografische Verteilung der Primaten, da sich der Wechsel der Jahreszeiten durch den klimatischen Wandel stärker ausbreitet. Die weiter vom Äquator entfernten Länder sind heute im Winter kälter als in der Vergangenheit.

Im Norden dieser beiden Reiche (Paläotropis und Neotropis) befindet sich das holarktische Reich, das Nordamerika, Nordafrika, ganz Europa und fast ganz Asien (den Teil, der nicht zum paläotropischen Reich gehört) einschließt. Im holarktischen Reich leben Affen nur im ostasiatischen Bereich, der einen Teil Chinas, Korea und Japan umfasst. Wie schon erwähnt gibt es auch Berberaffen in Nordafrika. In den übrigen Gebieten der Holarktis leben nirgendwo Affen, sei es in gerodeter Tundra, borealer Taiga, gemäßigtem Wald, Mittelmeerwald, Steppe oder Wüste.

Das australische Reich schließlich besteht aus Australien und Tasmanien, und dorthin drangen die Primaten niemals vor.

Auch die Zoologen unterteilen die über dem Wasser liegende Welt in Reiche und Subregionen, wenn sie die geografische Ausbreitung der zu Land lebenden Arten der Wirbeltiere untersuchen. Im Allgemeinen stimmen die biogeografischen Einteilungen von Zoologen und Botanikern überein, da sie ja im Grunde die Geschichte der Tiere und die der Pflanzen widerspiegeln, die sich nicht sehr voneinander unterscheiden. Alle Arten haben einen Ursprungspunkt, von wo aus sie sich ausbreiten. Dass ein Lebewesen einen bestimmten Punkt der Erde bewohnt, der nicht sein Ursprungsort ist, setzt zum einen voraus, dass es (oder seine Vorfahren) dorthin gelangen konnte, und zum anderen, dass in seinem Lebensraum die Bedingungen herrschen, die es zum Gedeihen benötigt. Im Lauf der Erdgeschichte haben die Festlandplatten ihre Lage sehr verändert, hervorgerufen von den Kräften, die in den tiefen Schichten der Erde wirken. Daher erzählt die geografische Ausbreitung der Organismen auch die geologische Geschichte der irdischen Kurzlebigkeit.

Die Zoologen unterscheiden drei biogeografische Reiche. Eines davon ist die Neogäa, die Süd- und Mittelamerika entspricht. Da diese Zone viele Jahrmillionen hindurch ein Inselkontinent war, verfügt sie über eine sehr eigentümliche Fauna, und sie wäre noch eigentümlicher, wenn sich die Landstücke Nord- und Südamerikas nicht vor 3 bis 3,5 Millionen Jahren durch den Isthmus von Panama miteinander verbunden hätten. Als Folge dieses geologischen Ereignisses fand ein Austausch der Fauna statt, und viele der Tiere, die in Südamerika gelebt hatten, starben durch die Ankunft der Immigranten aus dem Norden aus. Sicher befanden sich unter den Arten des südlichen Kontinents, die nicht ausstarben, die Neuweltaffen, obwohl niemand weiß, wie sie zuvor bis dorthin gekommen waren. Möglicherweise kamen einige wenige von Afrika aus über das Meer durch abenteuerliche Seefahrten auf natürlichen Flößen aus umgestürzten Bäumen, die während der tropischen Stürme auf den großen Flüssen schwimmen.

Ein anderes geozoologisches Reich ist die Arctogäa, die ganz Eurasien, Afrika und Nordamerika einschließt. Sie teilt sich wiederum in die nearktische Region (Nordamerika), die paläarktische Region – Europa, Nordafrika und fast ganz Asien –, die äthiopische Region – ganz Afrika außer dem Mittelmeerstreifen sowie die arabische Halbinsel und Madagaskar – und die orientalische Region – den tropischen Bereich des südlichen und östlichen asiatischen Festlands, Indonesien und die

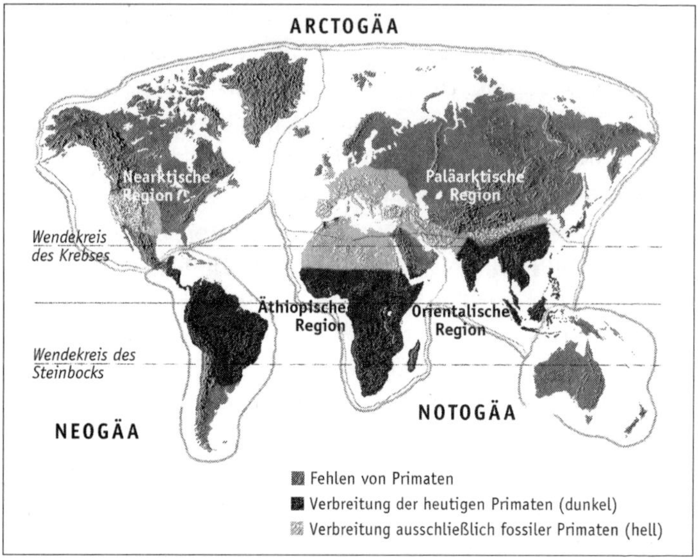

Abb. 13: Verbreitungsgebiete von heute lebenden und fossilen Primaten. Auch die Grenzen der geozoologischen Reiche und die Regionen der Arctogäa sind dargestellt. Die heutigen Primaten leben hauptsächlich zwischen den beiden Wendekreisen, man hat jedoch Fossilien von ihnen wesentlich weiter nördlich gefunden, in Zonen, die in der Vergangenheit wärmer waren.

Philippinen. Die Primaten leben in der äthiopischen und der orientalischen Region und fehlen mit Ausnahme des Berberaffen und des Japanmakak in der Nearktis und der Paläarktis.

Australien, Neu-Guinea, Tasmanien und eine Handvoll indonesischer Inseln bilden das Reich der Notogäa mit einer einzigartigen Fauna, die eine Vergangenheit in langer Isolation erkennen lässt. Nur einige wenige Primatenarten (außer dem Menschen) überschreiten die Wallace-Linie, die geozoologische Grenze, die, wie dieser große Naturwissenschaftler herausfand, die Fauna der orientalischen Region und die des Reichs Notogäa trennt.

Wir können nun eine Gliederung der Flora und Fauna Europas vornehmen, indem wir es in ökologische Einheiten von bedeutender geografischer Größe bzw. Biome einteilen, die den großen Landschaften entsprechen. Im Norden haben wir die Tundra ohne Bäume. Unter den charakteristischsten Säugetieren der Tundra wollen wir das Rentier erwähnen, den Moschusochsen, den Eisbären, den Schneehasen, den Polarfuchs und die Lemminge (kleine Nagetiere, die alle drei bis vier Jahre große Bevölkerungsexplosionen erleben). All diese Tiere sind oder waren zirkumpolar verbreitet, d. h. vom gesamten Norden Eurasiens über Nordamerika bis nach Grönland. Im Süden der Tundra erstreckt sich, ebenfalls ringförmig um den Pol, die Taiga oder der boreale Wald, in dem die Koniferen vorherrschen. Typische Säugetiere sind der Elch und der Vielfraß, ein Raubtier aus der Familie der Wiesel, auf das ich später zurückkomme. Der Grund für die Verbreitung der Tiere in Tundra und Taiga bewohnen, rund um den Pol ist die große Nähe von Eurasien und Nordamerika gerade in hohen Breitengraden, denen des arktischen Polarkreises, in der Beringstraße, die den äußersten Osten Sibiriens und Alaska trennt. Wegen ihrer großen Bedeutung in der Eiszeit werden wir diese Gegend von Bering an anderer Stelle des Buches besuchen.

Fast der gesamte restliche Teil Europas ist von gemäßigten Laubwäldern sowie den Nadelbaumwäldern des Mittelmeerraums geprägt. Es erübrigt sich, auf die typischen Tierarten einzugehen, da beide Waldtypen ebenso auf der Iberischen Halbinsel vertreten sind. Vom Osten Europas über Zentralasien und China bis zur Mongolei gibt es eine durchgehende Steppe, ein Grasmeer, dessen typischste Tiere das Prschewalski-Pferd, das Halbpferd (eine andere Equidenart), die Saigaantilope, die mongolische Gazelle und andere Gazellenarten, der Steppeniltis (eine Wieselart) und eine Reihe Nagetiere (in der Art der mongolischen Rennmaus) sowie Hasen sind. Südlicher, wo die Steppe in die Wüste Gobi übergeht, leben die letzten freilebenden Exemplare des zweihöckrigen Trampeltiers.

Aus der Untersuchung der geografischen Verbreitung der Tiere und Pflanzen müssen wir schließen, dass Europa kein günstiger Kontinent für Primaten ist, mit Ausnahme unserer Art, die auf jedem Kontinent leben kann. Afrika ist der Ursprungskontinent der Hominiden, unserer Primatengruppe, und die Ankunft in Europa liegt relativ kurze Zeit zurück. Die Landschaften unserer stammesgeschichtlichen Kindheit sind die Regenwälder des tropischen Afrika, und wir wurden Menschen (also menschliche Wesen) in offeneren Lebensräumen, lichten Wäldern und Savannen mit Gestrüpp und vereinzelten Bäumen. Dies war unser erstes und lange Zeit einziges Zuhause, und als die Menschen nach Europa kamen, mussten sie sich an die hiesigen Ökosysteme anpassen, die sich von der afrikanischen Heimat der Vorfahren stark unterschieden. Außerdem wechselten in Europa, seitdem der Mensch hier lebt, gemäßigte Klimazyklen wie das momentane mit langen Abschnitten eisiger Kälte – der Eiszeit – ab, die das Leben von Pflanzen und Tieren dramatisch veränderten. Von ausschließlich in Wäldern lebenden Primaten Afrikas entwickelten wir uns zu menschlichen Wesen, von denen einige, die nach Europa kamen, später lernten, in einem Klima zu leben, das nicht mehr tropisch war. Wenn es uns nicht gäbe, wäre es unmöglich, einen Primaten in einem spanischen Steineichenwald, Kiefernwald oder Buchenwald zu finden.

Um aber den Lebensraum besser kennen zu lernen, in dem sich die menschliche Evolution auf der Iberischen Halbinsel entwickelt hat, wollen wir mit dem lebendigen Teil der Landschaft beginnen, dem am besten zugänglichen: mit den Vegetationsgemeinschaften.

Eine Skizze der heutigen Vegetation Spaniens

Fast die gesamte Oberfläche der Iberischen Halbinsel ist potenzielle Waldfläche. Das bedeutet, dass sie fast völlig von Bäumen bedeckt war, bevor der Mensch mithilfe von Hacke und Feuer riesige Lichtungen für den Getreideanbau und das Vieh sowie zur Nutzung des Holzes rodete. Diese Angriffe auf den Wald zugunsten von Viehzucht und Ackerbau begannen im Neolithikum und hörten seitdem nicht auf, sie spitzten sich im Gegenteil im 20. Jahrhundert zu. Bevor dies aber geschah, veränderten die verschiedenen einander ablösenden menschlichen Arten die Pflanzenlandschaft, in der sie lebten, kaum. Die Menschen jagten und sammelten Pflanzenprodukte und bildeten kleine verstreute Gruppen; zu jener Zeit herrschte eine Harmonie in der Natur, die sich für immer verloren hat. Dem griechischen Schriftsteller Strabon, der zur Zeit Christi lebte, schreibt man gern die Äußerung zu, die Iberische Halbinsel sei so völlig von Wald bedeckt, dass ein Eichhörnchen sie von einem bis zum anderen Ende durchqueren könne, ohne dabei von den Bäumen herunterzukommen. Wenn die Zuordnung auch falsch sein mag, so hat der Wald zu Strabons Zeiten zweifellos einen größeren Teil der Halbinsel eingenommen als heute, wenn auch Getreideanbau und Weideland der hispanischen Völker bereits große und ausgedehnte Waldflächen ersetzt haben dürften.

Die Botaniker sprechen von der „Berufung" Spaniens und Portugals zum Wald und sagen, die vegetative Klimax, das was der Boden „sich wünscht", sei immer eine der unterschiedlichen Waldarten, die – wenn auch mehr oder weniger bedroht und geschrumpft – weiterhin in unserem Land ausharren. Nur auf den hohen Gipfeln der Gebirge ist es während des größten Teils des Jahres so kalt, dass Bäume im Allgemeinen nicht auf dem gefrorenen Boden leben können. Dort entwickelt sich dann eine Vegetation aus kriechendem Gestrüpp, alpinem Rasen und im Sommer sumpfigen Wiesen, was ein bisschen an die arktische Tundra in der Nähe des Nordpols erinnert. Bei beiden, den Gipfeln und der Tundra, hört der Wald auf, wo die Durchschnittstemperatur im wärmsten Monat 10 °C nicht überschreitet. Die Baumgrenze liegt in den Pyrenäen im Allgemeinen bei 2300 m, im Kantabrischen Gebirge bei etwa 1700 m sowie bei 2000 m im Betischen Gebirge, im Iberischen Randgebirge und

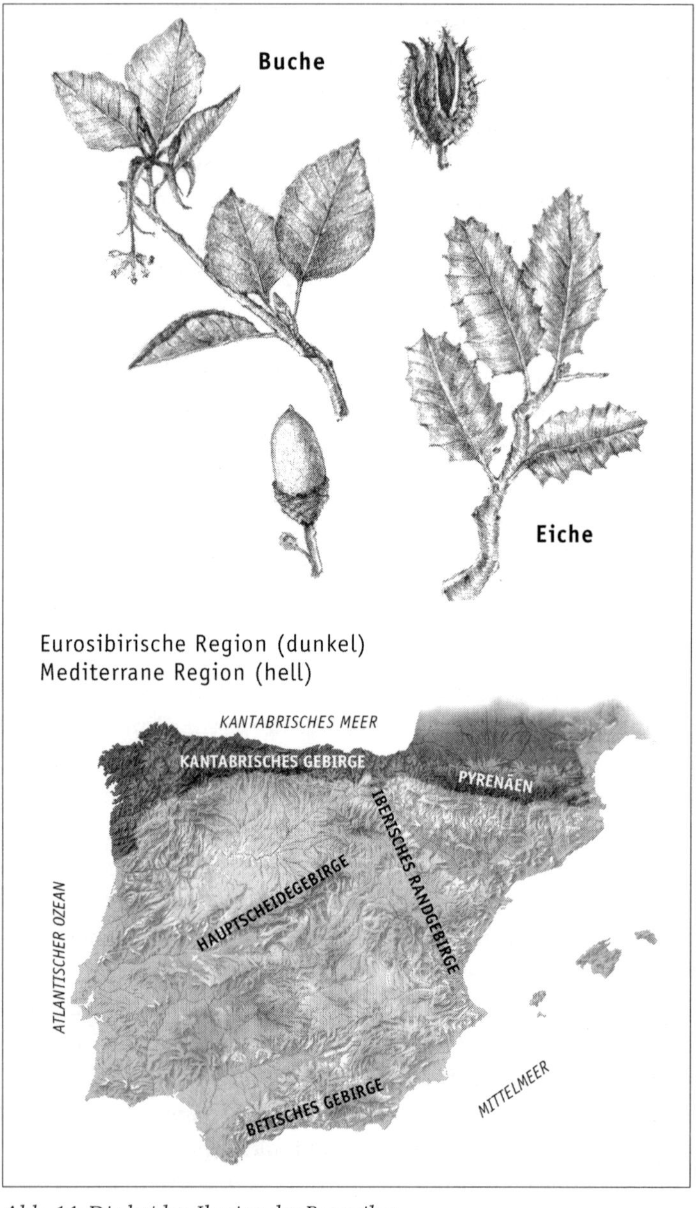

Abb. 14: Die beiden Iberien der Botaniker.

im Hauptscheidegebirge.

Andererseits gibt es auf der Iberischen Halbinsel Gegenden, wo so wenig Regen fällt, dass Bäume kaum wachsen oder nur vereinzelt vorkommen, und wo die Landschaft nur aus trockener Steppe besteht. Dies ist der Fall in den Trockengebieten im Südosten der Halbinsel, vor allem in Alicante, Murcia und Almería, wie beispielsweise in der Gegend von Cap Gata. Ursache für das Fehlen von Bäumen ist hier nicht die Hitze, sondern der Wassermangel; wenn man sie bewässert, gedeihen in diesen Gegenden tropische Kulturen sehr gut. Auch einige Landstriche in der Ebrosenke im Landesinnern sind sehr arid, wobei sich hier zudem der Nachteil des kontinentaleren Klimas mit strengen Winterfrösten auswirkt; die Monegros sind ein gutes Beispiel hierfür. Leider hat das zerstörerische Handeln des Menschen die Nacktheit der Landschaft in diesen Gegenden, in denen es der Wald ohnehin schon schwer hat, noch verstärkt.

Die Vegetation des alten Hispaniens gliedert sich in die beiden großen pflanzlichen Regionen (innerhalb des holarktischen Reichs), die sich weit über unsere Grenzen ausbreiten. Dies sind: a) die eurosibirische Region, die den baskisch-kantabrischen Streifen, Galizien, Nordportugal und die Pyrenäen einschließt; und b) die mediterrane Region, zu der der Rest des Pflanzenteppichs auf hispanischem Boden gehört. Aufgrund der nördlichen Lage und des Atlantikeinflusses, der Regen bringt, ist das eurosibirische Iberien feuchter und frischer als das mediterrane, das im Allgemeinen trocken und heiß ist. In der ersten Region herrschen Laubwälder aus Bäumen mit flachen Blättern in großem Artenreichtum vor wie Buche, Eiche, Birke, Haselstaude, Ahorn, Ulme, Linde, Vogelbeere, usw. Alle genannten Arten verlieren im Herbst ihr Laub und haben davon am meisten im Sommer, der günstigsten Jahreszeit, da die Temperaturen mild sind, ohne dass jedoch die Feuchtigkeit – zumindest im Boden – jemals ganz fehlt; diese Bäume können einen trockenen „Körper" vertragen, aber die „Füße" müssen feucht sein. Die bewaldete Landschaft des feuchten Iberiens spiegelt deutlich den Lauf der Jahreszeiten wider, da die Bäume im Winter kahl werden und die Farbe ihres Kleides vom Grün des Frühlings und Sommers bis zum Braun der abgeworfenen Blätter im Herbst verändern.

In den Bergen der Pyrenäen befinden sich oberhalb der Etage dichtbelaubter Bäume große Koniferenwälder mit Waldkiefern und Schwarzkiefern. Die Tannen hingegen wachsen auf der unteren Etage zusammen mit den Buchen. Die Schwarzkiefer ist der Baum der Halbinsel, der bis in die höchsten Höhen vorkommt und in den Pyrenäen oft die 2300-m-Grenze überschreitet. Diese Wälder sehen auf den ersten Blick – rein äußerlich, obwohl es sich nicht immer um dieselben Arten handelt – den endlosen Koniferenmassen ähnlich, der Taiga, die auf der ganzen Breite der kalten nördlichen Länder Eurasiens und Nordamerikas einen Gürtel südlich der Tundra bilden.

Im baskisch-kantabrischen Streifen und in Galizien gibt es außer einigen übrig gebliebenen Waldkiefernwäldern in Leon und Palencia keine natürlichen Kiefernwälder. Einige galizische Wälder aus Strandkiefern – auch Sternkiefern genannt – könnten ursprünglich sein, obwohl die Art seit langem für Neuaufforstungen sehr beliebt ist. Jedenfalls bewächst diese Kiefer in Spanien die größte Fläche, da sie so viel angepflanzt wurde. Die Radiata- oder Monterrey-Kiefer, die aus Kalifornien stammt, ist im Norden, und dort vor allem im Baskenland, sehr verbreitet (in Guipúzcoa nimmt sie 46 % und in Vizcaya sogar ganze 62 % der Waldfläche ein). Diese nicht natürlichen Kiefernvorkommen wie auch die großen Anpflanzungen anderer Koniferen sowie von Eukalyptusbäumen (australischen Ursprungs) können nicht wirklich als Wälder angesehen werden, sondern lediglich als Baumkulturen, die eine wesentlich geringere Vielfalt aufweisen als die bodenständigen Wälder. Unsere Wälder sind unter allen Aspekten sehr viel wertvoller, vorausgesetzt natürlich, der Blick ist nicht durch volkswirtschaftliche Interessen von kürzestem Nutzen getrübt.

Dem berühmten Prähistoriker und Ethnographen José Miguel de Barandiarán erzählten die Bauern von Zamakola (Dima, Vizcaya), die alten heidnischen Seelen seien von den Glocken der christlichen Wallfahrtskapellen ausgegraben worden. In Dima gibt es eine riesige natürliche Steinbrücke, genannt Jentilzubi, Brücke der Heiden, da man glaubte, sie sei von riesigen Menschenwesen erbaut, die das Land bewohnten, bevor die Basken kamen. Wenn ich mich nicht täusche, gibt es auch eine Höhle mit zwei Eingängen, die Balzola heißt. Und es gibt einen als Axlor bekannten vorgeschichtlichen Fundort, eine Schutzhöhle, die die Neandertaler bewohnten, und in der man einige ihrer fossilen Überreste fand. Diesen Fundort legte ausgerechnet José Miguel de Barandiarán frei, und dies war der erste, den ich, noch als Schüler, besichtigte. Ich war dort, an diesem so geschichtsträchtigen und legendenbehafteten Ort, so wie ich auch an anderen, ähnlichen war, und daher weiß ich, dass es die Monterrey-Kiefern und die Eukalyptusbäume waren, die für immer solche Wesen vertrieben wie Galtxagorri, den winzigen Geist (er passt viermal in eine Nadelbüchse), der jedem hilft, der ihn beschützt, die Lamias, die immerzu am Ufer des Baches sitzen und sich kämmen, Basajaun, den Herrn des Urwalds, und Erensuge, die große Schlange, oder Mari, die Herrin, die in den baskischen Höhlen und Bergen lebt. In den Kiefern- und Eukalyptuskulturen, in denen man keine Vogelstimmen hört, wo weder Gras noch Farn wachsen, wo es weder Magie noch Mysterium gibt und wo sich kein Nebel in den Ästen von Buchen, Kastanien und Eichen verfängt, in diesen monotonen Landschaften aus lauter gleichen Bäumen konnten die zerbrechlichen Wesen der baskischen Mythologie keine bleibende Stätte finden.

Im mediterranen Iberien sind die Wälder weniger reich an Baumarten, aber sie bilden undurchdringliche Dickichte mit einem Unterholz aus Sträuchern und Büschen, das wesentlich dichter und verschiedenartiger ist als das der dunklen laubabwerfenden Wälder. Die vorherrschenden Bäume, Steineiche und Korkeiche, haben flache und kleine sklerotische (d.h. verhärtete) Blätter mit dicker Kutikula, in der die kleinen Spaltöffnungen (Poren) versinken. Dies sind Anpassungen zur Vermeidung des Wasserverlusts in der langen Trockenzeit des Sommers, den das Laubwerk der laubabwerfenden Bäume nicht überstehen kann. Steineiche und Korkeiche sind immergrüne Bäume, die zu keiner Jahreszeit kahl sind, und sie legen fast nie eine Ruhepause ein, nur wenn es sehr kalt ist. In der Landschaft mit großen Steineichen fällt der Wechsel der Jahreszeiten nicht so ins Auge wie in den feuchten Gegenden der Halbinsel.

Unter besonders schwierigen Voraussetzungen, dort wo die Böden sandig und lose sind oder wo Fels unbedeckt zu Tage tritt, sowie in besonders trockenen Gebieten oder in solchen mit besonders kontinentalem und gegensätzlichem Klima (sehr kalt im Winter und sehr trocken im Sommer), in all diesen ungünstigen Lagen werden die Steineichen von Koniferen ersetzt, nämlich von Kiefern, Wacholder und Sadebäumen. In diesem Zusammenhang müssen die Aleppokiefer oder Schwarzfichte und die Sternkiefer erwähnt werden, die sehr resistent gegen Hitze und Trockenheit und anspruchslos in Bezug auf die Bodenqualität sind. Meine Favoritin ist jedoch die Phönizische Zeder, eine Konifere aus der Familie der Zypressen, die höchst anspruchslos und resistent ist, sowohl Kälte, Hitze und Wassermangel aushält als auch auf fast nackten Böden überleben kann. Den trostlosen Landschaften des hoch gelegenen Ödlands im Landesinnern verleihen die lichten Wälder der tapferen Phönizischen Zedern einen Hauch von rauer und wilder Schönheit.

Diese Zweiteilung der iberischen Vegetation in eine trockene und eine feuchte Zone ist in Wirklichkeit nicht so abgegrenzt. Einerseits kann man an vielen Stellen der kantabrischen Küste Steineichen sehen, sei es in trockeneren Enklaven oder in der Nähe des Meeres, das die Kälte und den Frost des Winters mildert. Andererseits findet man auch laubabwerfende Wälder in der Mittelmeerregion, und zwar in Gegenden, in denen es das ganze Jahr hindurch genügend Feuchtigkeit gibt. So halten sich beispielsweise noch Buchenwälder im Massiv von Somosierra-Ayllón (Madrid, Segovia und Guadalajara) und weiter östlich in den Bergen von Beceite (Tarragona und Castellón).

Es gibt auch Koniferenarten, die in beiden Teilen Spaniens leben. Im Iberischen Randgebirge, in der Sierra Cebollera (Soria) und in der Sierra de Gúdar (Teruel) existieren kleine Wälder aus Schwarzkiefern, und die Waldkiefer ist weit verbreitet im Iberischen Randgebirge, dem Kastilischen Scheidegebirge und dem Betischen Gebirge. In den Pyrenäen und den Gebirgen der Westhälfte der Iberischen Halbinsel, wo die sommerliche Trockenheit ein Überleben der Waldkiefer unmöglich macht, entwickeln sich Wälder von Kalabrischen Kiefern, die an die kalten und trockenen Bedingungen der mediterranen Mittel- und Hochgebirge besser angepasst sind.

Es lässt sich wohl kaum ein besseres Beispiel für eine eurosibirische Enklave mitten in einer mediterranen Zone finden als das der berühmten Spanischen Tannen (Pinsapo), einer Tannenart, die in der Sierra de Bermeja und in der Sierra de las Nieves (Provinz Málaga), sowie in der Sierra del Pinar de Grazalema (Cádiz) überleben. Diese besonderen Tannen „flüchten sich", ebenso wie andere ähnliche Arten im Mittelmeerraum, in Gebirge, wo sich aufgrund des Reliefs die Wolken abregnen. Es versteht sich von selbst, dass ihr Erhalt oberste Priorität hat.

Auch die an den Flussufern wachsenden Bäume (Pappeln, Eschen, Ulmen, Erlen) sind laubabwerfende „Spähtrupps" im mediterranen Iberien, diesmal wegen der Bodenfeuchtigkeit. Wo die Wasserläufe nicht regelmäßig Wasser führen, werden diese laubabwerfenden Flusswälder von Oleanderbüschen und afrikanischen Tamarisken ersetzt.

Es gibt zwei Laubbäume, die diesen ökologischen Zwittercharakter, fast könnte man sagen diese Unentschiedenheit, einiger iberischer Bäume perfekt widerspiegeln: Es handelt sich um die Pyrenäeneiche und um die Traubeneiche, die eher der Steineiche gleicht. Bei beiden Arten, die sowohl in der eurosibirischen als auch in der mediterranen Zone Wälder bilden, trocknen im Herbst die Blätter völlig aus wie bei den laubabwerfenden Bäumen, viele davon fallen aber erst ab, wenn im Frühling neue Blätter austreiben.

Vielleicht wäre es realistischer, die iberische Vegetation in eine Zone mit atlantischem Einfluss, eine mediterrane Zone (die vorherrscht) und mehrere Binnenregionen mit Merkmalen zwischen beiden, also subatlantische oder submediterrane Zonen einzuteilen. Wäre die Iberische Halbinsel eine durchgehende Ebene, so wäre die Vegetation gleichförmiger, und der Übergang zwischen trockenen und feuchten Landstrichen wäre gleichmäßiger abgestuft. Aber die orographische Komplexität der Halbinsel verstärkt seit eh und je noch die Verschiedenartigkeit der Böden und Klimate sowie die Verschiedenartigkeit der Landschaften. Auch heute noch ist Spanien innerhalb der Europäischen Union das Land mit der größten Artenvielfalt. Um es mit den schönen Worten von Don Eduardo Hernández-Pacheco zu sagen: „Das Typische und Einzigartige des hispanischen Reliefs ist das Bergige, Steile, Schroffe; die zerklüftete Felslandschaft, die Wildnis der Gebirge, die Unebenheit. Von einem zum anderen Ende der Halbinsel, von der Höhe der Pyrenäen zu den Alpujarras ganz im Süden, vom grünen und regenreichen Galizien zu den ariden und trockenen Küsten Almerías, von den Küstengebirgen Kataloniens zu den atlantischen Steilküsten Portugals – überall schließen Gebirgsrücken und Bergmassive lückenlos aneinander an." Diese ökologische Unterschiedlichkeit führte dazu, dass die vorgeschichtlichen Jäger im iberischen Quartär häufig auf kleinstem Gebiet gleichzeitig auf Tiere trafen, die auf den Felsen und Gipfeln der Berge lebten, und auf Wald- und Wiesenbewohner, die die großen Weideflächen abgrasten. Andererseits ist es ebendiese große Verschiedenartigkeit der Habitate, die es dem Forscher unmöglich macht, eine Gruppe von Fossilien eines Fundorts einem einzigen Lebensraum zuzuordnen, denn möglicherweise stammen die Pflanzenfresser aus verschiedenen Herden und sind von Raubtieren oder vom Menschen an einen Ort gebracht worden.

In Altamira findet man beispielsweise Fossilien von Rehen, Hirschtieren also, die typische Waldbewohner sind, neben Überresten von Rentieren, ebenfalls Hirschtieren, die wir jedoch mit der Tundra oder den Grenzen der Taiga in Verbindung bringen.

Die verlorene Welt

Die heutige spanische Fauna ist, wie man sieht, vom Klima abhängig, d. h. von der Temperatur und vom Regen, jedoch nicht nur von den jährlichen Durchschnittswerten, sondern auch von der Art, wie sich Niederschläge und Fröste über das Jahr verteilen. Ein sehr wichtiger Klimafaktor, der die Vegetation unserer Halbinsel prägt, ist beispielsweise die lang anhaltende sommerliche Trockenperiode im Mittelmeerraum. Bedingt durch das Klima sind die Vegetationsgemeinschaften je nach Breitengrad (nördlicher oder südlicher) und je nach Höhe (in den Hochgebirgen oder auf Meeresniveau) verschieden. Wenn wir ein Bergmassiv ersteigen, treffen wir in gewisser Weise auf eine Abfolge von Klimaten und Vegetationsgemeinschaften, die mit der vergleichbar ist, die wir auf der Reise vom Mittelmeer bis zum Nordpol verfolgen könnten. Auf der Iberischen Halbinsel wird diese Ähnlichkeit zwischen den Vegetationsgemeinschaften der hohen Gipfel und denen der nördlichen Länder noch dadurch verstärkt, dass sich einige Pflanzen in die dortigen Berge zurückgezogen haben, die sich in Zeiten, in denen kälteres Klima herrschte als heute, über die Ebenen ausbreiteten.

Ein anderer wichtiger Faktor für die Verbreitung der Pflanzenarten ist die Beschaffenheit des Bodens, auf dem sie wachsen. Zwar reagieren manche Pflanzen auf verschiedenartiges Substrat nicht, andere aber, wie beispielsweise die Traubeneiche oder die Kalabrische Kiefer, geben dem Kalkstein den Vorzug, der in weiten Teilen der Iberischen Halbinsel zu Tage tritt, während viele Bäume den Kalk nicht vertragen und daher kalkfreie

Böden brauchen, wie beispielsweise Flaumeiche oder Sternkiefer. Da sich aber jedenfalls die Bodenarten in der letzten Million Jahre nicht grundlegend verändert haben, sind die Veränderungen in der iberischen Vegetation ausschließlich auf die Klimaveränderungen (und erst seit einigen Jahrtausenden auf den Faktor Mensch) zurückzuführen.

Sehr allgemein gesagt war das Klima der Erde im Miozän (vor 25 bis 5 Millionen Jahren) und im Pliozän (vor 5 bis 1,7 Millionen Jahren) wärmer als im Quartär (die letzten 1,7 Millionen Jahre). Auch die Feuchtigkeit war vor dem Quartär größer, und wie man sich denken kann, war die Flora der Halbinsel damals nicht dieselbe wie heute. Sie war irgendwie „tropischer" (das bedeutet nicht, dass es nicht Gegenden und Zeiträume gab, die arider oder gemäßigter waren als andere); und in ihr lebten sehr wohl verschiedene Affenarten.

Im iberischen Miozän und Pliozän gab es gemäßigte Eichen-, Eschen-, Haselnuss- und Erlenwälder, aber es gab auch große Wälder mit vielen Arten, die heute keine Entsprechungen mehr in der Region haben. In einigen von den Menschen geschützten Regionen der Kanarischen Inseln (wie auf den Azoren und auf Madeira) kann man jedoch noch Pflanzenformationen finden, die an solche der iberischen Urwälder vor den Eiszeiten erinnern. Es handelt sich um die so genannten Lorbeerwälder oder Nebelwälder, die aus immergrünen Bäumen wie dem echten Lorbeer bestanden, mit breiten lederartigen Blättern mit dicker Kutikula, die auf der Oberseite glänzen. Diese Lorbeerwälder brauchen das ganze Jahr über gemäßigte Temperaturen und eine gleichbleibende Feuchtigkeit in einem durch Regenfälle und Nebel entstehenden Umfeld, Bedingungen, die es bei den heutigen Klimaverhältnissen der Halbinsel nicht gibt und die es während der Kälteeinbrüche der Eiszeit noch weniger gab. Wenngleich er keine Wälder mehr bildet, so wächst der Lorbeerbaum jedoch auch heute noch an besonders begünstigten Stellen der Halbinsel, wie beispielsweise an den Steilufern im Süden der Provinz Cádiz, den Canutos, wo die häufigen Nebel ein besonderes Mikroklima erzeugen. Auch der iberische Erdbeerbaum stammt aus den tertiären Lorbeerwäldern und hat wie der echte Lorbeer einen nahen Verwandten auf den Kanaren. Eine andere Art dieser verlorenen tertiären Welt ist ein als Portugiesische Lorbeerkirsche bekanntes Bäumchen, das sowohl auf den Kanaren als auch auf der Halbinsel wächst, wo es kleine Wälder in feuchten und gemäßigten Nischen bildet. In unseren pliozänen Gebirgen wuchsen die großen Mammutbäume, die wir heute in Europa nur noch als Anpflanzungen in Gärten sehen können.

Die Kaltzeiten auf der Iberischen Halbinsel

In der extremsten Kaltzeit vor 21 000 bis 17 000 Jahren muss in ganz Europa ein sehr raues Klima geherrscht haben. Der Meeresspiegel sank bis auf 120 m unter das heutige Niveau. Über Skandinavien bildete sich eine Eiskappe von 3 km Dicke, und über Großbritannien und Irland entstand eine weitere Kappe von 1,5 bis 2 km Dicke. Die Eisberge drangen bis nach Lissabon vor. Auf der Iberischen Halbinsel lag die jährliche Durchschnittstemperatur 10 bis 12 °C unter der heutigen. Um sich eine Vorstellung machen zu können, was dieser Temperaturabfall bedeutet, kann man sich merken, dass die jährliche Durchschnittstemperatur, ganz grob ausgedrückt, um ein Grad sinkt, wenn wir uns 200 km Richtung Norden bewegen (breitenabhängiger Temperaturgradient), ein weiteres Grad, wenn wir uns vom Meer um 10° nach Osten entfernen (längenabhängiger Temperaturgradient) und ein Grad für alle etwas mehr als 150 m, die wir beim Ersteigen eines Gebirges an Höhe gewinnen (vertikaler Temperaturgradient). Wenn wir nun den maximalen Temperaturabfall während der Klimaveränderung betrachten, so ist es, als würde man die Iberische Halbinsel um 2000 km nach Norden verschieben oder als würde sie mehr als eineinhalb Kilometer über dem Meeresspiegel liegen.

Würden wir die Iberische Halbinsel 2000 km nach Norden

verschieben, so läge Madrid auf der Höhe von Nordschottland. Ein großer Unterschied gegenüber Großbritannien ist aber, dass der höchste Gipfel der Insel, der Ben Nevis (südlich des Loch Ness in Schottland), nur 1343 m hoch ist, während es in Spanien viele höhere Gipfel gibt. Jedenfalls muss darauf hingewiesen werden, dass das Klima nicht allein von so elementaren Faktoren wie Breite, Höhe und Kontinentalität (oder Entfernung zum Meer) bestimmt wird. Wir kehren zum Beispiel von Großbritannien und Irland zurück, die zwischen 50° und 60° nördlicher Breite liegen, auf gleicher Breite also wie die Halbinsel Labrador und ein Teil der Hudsonbay in Kanada. Die Ursache für das wesentlich günstigere Klima des atlantischen Europa gegenüber der Nordamerikanischen Atlantikküste ist allein der Golfstrom, der mithilfe seiner Verlängerung, des Nordatlantikstroms, warmes Wasser bis zu unseren Küsten transportiert, während die nordamerikanischen Küsten mit kaltem Wasser des Labradorstroms umspült werden, das vom Nordpol stammt. Die Meeresströmungen sind für das Klima von so großer Bedeutung, dass es Wissenschaftler gibt, die die Erhebung des Isthmus von Panama, die zwischen 3,5 und 3 Millionen Jahre zurückliegt, mit dem Beginn der allgemeinen Abkühlung der Erde in Verbindung bringen, die in vielen Regionen vor 2,8 Millionen Jahren deutlich sichtbar wurde. Als der Austausch zwischen Pazifischem und Atlantischem Ozean durch die Verbindung von Nord- und Südamerika, dem heutigen Isthmus, unterbrochen war, soll sich eine radikale Veränderung der Meeresströmungen vollzogen haben, die zur Bildung großer Eisdecken in den nördlichen Ländern führte.

Auf der Iberischen Halbinsel lag die Jahresdurchschnittstemperatur oberhalb 700 m Höhe im kältesten Abschnitt der Eiszeit nicht über 3 °C. Außerdem waren die Gipfel der wichtigsten Gebirge auf der Halbinsel mit ewigem Schnee bedeckt. Es ist sehr schwierig festzulegen, wie weit in die Tälder der ewige Schnee in der Vergangenheit reichte, um aber das Ausmaß der Vergletscherungen zu veranschaulichen, im Folgenden einige Zahlen zur Orientierung. In den Bergen von León und in den Picos de Europa türmten sich wohl oberhalb von 1500 m das ganze Jahr hindurch große Schneemassen auf. Ab etwa der gleichen Höhe lag ewiger Schnee in der Sierra de la Estrella, im äußersten Westen des Kastilischen Scheidegebirges. Nach Osten hin stieg diese Grenze auf 1800 m in der Sierra de Gredos und auf etwas unter die Marke von 2000 m in der Sierra de Guadarrama an. In der Sierra Nevada dürften die ganzjährigen Schneefälle in noch größerer Höhe begonnen haben, vielleicht im Durchschnitt bei 2400 m, und in den Pyrenäen bei 1500 m im westlichen und 2100 m im östlichen Teil: Die Dauerschneegrenze steigt bei den großen Gebirgsketten der Halbinsel in Ost-/Westrichtung von Westen nach Osten in dem Maße an, in dem der atlantische Einfluss und somit die Intensität und die Häufigkeit der Schneefälle abnehmen.

An manchen Stellen der Hochgebirge, besonders in den Mulden, Becken und natürlichen Arenen sammelt sich der Schnee und wird zu Eis. So entsteht ein Gebirgsgletscher, der auf die Mulde begrenzt bleiben kann oder wie eine abgeschlossene Eiszunge in ein Tal rutscht und dieses dabei durch die Reibung des Eises an den seitlichen wie darunter liegenden Felsen formt. Das berühmte Tal von Ordesa war von einer Eiszunge bedeckt, die ihm seine charakteristische Trogform verlieh. Gletscher können in der Höhe Hunderte von Metern unter die Schneegrenze rutschen. Bei ihrem Vorwärtsschieben lösen sie viele Steine und reißen sie mit. Diese Geschiebe sammeln sich am Gletscherboden, an den Rändern und an der Spitze der Zunge (dort, wo diese zu schmelzen beginnt und zu Wasser wird). So bilden sich Haufen in der Form kleiner Bergrücken, die man als Moränen bezeichnet. An ihnen und an der Ausformung der Landschaft, die vom Passieren der Eismasse herrührt, können wir Vorstöße und Rückzüge des Eises während der vergangenen Kaltzeiten erkennen.

Während des kältesten Abschnitts der letzten Kaltzeit bildete sich in den Bergen von León sogar ein kleines Eisschild, das man Plateaugletscher oder skandinavischen Gletscher nennt. Von ihm aus bildeten sich Gletscherzungen, wie beispielsweise die, aus der der See von San Martín de Castañeda oder See von Sanabria (Zamora) entstand, der 1000 m hoch liegt und von Moränenhügeln begrenzt ist. Auch im Ancaresmassiv entwickelte sich ein kleiner Plateaugletscher.

Auf dieser kalten Iberischen Halbinsel gab es viele Gebirgsgletscher, sowohl Kargletscher als auch Talgletscher, in den Pyrenäen, dem Kastilischen Scheidegebirge, der Sierra Nevada, in den galizisch-leonischen Bergen, im Kantabrischen Gebirge und im Iberischen Randgebirge. Vor allem in den Pyrenäen bildeten sich große Talgletscher, so wie man sie heute in den Alpen finden kann. Manche wurden über 30 km lang und erreichten manchmal Eisdicken von über 400 m. Trotz der Lage mitten auf der Halbinsel war die Vergletscherung bei Gredos immens: Es bildeten sich Talgletscher, und einige Gipfel trugen „Stulpmützen" aus Eis. In der Sierra de Guadarrama und im Iberischen Scheidegebirge (Sierra de Moncayo, de la Demanda, de Urbión, de Neila und Cebollera) waren die Eisgebilde klein und beschränkten sich praktisch auf Kargletscher fast ohne Zunge und auf Hängegletscher oder die noch kleineren Nestgletscher. In der Sierra Nevada vollzog sich die südlichste Vergletscherung Europas. Hier bildeten sich viele Kargletscher, es entwickelten sich jedoch auch Talgletscher, wie beispielsweise die an den Ursprüngen der Flüsse Lanjarón und Genil.

In den Pyrenäen, im Ancaresmassiv, im Kantabrischen Gebirge und in der Sierra de Estrella rutschten einige Gletscher auf unter 1000 Meter über dem Meeresspiegel ab. In der Sierra de Gredos erreichte die Eisfront hingegen maximal 1400 m, im Iberischen Randgebirge 1500 m und in der Sierra de Guadarrama und der Sierra Nevada 1650 m. Heute gibt es auf dem gesamten Gebiet der Halbinsel keine lebenden Gletscher mehr, mit Ausnahme einiger ganz vereinzelter Minifokusse in den Pyrenäen die zudem ständig abnehmen (Gletscher von Marboré, Cilindro und Monte Perdido).

Wie oft bildeten sich im Laufe des Quartär Gletscher auf der Iberischen Halbinsel? Es scheint sicher zu sein, dass es nicht in allen Kaltzeiten geschah, die auf der nördlichen Halbkugel aufeinander folgten. Hugo Obermaier glaubt im Kastilischen Scheidegebirge (Sierra de Guadarrama) und in den Picos de Europa Beweise für die Existenz zweier Vorschübe der Eismassen gefunden zu haben, die er den beiden letzten Kaltzeiten, der Würm- und der Risszeit zuordnet (nach der alpinen Einteilung). Die ältere von beiden, die Risskaltzeit soll in diesen Gebirgen die bedeutendere gewesen sein.

Javier de Pedraza und andere Geomorphologen, die die Gletscher des Kastilischen Scheidegebirges untersuchten, bestätigen lediglich zwei bedeutende Wellen. Während der ersten erreichten die Gletscher ihre maximale Ausdehnung, während sie sich im Laufe der zweiten in größerer Höhe stabilisierten. Alles weist für diese Wissenschaftler darauf hin, dass der erste dieser beiden Abschnitte dem eisigsten Punkt der letzten Kaltzeit entspricht, als es die Neandertaler schon nicht mehr gab, und der zweite dem Ende des Pleistozäns. Juan Carlos Castañón und Manuel Frochoso untersuchten die Vergletscherung der Picos de Europa und ordnen sie ebenfalls dem Höhepunkt der letzten Kaltzeit zu. Folglich ist es möglich, dass die Neandertaler und ihre Vorfahren die Gletscher auf der Halbinsel niemals kennen lernten, es sei denn in den Pyrenäen: Es herrschte keine solche Kälte, wie sie später die Cro-Magnon-Menschen ertragen mussten. In der Sierra Nevada zeigten sich einige sehr ausgewaschene und daher zweifelhafte Moränen, die vielleicht Folgen der vorletzten Vergletscherung sind, die noch in der Zeit der Neandertaler-Vorfahren liegt, aber die größte Ausbreitung der in der Kälte lebenden Tierwelt auf der Halbinsel scheint sich mit der Zeit der Cromagnonen zu decken, was die These stützt, die hispanische Gletscherbildung habe sich auf diese Zeitspanne begrenzt.

Während des Quartärs veränderte sich die Landschaft jedesmal drastisch, wenn eine Kaltzeit über Europa hereinbrach. Die großen Eiskappen bedeckten einen beachtlichen Teil der nördlichen Länder. Das Abfallen des Meeresspiegels durch den „Verbrauch" von Wasser zur Bildung von Eis bewirkte, dass man trockenen Fußes über den Ärmelkanal bis zum heutigen Irland und England hätte gehen können (wobei nur die südlichsten Teile dieser Länder nicht unter der Eiskappe lagen). In einem breiten Band, das sich weitläufig südlich der Eisfront dahinzog, herrschten klimatische Bedingungen, die man periglazial nennt. Der bezeichnendste Aspekt dieser Lebensräume ist, dass der Boden ständig viele Meter tief gefroren bleibt, ein Phänomen, das als *Permafrost* bekannt ist. In Alaska und Sibirien kann der *Permafrost* eine Tiefe von 300 m erreichen, an einigen Stellen Sibiriens sogar mehr.

In diesem gefrorenen Substrat können die Bäume ihre Wurzeln nicht versenken, und die Landschaft wird von einer Tundra geprägt, die von Moosen, Flechten und Gräsern gebildet ist. Da im Sommer die Tagestemperatur über 0 °C ansteigt, taut die oberste Schicht des Bodens auf (bis zu einer Tiefe von 3 bis 6 m), sodass große Stehgewässer und Sumpfgebiete entstehen, da das Wasser nicht durch die tieferen Schichten des gefrorenen, undurchlässigen Bodens filtriert wird. Am Fuß der großen Bergmassive, die während der Kaltzeiten ständig schneebedeckt waren, dürfte die Vegetation ähnlich gewesen sein wie in den periglazialen Zonen.

Südlich der Tundra-Landschaften war der Kontinent vermutlich mit riesigen Koniferenwäldern ähnlich der Taiga bedeckt, den borealen Wäldern. Aber auch auf weiten Flächen, die von den Küsten und somit der ausgleichenden Wirkung des Meeres entfernt liegen, dürfte das sehr kontinentale Klima (mit großen Temperaturunterschieden und geringen Niederschlägen) eine Steppenlandschaft mit nur wenigen Bäumen und einem geringen Schutz des Bodens durch Pflanzen zur Folge gehabt haben, sodass der Wind riesige Massen von Staub aus den Gletschermoränen herantrug, die sich dann als große Schlammschichten, als Löss, ablagerten, der heute fruchtbarer Boden für den

Getreideanbau ist.

Im südlichen Teil des Kontinents, in einigen Enklaven mit milderem Klima und größerer Feuchtigkeit, hielten sich wohl die laubabwerfenden Wälder aus Eichen, Buchen und anderen Bäumen und an den wärmeren Küsten des Mittelmeers die Steineichen, die alle hoffnungsvoll darauf warteten, dass eine neue Klimaänderung ihnen Gelegenheit gebe, sich in die weiten Tundra- und Taigalandschaften sowie die kalten Steppen auszubreiten.

All dieser Wechsel wirkte sich auf die Iberische Halbinsel aus, wobei sie aufgrund ihrer geografischen Lage von den Kaltzeiten weniger betroffen war als die Länder des Hohen Nordens. Dennoch waren die Auswirkungen hier nicht gering. Die Entwicklung der Vegetation Spaniens von der letzten Kaltzeit bis heute kennt man aufgrund von Untersuchungen fossiler Pollen und Sporen, die in den Torfmooren, auf dem Grund der Seen und den archäologischen Fundorten in Höhlen konserviert wurden. Zur eisigsten Zeit vor 21 000 bis 17 000 Jahren waren das Kantabrische Gebirge und die Montes de León wohl bis in tiefere Lagen unterhalb von 1000 m unwirtliche Gebiete. Es dürfte dort wenig Bäume gegeben haben, nur kriechende Wacholdersträucher, einige Sadebäume des Typs der Phönizischen Zeder und Bergkiefern (wie die Waldkiefer und die Schwarzkiefer) und Birken, die vor allem in den eher südlichen Randgebieten und in den tiefen Lagen der Täler wuchsen. In den langen Wintern war dies wohl nacktes und sehr kaltes Land, das vom Menschen und von den Tieren kaum aufgesucht wurde, auf dem aber in den kurzen Sommern große Säugetiere weideten – und nach ihnen dürften die vierbeinigen und die zweibeinigen Jäger gekommen sein. So ähnlich sah es vermutlich auch in den anderen großen Gebirgsketten der Halbinsel bis zu einer Marke von einigen hundert Metern unterhalb des ewigen Schnees aus.

Im Innern Spaniens gibt es große Gebiete, die zwar keine herausragenden Gipfel markieren, dennoch aber in großer Höhe liegen, nämlich über 700 m, wie die Hochebenen von Kastilien, La Mancha, La Alcarria und Iberien sowie die Sierra Morena. In diesen Gebieten dürften sich kalte Steppen mit vereinzelten Bäumen der im letzten Absatz genannten Arten entwickelt haben. Dichte und ausgedehnte Koniferenwälder gab es wohl hingegen in den Tiefebenen der Halbinsel. Kurz gesagt waren die Kiefern wohl die vorherrschenden Baumarten dieser Kaltzeit. An den steil abfallenden Küsten des kantabrischen Streifens und in anderen günstigen Enklaven der atlantischen Küsten der Halbinsel sowie in Katalonien gab es vermutlich Zufluchtsorte für gemischte laubabwerfende Wälder aus Eichen, Erlen, Haselsträuchern, Vogelbeerbäumen, Eschen, Ulmen, Ahorn, Buchen, usw. Ein schmales Küstenband an der Ostküste dürfte eine mediterrane Vegetation beibehalten haben. Seit dem Ende des Pleistozäns, der Späteiszeit, und vor allem im Holozän, d. h. in den letzten 10 000 Jahren, breiteten sich die gemischten Laubwälder sowie Steineichen- und Korkeichenwälder praktisch über das ganze Gebiet der Halbinsel aus, sodass die Koniferen an die Stellen zurückgedrängt wurden, die aufgrund von Wassermangel, schlechter Bodenqualität, Kälte oder aufgrund all dieser Bedingungen zusammen weniger günstig waren. Das Endergebnis war, dass ganz Iberien sich in einen Wald verwandelte.

Wir haben nun gesehen, wie sich die Klimaänderungen auf die Vegetation der Iberischen Halbinsel auswirkten und dadurch die Landschaft veränderten, die die dort lebenden Menschen kannten. Wir haben jedoch noch nicht die Tiere vorgestellt, die Teil dieser Ökosysteme waren und die wir nur aufgrund ihrer fossilen Knochen kennen, wie dies in der Paläontologie üblich ist. Außerdem verfügen wir über die künstlerischen Darstellungen unserer Vorfahren und über eine besondere Art von Fossilien: die gefrorenen Kadaver einiger Tiere.

Kapitel fünf
Die Rentiere kommen!

In der Nähe der Furt von Nahiktartorvik, am Unterlauf des Flusses Kazán, erhebt sich ein kleiner felsiger Hügel, der dem Ort seinen Namen gibt: „der Wachhügel". Von dort aus sieht man zum ersten Mal die Herden der Rentiere auf ihrem Weg nach Norden; immer wenn die Zeit naht, kommen die Jäger der umliegenden Lager auf ihren Schlitten dorthin, um sicher zu gehen, dass sie dem glücklichen Ereignis beiwohnen können. Wir kamen genau in dem Moment bei einem jener Lager an, als die Schlitten zurückkehrten, und aus den Iglus erklang der Ruf „Die Rentiere kommen!", da erblickte man auch schon das erste.

Kaj Birket-Smith,
Die Eskimos

Das Mammut, das aus der Kälte kam

Es ist der 3. Mai 1901, als drei Reisende in der russischen Stadt Sankt Petersburg in einen Zug steigen. Ihr Ziel ist Irkutsk am Ufer des Baikalsees in Sibirien. Es handelt sich um dieselbe Stadt, in der Michael Strogoff in dem bekannten Roman von Jules Vernes aus Moskau ankommen sollte. Der Aufstand der „Tartaren" mit Feofar Jan und dem verräterischen Offizier Iván Ogareff als Anführern zwangen den Kurier des Zaren, diese Reise in einem im Krieg befindlichen Land unter fast unüberwindlichen Schwierigkeiten zu unternehmen. Im Gegensatz zu dem, was in Jules Vernes Roman geschieht, beginnt das Abenteuer der drei historischen Reisenden in Irkutsk, statt dort zu enden.

Ihre Namen sind Otto Hertz, Zoologe und Leiter der Gruppe, D. P. Sewastianoff (Geologiestudent) und D. P. Pfizenmayer (Präparator). Und es handelt sich nicht um geheime Agenten, sondern um Forscher der Kaiserlichen Akademie der Wissenschaften Sankt Petersburg. Ihr Ziel ist es, den gefrorenen Körper eines Mammuts aus dem Eis zu lösen und nach Sankt Petersburg zu schaffen. Dieses war Mitte August des vorangegangenen Jahres von einem Lamuten in der Nähe des Flusses Beresowka, einem rechten Zufluss des Kolyma oberhalb des arktischen Polarkreises, gefunden worden. Dazu benötigten sie die 16300 Rubel, die ihnen vom russischen Finanzministerium bereitgestellt wurden ... und viel Mut. Der folgende gekürzte Bericht ist dem von Otto Hertz im Jahre 1902 veröffentlichten Buch entnommen.

Die Forscher verlassen Irkutsk und müssen bis zur Ortschaft Yakutsk am Fluss Lena reiten: eine Strecke von 2800 russischen Wersten (eine Werst entspricht 1,067 km, ist also etwas mehr als ein Kilometer). Sie fahren dann mit dem Dampfschiff die Lena hinunter bis zur Mündung des Flusses Aldan, den sie ebenfalls mit dem Schiff hinauffahren. Am 22. Juni gehen sie in Jara-Aldan an Land und reiten weiter: wieder 938 Wersten bis Verjoiansk (Ankunft am 9. Juli), nochmals 2150 Wersten teils zu Pferd, teils im Boot, bis nach Musovaya (Ankunft am 30. August); noch 130 Meilen, und am 9. September stehen sie schließlich vor dem riesigen Tier. Bei ihrem Aufbruch in Jara-Aldan hatten Otto Hertz und seine zwei tapferen Begleiter 20 Pferde bei sich, und sie wurden von zwei Kosaken und drei Führern begleitet; einer der Führer ging beim Überqueren eines Zuflusses des Aldan unter, er wurde samt seinem Pferd von der Strömung mitgerissen.

Nachdem sie nun das Mammut gefunden haben, stehen sie vor zwei schwierigen Problemen: Wie sollen sie es konservieren und wie transportieren? Otto Hertz untersucht, ob er es an der Luft trocknen oder es mit Alaun und Salz behandeln kann. Schließlich beschließt er aus Zeitgründen, es zu zerteilen, die Stücke auf zehn von Pferden oder Rentieren gezogene Schlitten zu laden und sich zu beeilen, noch im Winter nach Sankt Petersburg zu gelangen, bevor die Ladung auftaut: Darum nutzen sie für die Rückkehr Tag und Nacht.

Am 15. Oktober beginnt die Expedition, aber die Rückreise vollzieht sich unter noch schwierigeren Bedingungen als die Hinreise. Und dies nicht nur wegen des Gewichts der Last, 1638 kg gefrorenes Mammut, sondern auch wegen der Widrigkeiten des sibirischen Herbstes und Winters. Die Überquerung der schneebedeckten Berge von Verjoiansk mitten im Dezember erwies sich als äußerst mühselig: Es herrschten Temperaturen von –40 °C bis –50 °C, sie waren zu Fuß und mussten schließlich den abgemagerten Rentieren helfen, die Schlitten zu ziehen. Die heldenhafte Expedition erreicht schließlich Irkutsk, wo die kostbare Fracht in Zugwaggons geladen wird, die sie an den endgültigen Bestimmungsort des Mammuts von Beresowka bringen sollen: das Zoologische Museum in Sankt Petersburg, wo man es heute noch betrachten kann, so präpariert, dass es wie ein ausgetrocknetes Tier aussieht. Die Einfahrt der im Dampf des Sonderzuges eingehüllten Expeditionsteilnehmer im Bahnhof von Sankt Petersburg am 12. Februar 1902 machte große Schlagzeilen. Dazu bestand auch aller Grund, denn im Laufe von 10 Monaten hatten sie, abgesehen von den Zug- und Dampfschiffstrecken, 6000 Werste auf dem Schlitten und 3000 zu Pferd zurückgelegt.

Wie bildete sich ein so besonderes Fossil? Der Kadaver des gefrorenen Mammuts war nicht in einen Eisblock eingeschlossen, wie man annehmen könnte. In den gefrorenen arktischen Gegenden gibt es keine riesigen Eisblöcke mit Mammuts darin. Die Mammuts liegen konserviert unter der gefrorenen Erde der Tundra, dem *Permafrost*, bis die Erosion durch einen Fluss oder durch menschliches Zutun sie zum Vorschein kommen lässt. Irgendwann vor langer Zeit starb eines dieser riesigen Tiere in einer dunklen Talsohle, wo die Sonne niemals hinschien (oder sein Körper gelangte irgendwie dorthin). Der Kadaver trocknete durch die Kälte aus und wurde zu einer natürlichen Mumie. Die Sommersonne führte dazu, dass während dieser kurzen Jahreszeit das Eis in der obersten Schicht des *Permafrosts* schmolz. Da das Wasser die tiefen, stets gefrorenen und daher undurchlässigen Schichten nicht durchdringen konnte, versumpfte die Oberfläche des Bodens, sie wurde weich und rutschte hangabwärts bis zum Grund der Talsohle: Ein Phänomen, das als *Solifluktion* bekannt ist und in den periglazialen Gegenden von großer Bedeutung ist. Mehrere solcher Sumpflawinen müssen das Mammut von Beresowka so gut bedeckt haben, dass es bis in unsere Zeit gefroren blieb.

Auf diese Weise erhielten wir nicht nur die Knochen der Mammuts, sondern in vielen Fällen auch mehr oder weniger vollständige Überreste ihrer Haut, ihrer Felle, ihres Fleisches und sogar ihrer Eingeweide, die noch immer erkennen lassen, was sie kurz vor ihrem Tod gefressen hatten. Der erste gefrorene Körper eines Mammuts wurde 1799 auf der Halbinsel Bikovski, am Lenadelta gefunden. Ein anderer sehr bekannter Fund ist der eines Mammutjungen, das 1977 vollständig erhalten im Flusstal des Krigilyaj gefunden wurde. Die Hauptnahrung des Tieres, das mit sechs oder acht Monaten starb, war wohl die Muttermilch, aber die Abnutzung seiner Backenzähne weist darauf hin, dass es schon Gras fraß. Sein leerer Magen und der Mangel an Körperfett legt den Schluss nahe, dass es in den letzten Lebenstagen großen Hunger litt und vermutlich an Entkräftung starb (hatte es sich vielleicht verirrt, oder starb die Mutter?). In den Tagen, in denen ich diese Zeilen schreibe, gibt es eine Meldung in den Medien, dass eine französisch-russische Expedition bis zu einem sehr gut erhaltenen Mammut auf der Taimyr-Halbinsel in Sibirien vorgedrungen ist; man hatte vor, das ganze Exemplar zu bergen und es nach Jagtanga, dem Sitz des zukünftigen Kältemuseums zu transportieren, wegen des Wintereinbruchs konnte man jedoch nur den Kopf des Mammuts mitnehmen. Und nun stelle man sich vor, dass diese riesigen, langhaarigen Tiere einmal fast die ganze Iberische Halbinsel bewohnten!

Die Mammuts (der Art *Mamuthus primigenius*), die unsere Vorfahren, die Cro-Magnon-Menschen auf der Iberischen Halbinsel kannten, waren nicht so groß wie die heutigen afrikanischen Elefanten, aber dennoch waren sie imponierende und kompakte Dickhäuter mit großen gebogenen Hörnern, die spiralförmig aufgerollt waren. Ihr Kopf war etwas gurkenförmig und der höchste Punkt des Rückens war der Höcker auf dem Widerrist, der direkt nach hinten abfiel. Ihre Ohren waren verglichen mit denen anderer Rüsseltiere natürlich klein, da große Ohren in der Nähe des Pols abfrieren würden. Die Mammuts, von denen wir sprechen, hatten außerdem üppiges Fell, um sich vor der Kälte zu schützen: Es waren Wollmammuts. Die gefrorenen Exemplare haben kastanienbraunes oder gelbliches Fell, und so sind sie auch oft dargestellt. Man weiß jedoch von anderen ausgetrockneten und lange konservierten Kadaverarten, wie beispielsweise menschlichen Mumien, dass das schwarze Pigment des Haars oxidiert und mit der Zeit rötlich wird, sodass man sich die Mammuts besser in tiefem Trauerflor vorstellt. Die Mammuts hatten lange Haare (man hat Haare von fast einem Meter Länge gefunden) und feines Polsterhaar und unter der Haut eine dicke Isolierschicht aus mehreren Zentimetern Fett.

Die Legende erzählt, dass die Expeditionsteilnehmer sich am Fluss Beresowka ein Bankett aus Mammutfleisch gönnten. Die Wirklichkeit ist prosaischer. Anscheinend versuchte nur einer von ihnen im Dienste der Wissenschaft ein „gut durchgereiftes" Stück des Tiers, das jedoch nur kurz im Magen blieb. Wenn auch das Mammut von Beresowka nicht einmal für den tapfersten Forscher genießbar war, so gibt es einen gelungeneren Fall der Geschmackskonservierung des Fleisches. 1976 entdeckte man ein 36 000 Jahre altes Wisent, das im *Permafrost* Alaskas begraben war und das wegen der blauen Farbe, die seine

Haut nach dem Tod durch die Reaktion mit den Mineralien der Erde annahm, Blue Babe getauft wurde. Dieses Tier gehörte zur Art des *Bison priscus*, derselben Art, die in den Wandmalereien von Altamira und vielen anderen Höhlen abgebildet ist.

Heute gibt es zwei nah verwandte Wisentarten: Tatsächlich kann man sie kreuzen und fruchtbare Hybriden erzeugen. Die eine Art ist europäisch, die andere amerikanisch. In den Kaltzeiten sank der Meeresspiegel beträchtlich und seine Ufer entfernten sich von den alten Küstenlinien, weil die kontinentalen Plattformen abtrockneten. Dies geschah auch in der Beringstraße, die sich in eine kalte Landbrücke zwischen Kontinenten verwandelte, auf der man gehen konnte; die kürzeste Distanz zwischen beiden Küsten beträgt 85 km. Die Beringbrücke war damals Teil eines riesigen Landgebietes, das vom Fluss Lena in Sibirien bis zum Yukón in Kanada reichte. Genau auf diesem Weg kamen die Vorfahren von Blue Babe und später, vor 13000 Jahren, die ersten menschlichen Wesen nach Amerika. Wie die Wisente stammten die Menschen aus Asien, was dadurch belegt ist, dass die amerikanischen Indios sowohl aus dem Süden als auch die aus dem Norden, die Indianer, mit den mongolischen Völkern des Fernen Ostens verwandt sind, den Chinesen, Koreanern, Japanern und Vietnamesen. Im Holozän stieg der Meeresspiegel wieder an, und die eurasischen und amerikanischen Wisentpopulationen trennten sich für immer und entwickelten sich allmählich unterschiedlich (so wie es auch bei den Menschen geschah).

Aber der Leser wartet vielleicht auf die Auflösung der Frage, ob das Fleisch von Blue Babe genießbar war, und die Antwort lautet „ja", wenn wir dem Paläontologen Björn Kurtén glauben, der bei der Degustation eines Stückes geschmorten Fleisches von Blue Babe dabei war und herausfand, dass das Fleisch unter der bläulichen Haut rot und frisch war und einen angenehmen Geschmack sowie einen leichten Erdgeruch hatte. Aber die Geschichte endet hier nicht, weil Kurtén und seine Kollegen nicht die ersten waren, die die Zähne in das Fleisch von Blue Babe schlugen. Vor 36000 Jahren wurde das Tier von einem Rudel Löwen getötet, das Spuren seiner Krallen und Reißzähne auf seinem Körper hinterließ. Auch die Löwen und die Wollmammuts kamen denselben Weg über die Beringbrücke nach Amerika, und die Löwen breiteten sich bis nach Peru aus, starben jedoch später auf dem gesamten Kontinent aus. Die Verfolger von Blue Babe konnten ihre Beute nicht ganz auffressen, da die große Kälte der Umgebung (vielleicht beim Einbruch der Nacht) den Körper gefrieren ließ, sodass er so hart wurde, dass er noch ziemlich vollständig zurückgelassen werden musste. Einige Zeit später kam es zum natürlichen Begräbnis des Wisents und seiner definitiven Konservierung im *Permafrost*. Zuvor versuchte jedoch noch ein Löwe, das gefrorene Fleisch zu fressen und brach sich dabei einen Reißzahn aus, von dem ein Stück in der Haut des Wisents stecken blieb, wo es später von Forschern gefunden wurde.

Das Zeitalter des Rentiers

Das Wollmammut ist der typischste Vertreter des kalten Klimas. Als die letzte Eiszeit endete, verschwanden die Mammuts mit ihr (oder fast, wie wir noch sehen werden). Ein anderes großes Säugetier, das ebenfalls ein Fell trug, ist das Wollnashorn (*Coelodonta antiquitatis*); es starb ebenfalls aus, als das Eis des Pleistozäns schmolz. Zwar fanden diese beiden großen Pflanzenfresser nach der Klimaveränderung nirgends die Bedingungen, die sie zum Leben brauchten, andere Zeugen der Eiszeit haben jedoch bis in unsere Tage Zuflucht in den Ländern des Hohen Nordens gefunden: das Rentier, das heute in Eurasien, Grönland und Nordamerika lebt, und der Moschusochse, der nur noch in Grönland und Nordamerika beheimatet ist. Der Moschusochse ist seinem Namen und seinem Aussehen zum Trotz kein Verwandter des Stiers und des Wisents, also kein Rind. Die Zoologen ordnen ihn vielmehr den Ziegentieren zu,

Abb. 15: Rekonstruktion des Wollnashorns und Höhlenmalereien in der Höhle Chauvet. Bei den ersten Höhlenmalereien wurden besonders furchterregende Tiere wie Löwe, Wollnashorn und Wollmammut dargestellt.

und er ist eher mit Schaf, Ziege und Gemse verwandt, obwohl die Männchen mehr als 400 kg wiegen können. Auch der Polarfuchs, der im Winter vollkommen weiß wird, ist ein lebendiges arktisches Überbleibsel, das sich an den Fundorten manchmal zu den früheren Pflanzenfressern gesellt. Die großen Wanderungen, die die nordamerikanischen Rentiere, die dort Karibus heißen, zweimal im Jahr unternehmen, sind bekannt. Die Indios und die Eskimos nahmen genau wie einst die vorgeschichtlichen Menschen in Europa, die Fährte der großen Rentierherden auf, um sie zu jagen. Vermutlich verbrachten auch die Wollmammuts und Wollnashörner den Winter nicht in der gefrorenen Tundra, sondern sie werden sich in günstigere Gegenden zurückgezogen haben, um im Sommer erneut auf die feuchten Weiden des Nordens und der Berge zurückzukehren.

Der Meereseinfluss ist für das Klima von großer Bedeutung, und zwar nicht nur für den Temperaturausgleich, sondern auch, wenn es darum geht, die nötige Feuchtigkeit herbeizuschaffen, dass Regen fallen kann. Je weiter ein Land daher von der Küste entfernt ist, umso kontinentaler ist sein Klima, was bedeutet, dass es weniger regnet, da die Winde bei ihrer Ankunft ihre Wasserladung bereits abgegeben haben; gleichzeitig sind die Temperaturschwankungen ausgeprägter, da sie nicht von der riesigen Menge Meerwasser gedämpft werden. In den Zwischeneiszeiten wie der jetzigen werden die Küsten Mitteleuropas vom Wasser der Ost- und Nordsee umspült. Die Ostsee ist praktisch ein salziger See mit einer engen Verbindung zur Nordsee. Ein wichtiger Grund dafür, dass das mitteleuropäische Klima während der Kaltzeiten so rau wurde, ist darin zu suchen, dass die Ostsee vollkommen und die Nordsee zum Teil zufror und durch das Absinken des Meeresspiegels austrocknete. Dieser Verlust an Meereseinfluss oder die Zunahme der Kontinentalität bewirkte zusammen mit der Nähe zur großen Eiskappe Skandinaviens und der kleineren Großbritanniens und Irlands, dass das Klima in Mitteleuropa extrem kontinental wurde und die Tundra-Landschaften im Süden in kalte, trockene Steppen übergingen.

Eigentlich gehörten das Mammut, das Rentier, der Moschusochse und das Wollnashorn gleichermaßen zu den Tundra-Landschaften wie zu den Steppen, sodass einige Wissenschaftler von dieser Artengruppe als der „Fauna der Mammut-Tundra-Steppe" sprechen. Eine Art in den kalten Steppen, die sich ebenfalls im Pleistozän in Europa ausbreitete, ist die Saigaantilope, die riesige Herden bildet und große jahreszeitlich bedingte Wanderungen unternimmt. Sie hat einen kurzen Rüssel, mit dem sie den Steppenstaub filtern kann und der ihr ein seltsames Aussehen verleiht. 1930, als die Population sich auf einige Hundert Tiere reduzierte, war sie kurz davor auszusterben. Glücklicherweise wurden Maßnahmen zu ihrem Schutz ergriffen, und heute gibt es vom westlichen Wolgaufer bis zur Mongolei mehr als zwei Millionen Saigaantilopen.

Abb. 16: Maximaler Verbreitungsraum der Saigaantilope während der letzten Kaltzeit (helle Fläche).

Zwar wurde das Klima während der Eiszeiten im Norden der Pyrenäen sehr kalt und kontinental, die Iberische Halbinsel war jedoch damals wie heute fast eine Insel, und ihre Umgebung, das Meer, gefror nie, auch wenn es sich etwas von der heutigen Küste entfernte. Die kontinentale Platte, die die Halbinsel umgibt, ist sehr klein und steil, sodass ein Abfallen des Meeresspiegels um 120 m die Küste nicht sehr weit zurückweichen ließ. Mallorca und Menorca waren jedoch verbunden, und an manchen Stellen des Mittelmeers befand sich die Meeresküste Dutzende Kilometer von der heutigen Linie entfernt; die Tiefenmessungskurve von 100 m entfernt sich sehr weit, nämlich über 50 km, von der Costa del Azahar (Valencia). Daher lagen einige Höhlenfunde, die sich heute an den Steilküsten befinden, während der Eiszeit oberhalb eines weitläufigen Küstenflachlands. Da die Oberfläche der Halbinsel sich dennoch kaum vergrößerte, verstärkte sich die Kontinentalität im Binnenland kaum. Aber auch und vor allem, weil die Halbinsel südlicher gelegen ist, wurde das Klima nicht so schrecklich kalt und trocken wie in Mitteleuropa, den Niederlanden und in Nordfrankreich.

Wollmammut, Wollnashorn, Rentier und Saigaantilope kamen von Sibirien und Zentralasien nach Europa und sind typische Elemente der letzten Eiszeit, obwohl sie an einigen Fundorten bereits in früheren kalten Zeiten auszumachen sind. Der Fall des Moschusochsen ist sehr interessant. Diese Tiere waren während des Pleistozäns anscheinend eher in den Steppen Eurasiens zu Hause, passten sich in der letzten Eiszeit an das kalte Klima an und verwandelten sich in eine arktische Art. Dem Polarfuchs könnte es ähnlich ergangen sein.

Außer den Fossilien haben wir weitere Möglichkeiten, die Tiere kennen zu lernen, die mit unseren Vorfahren zusammenlebten. Hinweise liefern die Tierdarstellungen, die an Felswände gemalt oder in sie eingeritzt wurden (Wand- oder Höhlenmalerei) oder auf Steinplatten und Knochenmaterial, Elfenbein und Horn (transportable Kunst, auch als bewegliche oder mobile Kunst bezeichnet). Alle stammen vom Cro-Magnon-Menschen. Das Faszinierende an diesen paläolithischen Kunstgegenständen ist, dass wir durch sie das mythische Mammut, das mächtige Nashorn, den furchterregenden Löwen und den riesigen Höhlenbären mit den Augen des vorgeschichtlichen Menschen betrachten können. Der Paläontologe Björn Kurtén schrieb einmal, dass seine Wissenschaft, unsere Wissenschaft sich nicht mit Wesen befasst, die seit langer Zeit *tot sind,* sondern mit Wesen, die vor langer Zeit *lebten.* Für einen Paläontologen wird es immer ein Erlebnis bleiben, an den Wänden einer Höhle die großen fossilen Säugetiere der Eiszeit zu betrachten, die *voller Leben* sind.

Spanien und Frankreich genießen das Privileg, die Länder Europas zu sein, in denen der größte Teil der Zeugnisse vorgeschichtlicher Höhlenmalerei zu finden ist. Die spanischen Funde konzentrieren sich hauptsächlich auf die Höhlen der zerklüfteten kantabrischen Küstenlandschaft, es werden jedoch immer weitere in Höhlen im übrigen Gebiet der Halbinsel gefunden. Außerdem wurde in den letzten Jahren eine wunderbare und umfassende Gruppe von Tier-Ritzzeichnungen im

Freien in Foz Côa (Portugal) gefunden sowie einige kleinere in Mazouco (Portugal), Siega Verde (Salamanca) und Domingo García (Segovia). Mobile Kunstzeugnisse hingegen sind geografisch wesentlich weiter verbreitet und finden sich in ganz Europa bis nach Sibirien.

Unter den Tieren, die in der spanischen vorgeschichtlichen Kunst (sowohl in der Höhlenmalerei als auch in der mobilen Kunst) immer wieder dargestellt sind, befinden sich Hirsche, Pferde, Wisente, Ziegen und Auerochsen (wilde Stiere). Andere Tiere, wie beispielsweise Rentier, Gemse, Wildschwein, Mammut, Wollnashorn und Raubtiere findet man seltener. Die geografische Verbreitung des Rentiers ist interessant, da es sich um eine Art handelt, deren Auftreten auf sehr kalte Klimabedingungen, einen Lebensraum aus Tundra und Taiga hinweist. So sehr wird es mit der letzten Kaltzeit in Verbindung gebracht, dass man diese schon Rentierzeit nannte. Es gibt Fossilien dieses Hirschtiers in verschiedenen Höhlen der kantabrischen Küste, sowie Abbildungen in Höhlenmalerei und mobilen Kunstgegenständen desselben Gebiets. Auch in Puebla de Lillo (León) und, unter gewissem Vorbehalt, in A Valiña (Lugo) wurden Rentierfossilien gefunden. Auf der anderen Seite haben José Javier Alcolea, Rodrigo de Balbín und andere Forscher eine Ritzzeichnung eines Rentiers in einer Höhle in Guadalajara (in 850 m Höhe) gefunden, die daher Cueva del Reno heißt, und eine andere in der Höhle von La Hoz (auf 1050 m) in derselben Provinz, was beweisen würde, dass die Rentiere bis in die Höhen des iberischen Landesinnern vordrangen. Diese Forscher erkennen auch einige Rentiere unter den Freiluftritzereien von Siega Verde.

Ähnliches lässt sich von den Wollnashörnern sagen, deren Fossilien man im Süden der kantabrischen Höhlenlandschaft fand; ohne die Familie zu verlassen, untersuchte mein Bruder Pedro María einen Schädel dieser Art aus dem Fundort Arroyo Culebro in Madrid. Das Wollnashorn hatte zwei Hörner, wobei das vordere sehr lang war (manchmal über 130 cm lang),

Abb. 17: Maximaler Verbreitungsraum des Rentiers in Eurasien während der letzten Kaltzeit (helle Fläche).

und eine stattliche Körpergröße, die mit der des heutigen weißen Nashorns vergleichbar ist: Die großen Männchen werden mehr als zwei Tonnen gewogen haben und eine Höhe von 185 cm oder mehr erreicht haben. Wie bei den Mammuts verfügt man auch hier über einige mumifizierte Kadaver, die uns eine detaillierte Untersuchung der Art ermöglichen. Das Wollnashorn ist im spanischen vorgeschichtlichen Bestiarium wenig vertreten, obwohl eine Darstellung in der Höhle von Los Casares bekannt ist, die ganz in der Nähe der bereits erwähnten Höhle von La Hoz in Guadalajara liegt. Eine andere befindet sich laut Rodrigo de Balbín und José Javier Alcolea an einer Felswand im Freien, die zur Gruppe von Siega Verde gehört, und eine dritte wurde von Soledad Corchón auf einer geritzten Platte identifiziert, die aus der Höhle von Las Caldas (Asturien) stammt.

Aufgrund der Fossilienfunde weiß man, dass die Wollmammuts in einem großen Gebiet der Halbinsel vertreten waren und im Westen bis nach Galizien und Portugal, im Süden bis zum Torfmoor von Padul vordrangen, das in der Nähe Granadas auf 1000 m Höhe liegt. Es gibt auch einige wenige künstlerische Darstellungen, wie beispielsweise in der Höhle El Pindal (Asturien), der Höhle El Castillo (Kantabrien), mehrere auf derselben Steinplatte von Las Caldas, auf der sie übereinander gemalt dargestellt sind und das zuvor erwähnte Wollnashorn überlagern, sowie einige zweifelhafte Funde aus den Höhlen von Los Casares (Guadalajara), La Lluera I (Asturien), Las Chimeneas und La Pasiega (Kantabrien), Ojo Guareña (Burgos) und El Reguerillo (Madrid). Das rote Mammut aus der Höhle El Pindal ist sehr ungewöhnlich, da es in seiner Brust ein Herz derselben Farbe zeigt. Anscheinend drangen die Vertreter der in kalten Gebieten lebenden Tierwelt nicht sehr weit in den iberischen Mittelmeerraum vor, wenn es auch nördlich des Ebro (in Katalonien) vereinzelte Fossilien eines Mammuts, Rentiers und Moschusochsen in Sedimenten des Jungpaläolithikums gibt.

Als Überreste einer Saigaantilope identifizierten Jesús Altuna und Koro Mariezkurrena kürzlich sechs Fossilien, die die Archäologin Pilar Utrilla in der Höhle von Abauntz (Navarra) in einer Schicht des Jungpaläolithikums gefunden hatte, die auch Rentier-Überreste barg. In der Höhle von Atxerri in Guipúzcoa hatte Jesús Altuna schon zuvor zwei Ritzzeichnungen von Tieren als Saigaantilopen erkannt, die andere Forscher als Gemsen interpretieren. Es war bekannt, dass die Saigaantilopen sich der Iberischen Halbinsel dicht genähert hatten, da man Überreste von ihnen beim Fundort Isturitz in Nordnavarra (französisches Baskenland) und in Dufaure, etwas nördlicher, im südlichen Bereich von Les Landes, entdeckt hatte. In den großen Ebenen der Aquitaine, nördlich der Pyrenäen, kamen Rentiere und Saigaantilopen in der letzten Kaltzeit wirklich in großer Zahl vor. Im Falle der fünf Zehenknochen und des Fußwurzelknochens glauben Jesús Altuna und Koro Mariezkurrena, dass die Überreste der Saigaantilope von einem Menschen in einer Tierhaut nach Abauntz transportiert worden sein könnten,

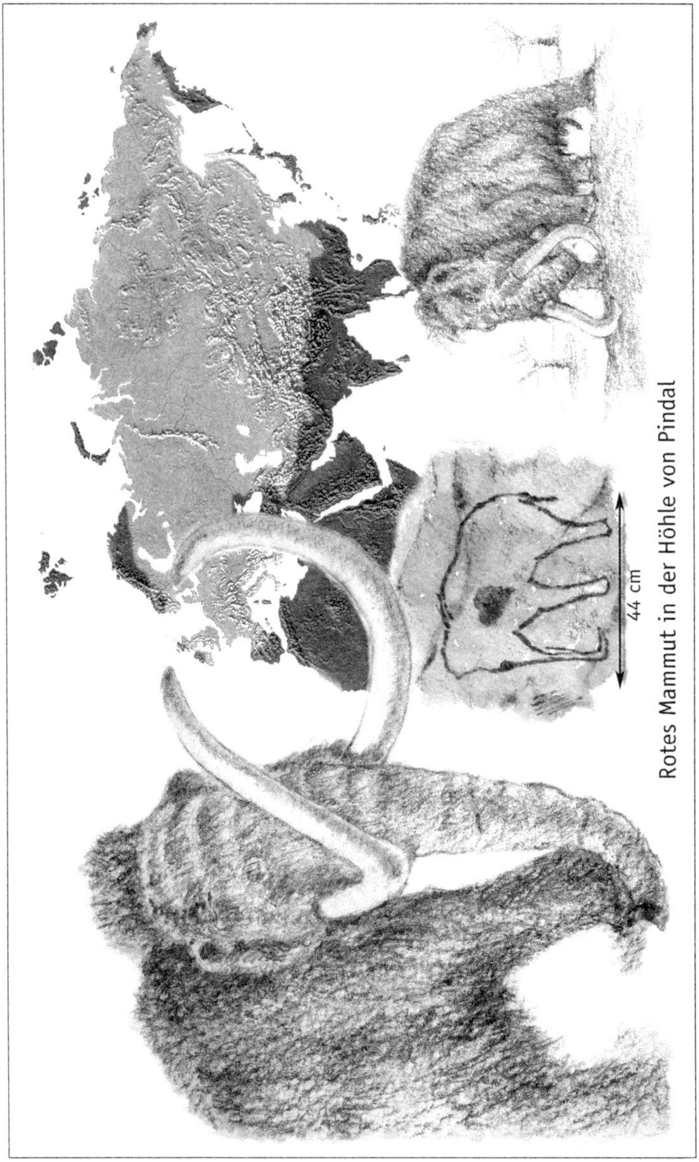

Abb. 18: Maximaler Verbreitungsraum des Wollmammuts in Eurasien während der letzten Kaltzeit (helle Fläche).

da die bergige Landschaft, in der sich die Höhle befindet, für diese Tiere, die offene Landschaften und die Ebenen der großen Steppen bevorzugen, ungeeignet ist.

Wenn auf der Iberischen Halbinsel die Überreste in archäologischen Zusammenhängen auftauchen, so wird die Präsenz des Mammuts, des Wollnashorns und der Saigaantilope immer nur in Schichten des Jungpaläolithikums und mit dem Auftreten der modernen Menschen festgestellt. Jesús Altuna hingegen, der schon seit vielen Jahren die Fauna der baskischen Fundorte und der Fundorte der kantabrischen Küste im Allgemeinen akribisch untersucht, identifiziert Rentierfossilien in Schichten mit Zeugnissen der Neandertaler (oder des Moustérien) in Axlor (Vizcaya), Lezetxiki (Guipúzcoa) und Abauntz (Navarra), wobei es sich jeweils um einen Überrest handelt. Obermeier spricht sogar von vier Rentierüberresten in einer Schicht der Höhle von El Castillo, die anscheinend aus der vorletzten Kaltzeit stammt.

Im fossilen Protokoll Kantabriens wurden einige Reste des spektakulären Hirschtiers *Megaloceros giganteus* sowohl in Schichten mit Zeugnissen der Neandertaler wie auch der Cromagnonen identifiziert. Der Riesenhirsch fiel durch seine beachtliche Körpergröße und aufgrund der enormen Ausmaße seiner Geweihstangen auf, die manchmal fast vier Meter lang waren und bis zu 45 kg wogen. Mit einem so geschmückten Kopf konnten die großen Männchen sich nicht gut im Wald bewegen, ohne an den Zweigen der Bäume hängen zu bleiben, und so ist es vernünftig anzunehmen, dass sie in offeneren und möglicherweise kühlen Lebensräumen lebten. Da man in den Moorlandschaften Irlands viele Fossilien des Riesenhirsches fand, wird er manchmal als „Irischer Elch" bezeichnet, obwohl keine nahe Verwandtschaft zu den heutigen Elchen besteht, oder „Großer Sumpfhirsch", obgleich er auch kein Hirsch ist wie die Art, die wir heute kennen. Die Riesenhirsche dieser Art und anderer früherer Arten gab es anscheinend während des gesamten iberischen Pleistozäns, wenn auch vielleicht niemals in großer Zahl. Auch die iberischen Cromagnonen haben wohl die Riesenhirsche dargestellt, wenn eine Darstellung von Siega Verde sich als solcher herausstellt, wie Rodrigo de Balbín und José Javier Alcolea meinen. Jedenfalls starb diese Art am Ende des Pleistozäns aus.

Außer den bereits erwähnten Pflanzenfressern gab es in der letzten Kaltzeit auch Rehe (eine Art, die auf Wälder hinweist), ebenso wie eine ausgestorbene Equidenart, die kleiner war als ein Pferd, etwa so groß wie ein Esel (*Equus hydruntinus*), der aber nicht unbedingt mit diesem verwandt ist. Wir dürfen auch nicht den anderen europäischen Primaten vergessen, den Berberaffen (eine Meerkatzenart), der sich zu jener Zeit im Fundort Cova Negra, in Játiva befand, bevor die letzte Kaltzeit hereinbrach. Die Meerkatzen sind eine Mittelmeerart, die während des Pleistozäns an vielen Orten Europas (auch auf der Iberischen Halbinsel) lebte und die sich nach Norden bis Deutschland und England ausbreitete, immer jedoch während der Warmzeiten. Es ist möglich, dass es der Meerkatze wie so vielen anderen „Warmzeitarten" ging, dem Flusspferd beispielsweise, die sich eigentlich in diesem warmen Holozän, in dem wir leben, wieder in Europa ausbreiten müssten, aber wir lassen sie nicht unter uns wohnen.

Einige der Raubtiere aus der letzten Kaltzeit sind uns vertraut, wie die Wildkatze, der Luchs, der Rotfuchs und der Wolf. Wenige Leute kennen hingegen in Europa den Rothund, einen Verwandten der beiden letztgenannten Tiere. Dennoch sind bei vielen von uns die Rothunde mit tiefen Kindheitserinnerungen verbunden, da sie in einem dramatischen Kapitel aus *Das Dschungelbuch* von Rudyard Kipling auftauchen, in dem der erbarmungslose Kampf zwischen Mowglis Wolfsrudel und den Dholes oder Rothunden stattfindet (und ich erinnere mich noch gut, wie verzweifelt ich über den Tod Akelas war, den Anführer der Herde von Seeonee und Beschützer Mowglis). Obwohl man sie an Moustérien-Fundorten (aus der Zeit der Neandertaler also) und an früheren Fundorten fand, scheinen die Rothunde auf der Halbinsel vor dem Ende des Pleistozäns sehr selten geworden oder gar ausgestorben zu sein. Der einzige Fund zur Zeit der Cromagnonen, von dem ich weiß, ist ein Überrest von Amalda (Guipúzcoa) in einer Schicht des Jungpaläolithikums, die auch Rentierspuren zeigt. Die Rothunde leben heute nur in Asien, sie sind zwar kleiner als Wölfe, aber ihre Herden sind schrecklich wild. Der Polarfuchs ist ein wunderbarer Indikator für kalte Klimate, es ist jedoch schwierig, ihn vom Rotfuchs zu unterscheiden, wenn man nur über ein paar Knochen oder Zähne verfügt. Dennoch hat Jesús Altuna einen Überrest in der bereits erwähnten Schicht von Amalda identifiziert.

Es gibt verschiedene Beweise, dass während der letzten Kaltzeit auf der Iberischen Halbinsel der Vielfraß lebte – nicht etwa ein Mensch mit übermäßiger Fresslust – sondern die größte Art der Wiesel (der Familie der Baummarder, Steinmarder, Wiesel, Hermeline, Nerze, Dachse und Fischotter). Der Lebensraum des Vielfraßes liegt heute im Hohen Norden, von Skandinavien bis Kanada, aber man hat einen Überrest in einer Schicht des Jungpaläolithikums in Lezetxiki gefunden, die auch auf Wollnashorn deutet, und einen zweiten in einem Fundort ohne archäologischen Kontext (Mairuelegorreta, in Álava). Außerdem stellt eine Ritzzeichnung in der Höhle von Los Casares in Guadalajara möglicherweise eines dieser nordischen Tiere dar, und im hochgelegenen Tal von Jarama, in derselben Provinz, fand man (in der Höhle Jarama II) eine Elfenbeinskulptur eines Kopfes, den Jesús Jordá ebenfalls für den eines Vielfraßes hält: In diesem Fall würde es sich um einen Vertreter des in der Kälte lebenden Tierreiches, den Vielfraß handeln, der aus dem Fossil eines anderen Tieres, nämlich eines Mammuts herausgearbeitet war, das das Elfenbein lieferte.

Die Höhle von Los Casares ist ein gutes Beispiel für das Leben in den Höhenlagen im Innern der Meseta während des Jungpleistozäns. An diesem Fundort finden sich Relikte der Neandertaler mit einer abwechslungsreichen Fauna, die ein nicht sehr kaltes Klima und den Lebensraum eines Mittelgebirges widerspiegeln: Murmeltiere, Biber, Wildschweine, Rehe, Gemsen, Hirsche, Pferde, ein Rind (Auerochse oder Wisent), Ziegen, Steppennashörner, Bergkatzen, Luchse, Leoparden, Löwen, Füchse, Wölfe, Rothunde, Bären (Braunbären oder Höhlenbären) und Fleckenhyänen. Man fand auch einen menschlichen Mittelhandknochen (den des rechten kleinen Fingers). Dann verschwinden die Neandertaler, und erst nach 15 000 Jahren oder noch später erscheinen die Menschen von Cro-Magnon, die einige der Tiere, die sie draußen sehen, an die Wände der Höhle malen oder sie einritzen: Pferde, Auerochsen, Ziegen, Wollnashorn, das fragliche Mammut, möglicherweise auch den Vielfraß und eine große Katze (vielleicht einen Löwen oder eine Löwin). Außerdem gibt es eine Reihe menschenähnlicher Gestalten, ziemlich verzerrte Darstellungen menschlicher Umrisse. Das Wollnashorn und, wenn sich ihre Identität bestätigen sollte, das Mammut und der Vielfraß sind deutliche Indikatoren für einen kalten Lebensraum in der Meseta zur Zeit der Cromagnonen, mit Steppen, auf denen die großen Pferdeherden weideten. Die Hirsche weisen jedoch darauf hin, dass es auch Wälder gab, möglicherweise in den Tiefen der Täler. Wieder muss man auf das sehr unebene hispanische Relief verweisen, wenn man diese Kombinationen aus Tierarten erklären will, die auf den ersten Blick unmöglich erscheinen. In Los Casares fehlt zwar das Rentier, es ist jedoch in der fast benachbarten Höhle von La Hoz dargestellt, die noch höher, nämlich auf 1050 m liegt.

Sowohl die Neandertaler als auch die Cro-Magnon-Menschen lebten mit den Leoparden und Löwen zusammen und konkurrierten mit ihnen. In der spanischen vorgeschichtlichen Felskunst gibt es keine sehr treffenden Darstellungen von Katzen. Wer aber die Höhlenlöwen praktisch direkt „sehen" will, muss nur die Malereien in der Höhle Chauvet in Frankreich anschauen, die extrem realistisch sind. Hier wie bei den übrigen bekannten Malereien (in der Höhle von Los Casares beispielsweise) sind die Tiere ohne Mähne dargestellt, sei es dass die vorgeschichtlichen Menschen ausschließlich Löwinnen darstellen wollten oder dass den Männchen dieser Art im eiszeitlichen Europa die Mähne fehlte, die die heutigen Löwen Afrikas und Indiens schmückt. In den kälteren Regionen erreichten die Löwen stattliche Größen aus dem gleichen Grund, aus dem die Wollmammuts kleinere Ohren hatten als die heutigen Elefanten. Es geht hier, wie schon an anderer Stelle ausgeführt, um das Verhältnis zwischen der Oberfläche und dem Volumen. In kaltem Klima verliert ein warmblütiger Organismus die innere Wärme über die Haut, sodass eine möglichst geringe Körperoberfläche am günstigsten ist. Dies kann paradoxerweise durch Größenwachstum erreicht werden. Einige einfache Zahlen werden genügen, um zu erklären, wie die Zunahme der Größe sich auf den Erhalt der Körpertemperatur auswirkt. Ein Würfel von 1 m Kantenlänge hat ein Volumen von 1 m^3 und eine Oberfläche von 6 m^2. Ein Würfel von 2 m Kantenlänge hat hingegen ein Volumen von 8 m^3, was dem Achtfachen entspricht, während die Oberfläche 24 m^2 beträgt, also nur das Vierfache. Mit anderen Worten: Das Verhältnis der Oberfläche zum Volumen ist beim Würfel mit der Kantenlänge von 2 m halb so groß wie bei dem mit der Kantenlänge von 1 m, der Wärmeverlust ist somit kleiner.

Wenn aber Neandertaler und Cromagnonen als Höhlenmenschen bezeichnet wurden, so gibt es als Pendant einen Bären mit dem wissenschaftlichen Namen *Ursus spelaeus*, wörtlich „Höhlenbär". Es handelte sich um Tiere, die riesige Größen erreichten, die die Größe der heutigen Braunbären bei weitem überstieg. Deren durchschnittliches Gewicht liegt für alle Populationen und beide Geschlechter bei etwa 160 kg, wobei die wenigen kantabrischen Bären und die praktisch ausgestorbenen Bären der Pyrenäen noch wesentlich kleiner sind: Ganz selten sollen die großen Männchen sich der 200-kg-Marke genähert haben. Die größten heute lebenden Braunbären der Welt sind die *Grizzly* in Britisch-Columbia und Alaska, insbesondere die der Insel Kodiak (im Golf von Alaska); wenn sie reich-

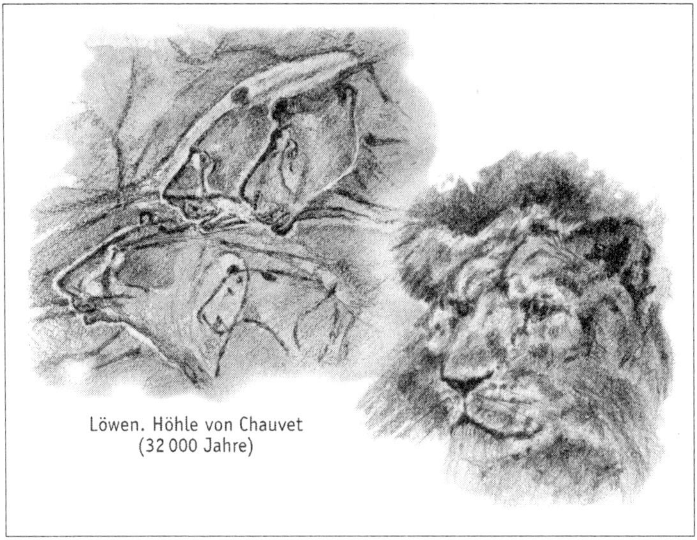

Abb. 19: Zeichnung von Löwen in der Höhle Chauvet (linke Seite).

lich mit Lachsen gemästet sind, können sie 400 kg und mehr erreichen. Das Durchschnittsgewicht der männlichen Höhlenbären muss bei etwa 450 kg gelegen haben und das der Weibchen muss geringer gewesen sein, jedenfalls aber über 300 kg. Die Risthöhe der Höhlenbären können wir mit 120 cm angeben, ein nicht auffallend großer Wert, da das Charakteristische an diesen verschwundenen Sohlengängern ihre enorme Körperfülle war.

Die Höhlenbären überwinterten in den Höhlen so wie auch die heutigen Braunbären, und die Kadaver der Tiere, die während des Überwinterns starben, haben sich in vielen unterirdischen Hohlräumen zu großen Haufen aus Hunderten, manchmal Tausenden von Skeletten aufgetürmt. Trotz ihres imponierenden Anblicks waren die Höhlenbären keine großen Jäger. Ihre riesigen Mahlzähne dürften eher zum Kauen von Früchten als zum Zerkleinern von Fleisch gedient haben. Die eindrucksvollen Reißzähne wurden stumpf, weil sie zu anderen Zwecken als zum Töten von Beutetieren verwendet wurden. Dessen ungeachtet war es sicher nicht lustig, diesen riesigen Sohlengängern auf der Suche nach „Wohnraum" als Konkurrenten zu begegnen.

Der Höhlenbär war eine fast ausschließlich europäische Art und lebte sowohl in den gemäßigten Wäldern als auch in den kalten Steppen. Er scheint jedoch kein Tier der mediterranen Welt gewesen zu sein: Auf der Halbinsel hat man ihn nie außerhalb der Pyrenäen, der Kantabrischen Küste, Galiziens oder den beiden Mesetas gefunden. Der südlichste Fundort dieser riesigen Sohlengänger ist die Höhle El Reguerillo in Madrid. Neben den Höhlenbären und ihren Vorfahren findet man im europäischen Quartär auch Braunbären, obwohl deren Fossilien seltener sind. In der Höhle von Ekain (Guipúzcoa) ist ein Braunbärpaar dargestellt, eines der Tiere ohne Kopf, und in der Höhle von Santimamiñe (Vizcaya) kann man ein sehr schönes Exemplar betrachten. Sie sind gut von den Höhlenbären zu unterscheiden, da bei diesen die Vordergliedmaßen um einiges länger waren als die Hinterbeine, sodass die Rückenlinie vom Widerrist zur Kruppe steiler abfiel. Eine besondere Darstellung eines Höhlenbären ist in die Höhle von Venta de la Perra (Vizcaya) eingeritzt. Am Ende der letzten Kaltzeit gaben die Höhlenbären es auf, mit den Braunbären zu konkurrieren und verschwanden für immer, umhüllt von den letzten Nebeln der Eiszeit.

Schließlich dürften Neandertaler und Cromagnonen mehr als einmal mit den Furcht einflößenden Fleckenhyänen um Aas gekämpft haben. Diese waren ebenso wie die Menschen in der Gruppe kraftvolle Jäger, und sie erreichten zudem in der letzten Kaltzeit beachtliche Körpergrößen. Die Streifenhyänen waren weniger gefährlich, aber deshalb nicht weniger erfolgreiche Aasfresser: Wenn auch nicht für ihre körperliche Unversehrtheit, so waren sie für den Magen der Menschen sehr wohl gefährlich. Sie waren aber anscheinend auf der Halbinsel nicht so verbreitet wie die Fleckenhyänen, da man sie lediglich im portugiesischen Moustérien-Fundort Furninha fand.

Das Zaubergebirge: Atapuerca

Bis jetzt haben wir die großen Säugetiere der letzten Kaltzeit Revue passieren lassen, die mit den Neandertalern und den Cro-Magnon-Menschen zusammenlebten. Welche Pflanzenfresser und welche Raubtiere lebten aber zur Zeit der ersten Siedler Europas und in der Zeit der Neandertaler-Vorfahren? Um etwas über sie zu erfahren, gibt es nichts Besseres als wiederum in die Sierra de Atapuerca (Burgos) zu reisen, wo ein spanisches Team aus Paläontologen und Archäologen dabei ist, einen äußerst wichtigen Fossilienschatz ans Licht zu bringen, der den größten Teil dieser Epoche einschließt.

Die Sierra de Atapuerca ist ein großer Bergkamm aus Kalkstein. Dieser Kalk bildete sich am Meeresgrund vor mehr als 85 Millionen Jahren innerhalb des letzten Abschnitts (der Kreidezeit) der Sekundärzeit oder des Mesozoikums, dem Zeitalter der Dinosaurier. Später, bereits im Känozoikum oder dem Zeitalter der Säugetiere, im als Tertiär bezeichneten Zeitabschnitt, und innerhalb dieses in der als Oligozän bekannten Epoche, bewirkten die gigantischen Kräfte, aus denen die irdische Kurzlebigkeit resultiert, dass die Kalksteine auftauchten und sich verformten, wodurch ein kleines Gebirge entstand, das in Wirklichkeit eine liegende Falte (oder ein *Sattel*) ist. Als das Meerwasser sich dann für immer zurückgezogen hatte, schliff die Erosion den Gipfel der Sierra de Atapuerca ab, sodass sie heute ein flaches Dach trägt, dessen maximale Höhe 1082 m über dem Meer beträgt. Im darauffolgenden Zeitalter, dem Miozän, verwandelte sich das, was heute die Meseta des Duero ist, in eine riesige Mulde ohne Ausgang zum Meer, d. h. in ein großes kontinentales Becken, das sich mit den Sedimenten füllte, die von der Erosion der Berge herrührte, die es wie eine Mauer umgaben: das Kantabrische Gebirge im Norden, das Iberische Randgebirge im Osten, das Kastilische Scheidegebirge im Süden und die Montes de León und die Tras-Os-Montes im Westen. Don Eduardo Henández-Pacheco verglich das Tal des Duero, die

Kastilische Hochebene, mit einem riesigen Waffenplatz einer großen Burg, die von bergigen Bastionen verteidigt wird.

Die Sierra de Atapuerca befindet sich in der nordöstlichen Ecke des großen Duerobeckens, wenige Kilometer von der Sierra de la Demanda entfernt, die Teil des Iberischen Randgebirges ist. Sie liegt genau an einer der beiden Pforten, die Zugang ins Innere Kastiliens verschaffen: dem Korridor von La Bureba. Die beiden anderen Eingänge befinden sich in der südöstlichen Ecke, in der Region von Soria und im Südosten, in der Region von Ciudad Rodrigo, wo der Duero sich seinen Weg zum Meer bahnt und dabei durch die Grenzregion Los Arribes nach Portugal eintritt. Etwas über die Sierra de Atapuerca hinaus, hinter der Passhöhe Puerto de la Pedraja (1130 m), befindet sich das Ebrobecken. Der Jakobsweg folgt diesem natürlichen Verbindungsweg der Becken, was die strategische geografische Lage der Sierra de Atapuerca deutlich zum Ausdruck bringt. Möglicherweise ist sie der Grund für die Kontinuität und Intensität menschlicher Präsenz in diesen kastilischen Gegenden.

So groß war im Duerobecken die Menge an aufgehäuftem Sediment, dass sich die Sierra de Atapuerca am Ende des Miozäns kaum noch über die sie umgebende Ebene erhob. In den flachen Seen, die über das gesamte Becken verteilt waren, lagerten sich nun neue Kalksteine ab, die diesmal aus dem Landesinnern statt aus dem Meer stammten. Diese Kalksteine aus der letzten Phase der Sedimentation, die niemals gefaltet wurden, bilden heute horizontale Plattformen oder „Páramos", die mit dem Gipfeldach der Sierra de Atapuerca fast bündig sind.

Das Auffüllen des Duerobeckens hörte im Pliozän (dem Zeitalter, das auf das Miozän folgt) auf, als durch die Erhebung in der Mitte der Halbinsel ein Flusssystem entstand, das die Jahrmillionen hindurch angehäuften Sedimente allmählich auswusch und zum Atlantik schwemmte, was auch heute noch geschieht. Im ganzen Becken schnitt die Erosion durch den Fluss die Kalkdecken der „Páramos" auf und grub die weichen

Ablagerungen aus Ton und Mergel aus, die sich darunter befinden. Die kastilische Hochebene hat daher zwei Niveaus: die alte Oberfläche des „Páramo", die im Allgemeinen aus kalkhaltigem Gestein und etwas Boden zum Kultivieren besteht, und die neue Oberfläche der Talgründe, die fruchtbarer und bewohnter ist. Beide Flächen sind durch steile Abhänge verbunden, die „Cuestas".

Diese Reliefformen (Páramo und Cuesta) kann man am linken Ufer des Flusses Arlanzón gut erkennen, auf der Höhe des Dorfes Ibeas de Juarros und gegenüber der Sierra de Atapuerca, die sich an seinem rechten Ufer befindet. So fließt der Arlanzón also in geringer Entfernung zu den südlichen Ausläufern der Sierra de Atapuerca, wenige Kilometer flussaufwärts von der Stadt Burgos entfernt. Wie alle Flüsse löst er bei Hochwasser große Gesteinsbrocken und reißt sie mit, schleift sie ab und schwemmt sie als Kies an Land. Wenn der Arlanzón Hochwasser führt, lagern sich auch heute noch viele dieser Schottersteine in der überschwemmten Ebene ab. Wie schon erwähnt, wusch der Fluss im Laufe der Zeit die weichen Sedimente aus Ton und Mergel, die das Duerobecken während des Miozäns aufgefüllt hatten, mehr und mehr aus. In der Landschaft bleiben überhängende Reste der früheren Kieselsteinebene zurück, die man in der Geologie als Terrassen bezeichnet. Die höchsten Ablagerungen befinden sich 85 m über dem heutigen Flussniveau in einer Höhe von 994 m, also sehr nahe am Dach der Sierra. Wenn man die Terrassen untersucht, kann man erkennen, wo sich der Flusslauf des Arlanzón in der Vorgeschichte befand. So stellten wir fest, dass die Höhlen der Sierra de Atapuerca zu den Zeiten, in denen sich die Fundorte bildeten, in der Nähe der Flussufer lagen. Wir können uns die vorgeschichtlichen Menschen vorstellen, wie sie die Pflanzenfresser von den Hängen der Sierra aus beobachteten, während diese friedlich im ebenen Flusstal des Arlanzón weideten, oder auch in der Talsohle des Valhondo, durch die heute sein kümmerlicher Zufluss, der Pico, fließt.

Der aus dem Meer stammende Kalkstein, aus dem sich das Substrat der Sierra de Atapuerca zusammensetzt, ist ein Gestein, das sich im Wasser leicht löst. Auf diese Weise entstanden lange unterirdische Leitungen voller Wasser, das mit großer Strömung durch sie hindurchfloss und allmählich das Netz der Hohlräume ausfüllte, so dass sich ein *Karst* bildete. Als der Wasserstand und das Grundwasserniveau sanken, da das Flussnetz sich immer tiefer in das Tal eingrub, trockneten die hohen Hohlräume des Karstes aus und gleichzeitig sackten Teile der Dächer ab, sodass sich kleine Öffnungen nach außen auftaten. Auch der Rückzug der Berghänge durch die Erosion sorgte dort, wo die Galerien aufgeschnitten wurden, für neue Eingänge. Von da an konnten sowohl Raubtiere als auch Menschen die Höhlen nutzen.

Die drei Fundorte, an denen bis heute am meisten gearbeitet wurde, sind Gran Dolina, Galería und Sima de los Huesos, die alle nah beieinander liegen; den geringsten Abstand zueinander haben die beiden ersten. In diesen Fundorten gibt es Fossilien von vor etwa einer Million Jahre bis mehr oder weniger einer Viertelmillion Jahre. Wir wissen, dass es in anderen Höhlen der Sierra de Atapuerca sowohl ältere als auch jüngere Fossilien gibt, die gerade geschürft werden und von denen man sich viel erwartet (die Sima del Elefante hat zwei ältere Schichten, und die Sima del Mirador sowie der „Portalón", der Eingangsbereich der Cueva Mayor, bergen die jüngeren Schichten). Der paläontologische und archäologische Tresor der Sierra ist noch lange nicht erschöpft, er wird vielmehr von Tag zu Tag größer. Die Paläontologen, die die Tierfossilien dieser Fundorte untersuchen, sind Gloria Cuenca, Spezialistin für Nagetiere, Nuria García, die an den Raubtieren forscht, und Jan van der Made, unser Experte für Pflanzenfresser. Sie sind es, die uns gemeinsam mit der Paläobotanikerin Mercedes García Antón an die Hand nehmen werden, wenn wir uns in den folgenden Abschnitten auf die Reise durch die Ökosysteme der Sierra de Atapuerca in ferner Vergangenheit begeben.

Um das fossile Protokoll der Fundorte in zwei große Zeitabschnitte zu unterteilen, nehmen wir uns eine Maus vor, besser gesagt eine Wasserratte. Vor etwas mehr als einer halben Million Jahre, vor ungefähr 600 000 Jahren, stirbt eine Wasserratte aus, die als *Mimomys savini* bezeichnet wird und durch eine Art (*Arvicola cantianus*) ersetzt wird, die schon sehr eng mit den heutigen Wasserratten verwandt ist (die natürlich wenig mit den grauen Ratten der Städte zu tun haben, außer dass es ebenfalls Nagetiere sind). Alle Fossilien, die gemeinsam mit der Art *Mimomys savini* auftreten, sind also älter als eine halbe Million Jahre. In der Gran Dolina befindet sich *Mimomys savini* in den Schichten zwischen der dritten bis zum unteren Abschnitt der achten Schicht, achteinhalb Meter dickes Sediment, das einen Zeitraum einschließt, der vor fast einer Million Jahre begann und vor etwas mehr als einer halben Million Jahre zu Ende ging (die Schichten unterhalb von Schicht 3 enthalten keine Fossilien). Dazu muss man darauf hinweisen, dass in der Gran Dolina die Schichten im Gegensatz zur üblichen Reihenfolge von unten nach oben nummeriert sind. Dies liegt daran, dass der Fundort von dem Graben einer Mineneisenbahn durchschnitten wurde, die um die Jahrhundertwende des 19. und 20. Jahrhunderts gebaut wurde, sodass die Stratigraphie des Fundortes sichtbar ist, dass man also nicht erst alles ausgraben muss, um sie erkennen und ihre Schichten nummerieren zu können.

Die Fauna aus großen Säugetieren, die zu jener frühen Zeit die Sierra de Atapuerca bewohnte, war sehr verschiedenartig und im Vergleich zu der heutigen in unseren Augen spektakulär. Wenn man bei den Pflanzenfressern beginnt, so gab es damals große Nashörner mit zwei Hörnern der Art *Stephanorhinus etruscus*, Wildschweine, Pferde, Hirsche, Damhirsche und vermutlich Rehe. Es gab auch primitive Riesenhirsche (*Eucladoceros giulii*). Aus diesen tieferen Schichten der Gran Dolina stammt ein herrlicher Wisentschädel (*Bison voigtstedtensis*). In Schicht 7 erschienen die Hinterpfoten eines Moschusochsen, der ein Vorgänger oder zumindest ein Verwandter der heutigen

Art ist; wie bereits erwähnt, hatten sich die Moschusochsen zu jener Zeit noch nicht an die periglazialen Lebensräume angepasst und waren Bewohner der Steppen. Um das Panorama der Pflanzenfresser zu vervollständigen, das die Menschen von Atapuerca aus den Höhlenöffnungen heraus sahen, kann man sich eine Gruppe Flusspferde hinzudenken, die im Arlanzón und seinen Zuflüssen badeten, dort wo die Biber ihre Dämme bauten. Es ist zwar erstaunlich, aber die Flusspferde haben bis zum Kälteeinbruch der letzten Kaltzeit auf der Iberischen Halbinsel gelebt, und die Biber verließen den europäischen Kontinent nie, auch wenn sie auf der Halbinsel ausstarben.

Außer dem Biber gibt es unter den Nagetieren, die man in den älteren Schichten von Gran Dolina fand, zwei andere Arten beachtlicher Größe, die es wert sind, einen Moment bei ihnen auszuharren. Wir beginnen beim Stachelschwein (*Hystrix refossa*). Seine nächsten heute lebenden Verwandten sind alle an warmes Klima angepasst und leben in Afrika und Asien; eine Art findet man auf dem Balkan, in Sizilien und einem Teil der italienischen Halbinsel, wobei sie dort möglicherweise in der Antike durch den Menschen eingeführt wurde. Das Stachelschwein war im europäischen Pleistozän eine verbreitete Art, vor allem an warmen Stellen und in warmen Zeiten. Der dritte große Nager von Atapuerca ist das Murmeltier, das heute in den Alpen und in der Tatra lebt und das mit großem Erfolg in den Pyrenäen wieder eingeführt wurde. Die Murmeltiere leben auf alpinen Matten oberhalb der Baumgrenze und überwintern in ihren Höhlenbauten. Möglicherweise war die Sierra de Atapuerca irgendwann in der Zeit vor 600 000 bis 900 000 Jahren sehr kalt und im oberen Bereich völlig baumlos, es ist aber auch möglich, dass irgendein Adler oder Uhu in den Höhenlagen der benachbarten Sierra de la Demanda ein Murmeltier jagte und es zu seinem Nest in der Sierra de Atapuerca brachte oder dass ein Räuber am Boden dies tat.

Wir wollen nun sehen, welche Jäger es in jenen frühen Ökosystemen der Sierra de Atapuerca gab. Wenn wir einmal die Diskussion darüber beiseite lassen, welchen Platz der Mensch in der Nahrungskette einnahm, durch die Material und Energie kreiste, so war eine große Wildkatze mit Säbelzähnen, der *Homotherium latidens,* der größte Räuber. Diese Katze war in der Größe mit dem Löwen vergleichbar, und ihre oberen Eckzähne (die Reißzähne) waren riesig, gebogen und hatten feine Sägezähne an den Rändern. Zwar verschwand die Art vor einer halben Million Jahren aus Europa, ihre Neffen aus der Art *Homotherium serum* überlebten jedoch in Amerika bis zum Ende der Eiszeit. Eine Frage, auf die man noch keine endgültige Antwort gefunden hat, ist, wie die Säbelzahnkatzen ihre großen oberen Eckzähne nutzten. Nach Ansicht einiger Wissenschaftler verwendeten sie sie wie Dolche, um ihre Beute niederzustechen und sie verbluten zu lassen. Andere glauben, dass sie damit die Haut und das Gewebe am Bauch ihrer Opfer durchdrangen und, wenn sie das Maul schlossen und nach hinten zogen, ein großes Stück aus dem Tier herausreißen konnten. Selbst wenn die Beute flüchtete, mussten sie ihr nur folgen und warten, bis sie verblutete und starb. Auf diese Weise dürfte es den großen Katzen mit ihren Säbelzähnen gelungen sein, Beutetiere, die wesentlich größer waren als sie selbst, etwa junge Mammuts, zu töten, selbst wenn sie sie nur einmal gebissen hatten und dann gleich den Kontakt verloren.

Alan Turner und Mauricio Antón meinen hingegen, dass die Eckzähne dieser Katzen die starken Stöße, die die beiden erwähnten Theorien vermuten lassen, nicht ausgehalten hätten ohne auszufallen. Und ein gebrochenes Eckzahnpaar hätte für seinen Eigentümer unweigerlich den Tod bedeutet. Diese beiden Wissenschaftler halten es für glaubwürdiger, dass die großen Katzen ihre langen Maurensäbel nur dann einsetzten, wenn die Beute schon ziemlich reglos am Boden lag, um dann damit die Gurgel des Tieres zu durchdringen und so den Erstickungstod herbeizuführen, oder um eines der großen Blutgefäße am Hals zu durchtrennen, so ähnlich wie Löwen, die einen großen Pflanzenfresser niederstrecken. Auf diese Weise hätten sie die Eckzähne nicht so stark beansprucht.

Eine andere große Katze aus der frühesten Zeit der Sierra de Atapuerca war der europäische Jaguar, die *Panthera gombaszoegensis*, die vor 400000 Jahren ausstarb. Sie war kleiner als die Säbelzahnkatze, aber größer als ein Leopard (d.h. so groß wie ein moderner amerikanischer Jaguar). Eine noch kleinere Katze, deren Überreste sich ebenfalls in den unteren Schichten von Gran Dolina befinden, ist der Luchs. Es sieht also so aus, als habe es in den Ökosystemen der Sierra de Atapuerca Katzen aller Größen gegeben (vielleicht fehlten nicht einmal die Bergkatzen). Die Säbelzahnkatze war die größte von ihnen. Die Löwen dürften in Europa zum ersten Mal vor 600000 Jahren aufgetaucht sein, und kurz darauf verschwanden die Säbelzahnkatzen vom Kontinent, mit denen die Löwen vermutlich um die Rolle des größten Räubers der Ökosysteme konkurriert haben.

Von den hundeartigen Raubtieren fand man Überreste zweier Arten: des *Vulpes praeglacialis*, eines Vorfahren des Polarfuchses, der noch nicht an periglaziale Lebensräume angepasst war, und des *Canis mosbachensis*, einer kleinen Wolfsart, kaum größer als der heutige Schakal. Dieser Hund wurde mit der Zeit größer und verwandelte sich vor etwa 400000 Jahren in die heutige Art des Wolfes.

Die unteren Schichten der Gran Dolina brachten die ältesten Überreste der Fleckenhyäne in Europa hervor, eines geselligen Raubtiers und mächtigen Konkurrenten der Menschen sowohl bei der Jagd als auch beim Aufspüren und Fressen von Aas. Mit ihren besonderen Zähnen konnten die Fleckenhyänen an das Knochenmark der Knochen großer Pflanzenfresser gelangen, das auch die Menschen herauslösten, die jedoch Steinblöcke oder Kiesel benutzten, um die Röhren der Knochen zu zertrümmern. Die *Pachycrocuta brevirostris* hingegen, die größte aller jemals existierenden Hyänen, fehlt (zumindest noch) im fossilen Protokoll von Atapuerca. Dieses Fehlen ist interessant, da man die Art an anderen Fundorten gleichen Alters im übrigen Europa fand. Auf der Iberischen Halbinsel taucht sie in Fundorten auf, die älter sind als Gran Dolina, beispielsweise in der Cueva Victoria (Murcia), in Venta Micena (Granada), Incarcal (Gerona) und Pontón de la Oliva (Madrid). Nuria García glaubt, dass die Fleckenhyäne seit ihrem ersten Auftreten die *Pachycrocuta brevirostris* allmählich ersetzte, was im Süden Europas begann, wie man in Atapuerca sieht, und sich dann auf dem übrigen Kontinent bis zu ihrem völligen Verschwinden vor 400 000 Jahren fortsetzte.

In diesen unteren Schichten der Gran Dolina fand man auch zahlreiche Überreste von Bären einer frühen Art, die eine primitive Form des Braunbären oder auch des Höhlenbären sein kann.

Wir haben auch viele Tierfossilien aus einer späteren Zeit an den Fundorten von Galería, Sima de los Huesos und einem oberen Teil der Gran Dolina (Schichten von 8 bis 11). Insgesamt sind diese Ablagerungen etwas weniger als eine halbe Million bis zu einer viertel Million Jahre alt. Unter den Pflanzenfressern gibt es weiterhin Pferde, Damhirsche, Hirsche, Riesenhirsche, Wisente und Nashörner. Wegen des spärlichen zur Verfügung stehenden Materials ist es schwierig, die Wisentfossilien einer bestimmten Art zuzuordnen. Sie könnten zum *Bison schoetesacki*, dem kleinen Waldwisent oder zum *Bison priscus*, dem größeren Steppenwisent gehören. Jedenfalls sind die fossilen Wisente ihrem Namen zum Trotz keine guten ökologischen Indikatoren, da sie von einem zum anderen Lebensraum wechselten. Einige der aufgefundenen Rinderüberreste könnten zum Auerochsen (*Bos primigenius*) gehören und sogar zum Wasserbüffel, den es heute nur noch in Asien gibt, der aber in Europa lebte. Es ist schwierig, anhand einzelner vom Skelett losgelöster Knochen zwischen verschiedenen Rinderarten zu unterscheiden.

Zu dieser Zeit gab es in Atapuerca Nashörner der Art *Stephanorhinus hemitoechus*. Es handelte sich um ein Nashorn, das auf Steppen weidete, und man findet es in Europa lange Zeit hindurch neben einer größeren Nashornart, dem Merckschen

Nashorn *(Stephanorhinus kirchbergensis)*. Letzteres war mit 2,5 m Größe, die keine der heute lebenden Arten erreicht, wirklich imposant. Die beiden fossilen Nashörner, das Steppennashorn und das Merksche Nashorn, konnten zusammenleben, da sie an unterschiedliche Nahrung angepasst waren und jede Art ihre eigene ökologische Nische hatte, wodurch sich die Konkurrenz verringerte. Das Merksche Nashorn äste Zweige ab und lebte daher mehr im Wald, da es sich von den zarten Teilen (Blättern, Knospen und sogar Früchten) der Gehölze ernährte. Einen ähnlichen Fall des Zusammenlebens zweier Nashornarten gibt es heute in Afrika, wo man in ein und derselben Region das schwarze Nashorn, das Zweige abäst, neben dem weißen Nashorn sehen kann, das auf den Wiesen weidet. Jedenfalls ist es nicht sicher, dass das Mercksche Nashorn auf der Halbinsel in großer Zahl vertreten war. Sowohl das Steppennashorn als auch das Merksche Nashorn waren an gemäßigte Klimate gewöhnt und verschwanden aus Mitteleuropa, als die letzte Kaltzeit hereinbrach, also in der Zeit der Neandertaler. Auf der Halbinsel überlebte das Steppennashorn jedoch etwas länger, bis die Kälte strenger wurde und schließlich das Wollnashorn Herr über das Gebiet wurde; dies geschah erst in der Zeit der Cromagnonen.

Bei den großen Nagetieren finden sich im zweiten Zeitabschnitt Atapuercas weiterhin Murmeltiere und Stachelschweine (allerdings einer anderen Art: *Hystrix vinogradovi*). Die Gemeinschaft der Raubtiere in der Sima de los Huesos schließt zahlreiche Arten ein. Die zahlenmäßig am meisten vertretene Art ist ein Vorfahr des Höhlenbären, der wissenschaftlich als *Ursus deningeri* bezeichnet wird. Es gibt auch Wölfe und Füchse sowie Luchse der Evolutionslinie des Iberischen Luchses und Bergkatzen. Man findet auch Löwen und einen rätselhaften Überrest einer Katze, einen Mittelfußknochen, der aufgrund seiner Größe zu einem Leoparden oder einem europäischen Jaguar gehören könnte. In der Sima de los Huesos gibt es also Katzen in vier verschiedenen Größen. Kleine Raubtiere, die meist vergessen werden, sind die Wiesel, die an diesem Fundort von zwei Arten vertreten werden: einer großen, vom Typ des Baummarders oder des Steinmarders und einer kleinen, dem Wiesel oder dem Hermelin. Am Fundort Galería fand man zudem Überreste von Rothund und Dachs.

Das Fehlen von Hyänen in der Sima de los Huesos, in der Galería und bei den bisher freigelegten Ausgrabungen der oberen Schichten von Gran Dolina ist erstaunlich. Nuria stellte die Theorie auf, dass die Menschen vielleicht mit ihnen konkurrierten und sie aus der Sierra de Atapuerca vertrieben. Vielleicht konnten sie vorher nichts gegen die Hyänen ausrichten, und darum findet man sie in den älteren Schichten der Gran Dolina, möglicherweise, weil die Menschen damals nicht zahlreich genug oder schlechter organisiert waren oder weil sie nur kurze Zeit im selben Gebiet blieben. Die Hyänen sind jedoch auf der Iberischen Halbinsel in späteren Zeiten, die also denen der genannten Fundorte von Atapuerca folgten, zahlreich vertreten. Als Hypothese könnte man annehmen, dass die Menschen immer mehr zu Jägern wurden und sich immer weniger von Aas ernährten, sodass die ökologische Nische, um die Menschen und Hyänen (die eher Aasfresser, weniger Jäger waren) konkurrierten, schließlich für Letztere frei wurde.

An den Fundorten Atapuercas hat man bis heute lediglich zwei nicht bestimmbare Überreste von Elefanten gefunden (einen in der Gran Dolina und einen anderen in der Sima del Elefante, die daher ihren Namen hat). Das heißt aber nicht, dass es in der Umgebung der Sierra während der langen Zeit, die die erforschten paläontologischen Protokolle abdecken, keine Elefanten gab. Der Elefant mit geraden Stoßzähnen (*Palaeoloxodon antiquus*) war in Europa sehr verbreitet und ist genau wie das Flusspferd ein typisches Tier der Warmzeiten. Man hat auf der Halbinsel viele Überreste dieses bis zu 3,7 m großen Elefanten gefunden. Die berühmtesten sind vermutlich die von Torralba und Ambrona (Soria), auf die wir noch zurückkommen werden. In den Kaltzeiten verschwindet der Elefant mit geraden

Stoßzähnen aus Europa, zumindest aber aus den kältesten Regionen, und wird durch das *Mammuthus trogontherii*, das Steppenmammut ersetzt, einen Vorfahren des Wollmammuts. Das *Mammuthus trogontherii* war der größte europäische Elefant in der Geschichte, er war 4,5 m hoch und wog über 10 Tonnen. Genau wie das Steppennashorn und das Mercksche Nashorn scheinen auch die letzten Elefanten mit geraden Stoßzähnen auf den Halbinseln des Mittelmeers überlebt zu haben, bis definitiv die strenge Kälte hereinbrach, die die Mammuts und die Wollnashörner mit sich brachte und zugleich der Existenz der Flusspferde in Europa ein Ende setzte.

Wir wollen nun ein bisschen von Pflanzen sprechen. Waldeichen und Traubeneichen sowie Steineichen und Korkeichen gehören zur Gattung *Quercus*: Bei den ersten beiden fallen die Blätter ab, die beiden anderen Bäume sind immergrün. Im Pollenprotokoll der Sierra de Atapuerca hat man Pollen beider Gruppen und anderer Arten gefunden, die uns sagen, dass die Wälder im Allgemeinen sich nicht von denen unterschieden, die man heute dort oder in der benachbarten Sierra de la Demanda finden kann. Manchmal tauchen Pollen von Arten auf, die auf mediterranere Bedingungen als heute hinweisen, wie beispielsweise Johannisbrotbaum, Zürgelbaum, wilder Ölbaum, schmalblättrige Steinlinde und Mastixstrauch. Andere Male wurde die Landschaft von kälteresistenten Pinienarten und Zypressengewächsen, Wacholdergewächsen und Sadebäumen beherrscht.

Wie man aus der Liste der fossilen Arten leicht ableiten kann, gab es in der Sierra de Atapuerca das ganze Pleistozän hindurch eine außergewöhnliche Vielfalt sowohl in der Tier- als auch in der Pflanzenwelt. Eine solch große Anzahl von Pflanzen- und Fleischfressern lässt sich nicht mit der Existenz eines einzigen, besonders artenreichen Ökosystems erklären, sondern vermutlich mit einer großen Verschiedenartigkeit der Habitate, die die Sierra und ihre Umgebung aufzuweisen hatte: die Gemeinschaften der weiten Ebenen, die der Wasserläufe, Kalksteinklippen und, ganz in der Nähe, die der hohen Gipfel des Iberischen Randgebirges. Heute noch gibt es hier und da Überbleibsel natürlicher Wälder. Dort, wo nie eine Pflugschar hinkam, lebt gerade in der Sierra de Atapuerca, seitdem nicht mehr abgeholzt wird, auf den Kalksteinböden der Wald aus Steineichen und Korkeichen spontan wieder auf, der auf Kalksteinböden wächst. Die Hänge hatten weniger „Glück", und die Flaumeichen, die auf den Terrassen und den tertiären Böden wuchsen, sind fast vollständig dem Getreideanbau gewichen. Es ist daher lebenswichtig, diese Insel der Natur (nur 14 km von der Stadt Burgos entfernt!), zu der die Sierra de Atapuerca geworden ist, mit allen Mitteln zu erhalten, nicht zuletzt auch aus wissenschaftlichen und pädagogischen Gründen: Denn nur in ihrer natürlichen Umgebung, als Bestandteile ihrer Landschaft kann man die Fundorte begreifen und erklären, die ihren kostbarsten Schatz darstellen und von unermesslichem Wert für die heutige und die nachfolgenden Generationen ist.

Die Sierra de Atapuerca ist einzigartig auf der Welt. Wie kein anderer Ort dokumentiert sie die Veränderungen der Klimate und Ökosysteme, der menschlichen Technologie sowie der Menschen selbst und ihres Verhaltens über eine ausgedehnte Zeitspanne hinweg, die mindestens die letzte Million Jahre umfasst. Hier wurden die ältesten menschlichen Fossilien Europas gefunden, und sie wurden als eine neue Art benannt. Hier entdeckte man den frühesten Fall von Kannibalismus und das älteste Bestattungszeremoniell. Dieses beispiellose paläontologische und archäologische Protokoll macht die Sierra de Atapuerca zu einem der wichtigsten Fundortsysteme der Erde, am historischsten Ort Europas und im felsigen Herzen Spaniens: in einem Zaubergebirge.

Kapitel sechs

Das große Aussterben

Während der folgenden Tage wanderten wir an der Südseite des Mount Mann entlang. Für die meisten Weißen ist dieses Gebiet trostlos, feindlich, ein „gottverlassenes Land". Die Eingeborenen empfinden es ganz anders; für sie ist die Landschaft sehr interessant. Die Bäume sind nicht einfach Bäume, sondern die verwandelten Körper von Helden der Vergangenheit; die Bäche sind nicht einfache Gräben, in denen das Wasser fließt, sondern die Spuren riesiger Nattern, die sich durch das Land schlängeln.

Charles P. Mountford, *Braune Menschen, roter Sand. Streifzüge durch die Wildnis Australiens*

Ein starkes Geschlecht oder zwei starke Geschlechter?

Wenn man von der Wirtschaftsform der vorgeschichtlichen Menschen spricht, so sagt man von ihnen, sie seien Jäger und Sammler gewesen, was bedeutet, dass sie vom Suchen lebten. Ich spreche nun nicht von den ersten afrikanischen Hominiden, dem *Ardipithecus* und den Australopithecinen und Paranthropinen, die fast ausschließlich Vegetarier waren. Es geht auch nicht um den *Homo habilis*, den ersten Hominiden, der außer vegetarischer Kost auch Fleisch aß. Ich denke dabei an die, die körperlich so waren wie wir, die echten Menschen (vom *Homo ergaster* an), die sich vor vielleicht zwei Millionen Jahren in Afrika entwickelten und später Eurasien besiedelten.

Woraus die Arbeit eines Jägers besteht, ist leicht zu verstehen. In Europa wimmelte es im Pleistozän von tierischem Leben und es gab eine Vielzahl ganz unterschiedlicher großer Pflanzenfresser, den potentiellen Beutetieren für Raubtiere aller Art. Die Frage ist, ob die menschlichen Jäger sie fangen konnten oder ob sich die vorgeschichtlichen Menschen, statt Ziegen, Hirsche, Pferde, Stiere, Wisente, Nashörner oder Elefanten zu jagen, mit den Tieren begnügten, die auf natürliche Art starben oder von Raubtieren getötet wurden. Möglicherweise glichen sie weniger den Löwen als den Hyänen, einem Raubtier, das im Allgemeinen als weniger vornehm gilt und normalerweise von keinem Wirtschaftsunternehmen, keiner Militäreinheit, keiner Sportmannschaft usw. als Logo verwendet wird (dabei sind Hyänen nicht nur Aasfresser, sondern auch ausgezeichnete Jäger). Es sieht so aus, als wollten wir Menschen nichts mit diesem leicht grinsenden Vierfüßer zu tun haben.

Dieses Dilemma Jäger / Aasfresser ist ein Thema, auf das ich noch zurückkomme. Nun aber will ich mich mit einem anderen, nicht weniger großen Dilemma beschäftigen: mit der Trennung Mann und Jäger / Frau und Sammlerin. Da das Jagen eine vordringlich männliche Aktivität ist, weist die traditionelle Vorstellung, dass die Jagd während der Vorgeschichte die Hauptquelle menschlicher Nahrung war, die Hauptrolle dem so genannten „starken" Geschlecht zu, das im Bezug auf die Körperkraft übrigens tatsächlich das stärkere war, nicht unbedingt aber, wenn es darum ging, wer die Gruppe mit Essbarem versorgte. Wenn das Sammeln pflanzlicher Produkte hingegen in der Vorgeschichte die Basis des menschlichen Unterhalts gewesen wäre, müssten wir das Bild des stolzen Jägers entmystifizieren, der mit dem niedergestreckten Hirsch auf den Schultern heimkehrt und an den Türen der Hütte von seiner Gefährtin, der zahlreichen Kinderschar und vielleicht noch einem Elternteil (oder Schwager!), den er mitversorgt, jubelnd empfangen wird. Zum Brombeeren pflücken braucht man nicht viel Kraft, und dies ist somit eine Arbeit für die Frauen, Alten und Kleinkinder.

Wie anders wäre die Szene der Jäger, die mit leeren Händen zum Lager zurückkehren und auf die pflanzlichen Produkte angewiesen sind, die die Schwächsten der Gruppe gesammelt haben! Diese totale Veränderung der Perspektive, diese Umkehrung der traditionellen Muster der Vorgeschichte zwingt uns dazu, den Blick auf uns selbst zu richten: Wenn die Frau in Bezug auf die Nahrungsbeschaffung das starke Geschlecht war, vielleicht hat dann die natürliche Auslese bei ihr irgendein Merkmal hervorgebracht, das ausschließlich für das weibliche Geschlecht unserer Art charakteristisch ist und bei den Weibchen der anderen Primaten nicht vorhanden ist. Kristen Hawkes, James O´Connell und Nicholas Blurton Jones glauben, es in der Menopause gefunden zu haben, einem physiologischen Phänomen, das es bei den weiblichen Lebewesen der übrigen Arten tatsächlich nicht gibt.

Wenn man den menschlichen Lebenszyklus und seine Stationen mit denen unserer nächsten Verwandten in der Gegenwart, den beiden Schimpansenarten, vergleicht, stellt man gravierende Unterschiede fest. Die Entwicklung dauert bei uns viel länger, das Wachstum geht langsamer vor sich und das erste Kind kommt später: zwischen 13 und 14 Jahren bei den Schimpansen und mit 17 und 19 Jahren bei den Ache in Paraguay und den !Kung in Botswana, zwei Stämmen heutiger Jäger und Sammler. Auch die Todesstunde schlägt bei den Menschen später: Die ältesten Schimpansen werden kaum älter als 40 Jahre, während bei den Ache und den !Kung Personen mit über 60 Jahren keine Seltenheit sind.

Bis hierhin sieht es so aus, als seien alle Lebensabschnitte bei unserer Art generell länger. Dem ist aber nicht so. Die Schimpansenweibchen sind praktisch bis zu ihrem Todestag gebärfähig, oder genauer ausgedrückt: Am Ende ihres Lebens ist ihr Gebärsystem dem gleichen Verschlechterungsprozess unterworfen wie die übrigen Organe, ein Prozess, den wir als Altern bezeichnen. Frauen aber werden unfruchtbar, lange bevor sie physiologisch alt sind. Die Folge ist, dass in diesen Gesellschaften heutiger Jäger und Sammler, von denen wir sprechen, 40 Prozent der Frauen die Menopause vermutlich hinter sich haben. Tatsächlich unterscheidet sich die Gesamtdauer des gebärfähigen Lebensabschnitts bei den Schimpansen, den Gorillas und den Frauen nicht wesentlich voneinander (im Durchschnitt ist er kürzer als 30 Jahre); allerdings gibt es bei den Frauen eine lange Lebenszeit, in der sie nicht mehr gebären können, die bei den übrigen Primaten fehlt.

Kristen Hawkes, James O'Connell und Nicholas Blurton Jones glauben, dass sich die Menopause entwickelt hat, damit die Mütter ihren Töchtern helfen, die Enkel großzuziehen: Dies ist die so genannte „Großmutterhypothese". Sie sind der Meinung, dass es unter dem Gesichtspunkt des Generhalts für eine Frau, deren kraftvollste Zeit bereits vorüber ist, vorteilhafter ist, zu versuchen, die Nachfolge über ihre Enkel zu sichern (in denen ein Viertel ihres Blutes fließt) als noch eigene Kinder (mit der Hälfte des eigenen Blutes) zu bekommen, wenn ihr vielleicht schon die Kraft für deren Aufzucht fehlt oder wenn die Gefahr besteht, dass sie zu Waisen werden, bevor sie (aufgrund der extrem langen Entwicklungszeit) gelernt haben, allein zu überleben. Wenn auch inzwischen die potenzielle Lebenserwartung unserer Art bei fast 100 Jahren liegt, dürfte es in der Vorgeschichte wenige Frauen gegeben haben, die ihr noch im Alter von, sagen wir, 50 Jahren geborenes Kind als erwachsenen Mann oder als erwachsene Frau erlebt hätten.

Dieses Verhalten der Weibchen, die ihre Nahrung zuerst mit den eigenen Kindern und später mit denen ihrer Töchter teilen, ist für die Menschen typisch, wogegen die Weibchen anderer Arten (wie die Schimpansen beispielsweise) die Nahrung nur mit ihren Kindern teilen und sich nicht für ihre Enkel interessieren. Im vorigen Absatz sagte ich einschränkend, dass die Großmütter nach der „Großmutterhypothese" nur den Kindern ihrer Töchter helfen, nicht aber denen ihrer Söhne. Das liegt daran, dass sie sicher sein können, dass die Nachkommenschaft der Töchter ihre Gene trägt, sie beim Nachwuchs ihrer „Schwiegertöchter" jedoch keine Garantie dafür haben, da er ja von anderen Männern als ihren Söhnen stammen könnte: Den „Schwiegertöchtern" sollen also die eigenen Mütter helfen!

Zwei Fragen muss man sich stellen, bevor man dieser Hypothese zustimmt: 1) Ist die Hilfe der Großmütter wirklich so wichtig für das Überleben der Sprösslinge ihrer Töchter? Und 2) warum verhalten sich die Großmütter bei den übrigen Primatenarten, wie beispielsweise bei den Schimpansen, nicht genauso? Die Antwort auf die erste Frage ist, dass die Hilfe der Großmütter während des Abstillens lebenswichtig sein könnte, eines kritischen Abschnitts der Kindheit, in dem die Kinder die Zuwendung der Muttermilch verloren haben, die sie nicht nur ernährt, sondern ihnen auch Schutz gegen Infektionen bietet, und sie zugleich noch nicht fähig sind, sich selbst zu ernähren. Die Mithilfe der Großmutter in solch schwierigen Momenten könnte die Überlebenschancen der gerade abgestillten Kinder erhöhen und den Zeitpunkt des Abstillens sogar beschleunigen; so könnte sich das Intervall zwischen den Geburten verkürzen, die Gesamtzahl der Nachkommen könnte steigen.

Diese Erklärung erscheint mir sehr vernünftig und macht den Grund für die Menopause nachvollziehbar, oder besser gesagt: Sie begründet, weshalb der gebärfähige Lebensabschnitt der Frau sich nicht gleichzeitig mit der Lebenserwartung verlängerte. Übrigens drehen die erwähnten Wissenschaftler das Problem sogar um und schlussfolgern, dass sich in Wirklichkeit das Leben verlängert habe, damit es bei den Frauen die Menopause geben kann. Die Männer hätten indirekt davon profitiert; die lange männliche Lebenserwartung gründet darauf, dass die Gene, die ausgelesen wurden, um das Leben der Frauen zu verlängern, auch auf die Männer übertragen werden.

Wie entstand die Menopause in der menschlichen Evolution? Wenn sich zunächst das Leben verlängert und die gebärfähige Zeitspanne sich dann verkürzt hätte, hätte die Evolution zwei Schritte vollziehen müssen. Übrigens scheinen auch die Schimpansen ihren fortpflanzungsfähigen Lebensabschnitt einige Jahre vor ihrem Tod zu beenden (natürlich aber nicht mehrere Jahrzehnte wie es bei uns der Fall ist). Falls es Gene gibt, die den gebärfähigen Zeitabschnitt in der gemeinsamen Vergangenheit von Schimpansen und Hominiden auf weniger als 30 Jahre begrenzen, war nur ein Schritt in der Evolution nötig, um bei den heutigen Frauen die Menopause entstehen zu lassen: die Lebenserwartung zu erhöhen. Die Dauer der Fruchtbarkeit blieb einfach unverändert. In der Evolutionsbiologie gibt man im Allgemeinen der Hypothese mit der größten Ersparnis an Evolutionsschritten den Vorzug, die also den direktesten Weg nimmt; dieses Kriterium wird in der Fachsprache als „Parsimony-Prinzip" (das bedeutet: Sparsamkeitsprinzip) bezeichnet.

Ich muss gestehen, dass ich Kristen Hawkes und ihren Kollegen nicht so weit folgen kann, dass ich akzeptieren könnte, dass ich, sollte ich alt werden, dies der Menopause der Frauen zu verdanken habe. Sie gehen jedoch noch weiter und behaupten, der Beitrag der Großmutter in der familiären Wirtschaftsgemeinschaft sei bei den Jäger- und Sammlervölkern so wichtig, da es eben die Frauen sind, die der Gruppe den größten Teil der Nahrung liefern; die Männer spielen auf diesem Gebiet eine zweitrangige Rolle (und dies sei auch in der Vergangenheit so gewesen). Bei ihren Vor-Ort-Untersuchungen bei den Hadza in Tansania beobachteten diese Anthropologen, dass die Jagd, eine ausschließlich von Männern praktizierte Tätigkeit, eine sehr wichtige Energiequelle, jedoch viel zu unregelmäßig ist, als dass von ihr das Überleben der Gruppe abhängen könne: Es gibt zu lange Zeitspannen, in denen die Männer mit leeren Händen ins Lager zurückkehren, ohne etwas gejagt zu haben (und ohne auch nur Aas gefunden zu haben). Wenn dies bei den Hadza geschieht – so fragt man sich –, die über Bogen und Giftpfeile verfügen und in einem Gebiet leben, das reich ist an großen Pflanzenfressern, war dann die Situation der Jäger in der Vergangenheit nicht noch schlimmer, da sie nicht über diese moderne Technik verfügten?

Die pflanzlichen Produkte, von denen die Hadza essen, umfassen viele Arten von Früchten und unter der Erde wachsenden Pflanzenteilen, eine davon ist jedoch besonders wichtig. Es handelt sich um die Knolle der Pflanze *Vigna frutescens* (bei den Hadza *ekwa* genannt), die in großer Tiefe wächst und die die Hadza mithilfe eines einfachen Grabstocks ausgraben. Die Knolle ist das ganze Jahr hindurch verfügbar, auch zu den Jahreszeiten, in denen andere Pflanzenprodukte zurückgehen und die Jagd wegfällt. Die *ekwa* ist zudem ein Nahrungsmittel, das sich die Kleinkinder nicht selbst beschaffen können, da es ihnen an Kraft dazu fehlt, und das ihnen daher die Großmütter bringen: eine Situation, die nur bei unserer Art auftreten kann, da sie als Einzige Grabstöcke benutzt. Ansonsten beteiligen sich die Menschenkinder ebenso wie die Jungen der übrigen Primaten am Sammeln. Ein Kind von fünf Jahren kann sich mit bis zur Hälfte der täglich verbrauchten Kalorien selbst versorgen – wenn auch natürlich nicht von allein, sondern indem es die Schritte und Anweisungen seiner Mutter befolgt. Zur vollständigen Nahrungspalette der Hadza gehört noch ein wichtiges Produkt, das von beiden Geschlechtern ohne Unterschied beigesteuert wird: der Wildhonig.

Kristen Hawkes, James O´Connell und Nicholas Blurton Jones stellten ihre „Großmutterhypothese" in der amerikanischen Zeitschrift *Current Anthropology* vor. Diese wissenschaftliche Publikation hat die gute Angewohnheit, am Ende solch bedeutender Artikel Meinungen anderer Wissenschaftler abzudrucken, um so zum Nachdenken über die dargelegten Gedanken anzuregen. Die Kommentare zur „Großmutterhypothese" waren gemischt. In erster Linie steht die Lebensdauer in so direktem Zusammenhang zum Entwicklungszeitraum, dass die Vorstellung Schwierigkeiten bereitet, die Lebenserwartung sei gestiegen, um die Menopause zu ermöglichen. Es erscheint logischer, dass wir aus dem gleichen Grund länger leben als die Schimpansen, der uns auch länger brauchen lässt, bis wir erwachsen sind (und dies scheint an unserem großen Gehirn zu liegen).

Man müsste auch prüfen, ob in dem Moment, in dem bei den Frauen die Hoffnung auf weitere Kinder nachlässt, nicht dasselbe bei den reifen Männern geschieht. Anders ausgedrückt: Wie häufig hat ein Mann in diesen Jäger- und Sammlerstämmen, die die Anthropologen untersuchten, Kinder mit einer jungen Frau, einer Frau aus der nachfolgenden Generation? Könnte es sein, dass auch die Männer keine Kinder mehr zeugen, wenn ihre Partnerin in die Wechseljahre kommt? In diesem Fall bestünde kein Unterschied zwischen Großmüttern, die sich physiologisch bedingt in der Menopause befinden, und Großvätern, die in der Praxis keine Kinder mehr zeugen, auch wenn sie dies theoretisch könnten. Bei den Großvätern ist jedoch nicht daran zu denken, dass sie ausschließlich ihre Töchter im Unterhalt der Enkel unterstützen, da sich die Männer bei den Hadza der Jagd widmen und die Beute mit der ganzen Gruppe geteilt wird. Die Väter und Großväter ernähren nicht ihre Familie, sondern ihre Gruppe.

Andererseits kann die „Großmutterhypothese" nur dann greifen, wenn die Töchter als Erwachsene bei ihren Müttern bleiben und nicht fortziehen. Bei den Schimpansen aber verlassen die Weibchen mit Geschlechtsreife ihre Umgebung und verlieren den Kontakt zu ihren Müttern. Bei den Gorillas ziehen beide Geschlechter fort, während die Orang-Utans Einzelgänger sind und die Gibbons paarweise zusammenleben (in den beiden letzten Fällen verlässt keiner die Gruppe, da es überhaupt keine Gruppe gibt). Es gibt also bei den Primatenarten, die unserer Art am nächsten sind, keinen Fall einer matrilokalen Gesellschaft, in der die Töchter nach Erreichen der Geschlechtsreife in der Gruppe verbleiben, während die Söhne sich einer anderen anschließen. Die meisten Völker mit Jäger-und-Sammler-Wirtschaft, von denen man weiß, sind patrilokal: Die Söhne bleiben in der Gruppe, in der sie geboren sind, und die Töchter verlassen ihre Gruppe. Aus all diesen Gründen halten es viele für wahrscheinlicher, dass die Hominiden in der Vergangenheit ebenfalls patrilokal waren, auch wenn Hawkes und ihre Kollegen dem nicht zustimmen.

Neben den dargelegten Argumenten der Wissenschaftler, die die „Großmutterhypothese" kommentierten, muss ein weiteres Argument beachtet werden. Die „Großmutterhypothese" basiert vor allem auf der Existenz eines wichtigen pflanzlichen Nahrungsmittels, an das die Kinder nicht ohne Hilfe gelangen konnten: der Knolle *ekwa*. Um die *ekwa*-Knolle jedoch essen zu können, muss sie zuvor über dem Feuer gegart werden; roh ist sie giftig. Es ist jedoch nicht sicher, ob das Feuer vor mehr als 200000 Jahren bereits systematisch genutzt wurde. Über die Zeit davor gibt es kaum Angaben, was auf eine allenfalls sporadische Nutzung des Feuers hindeutet.

Es sieht so aus, als würden wir nach so viel Spekulation doch nicht den Grund dafür erfahren, weshalb es die Menopause gibt, d.h. warum die Frauen nicht auch länger Kinder bekamen, als sie länger lebten. Die von der „Großmutterhypothese" gelieferte Erklärung weist zu viele Schwachpunkte auf, um das Aha-Erlebnis auszulösen, das auf überzeugende Erklärungen folgt. Sie wirft vielmehr neue Fragen auf. Ich habe den Eindruck, der Kern des Problems liegt darin, dass die Frage, ausgehend von der natürlichen Auslese, auf der Ebene konkurrierender Einzelpersonen angegangen wird: Die Frauen, die ihre Zeit und Energie in ihre Enkel investieren, werden auf lange Sicht mehr Nachkommen haben (die ihre Gene weitertragen) als die Frauen, die sich nicht um ihre Enkel kümmern und stattdessen noch spät Kinder bekommen. Ich glaube nicht, dass sich auf dieser Ebene eine befriedigende Lösung des Problems finden lässt. Ich würde innerhalb des theoretischen Rahmens der Auslese eher auf einer höheren Ebene ansetzen, nämlich der Ebene von untereinander konkurrierenden Gruppen. In dem Buch *La especie elegida* (Die auserwählte Art), das ich gemeinsam mit Ignacio Martínez schrieb, geben wir uns Mühe, diesen Forschungsweg zu verfolgen, der dem sozialen und kooperativen Verhalten Sinn verleiht, unter das in gleichem Maße die Großmütter fallen, die Knollen für bestimmte Enkel ausgraben (und nur für sie!) wie die Väter und Großväter, die für die ganze Gruppe jagen.

Schließlich besteht die zentrale Frage darin zu erfahren, inwieweit die Hadza als allgemeingültiges Beispiel zum Verständnis der menschlichen Evolution geeignet sind. Die Bedeutung des pflanzlichen Anteils in der Nahrung beispielsweise ist je nach Volk und Region verschieden. Bei den Ache aus Paraguay stellen die Kalorien tierischen Ursprungs den Hauptanteil der Kost dar, und bei den Inuits (den Eskimos) ist die Abhängigkeit von der Jagd noch größer. Bei diesen Völkern hat das lebensnotwendige Nahrungsmittel, das sich die Kleinkinder nicht selbst beschaffen können, manchmal Hörner und Hufe. Hierzu gab der angesehene Inuit-Forscher Kaj Birket-Smith 1927 an, dass die Menge an Kohlenhydraten in der Kost der Eskimos verglichen mit der an tierischen Fetten und Proteinen minimal sei. So wurde die Leber der Walfische aufgrund ihres Reichtums an Glykogen (ein Kohlenhydrat) zu einem äußerst begehrten Leckerbissen, was auch für den Mageninhalt der Rentiere gilt, der aus bereits vergorenen pflanzlichen Stoffen besteht.

Aus all diesen Ausführungen lässt sich meiner Ansicht nach ein Schluss ziehen: Die menschlichen Wesen, deren Wirtschaft auf Jagen und Sammeln basiert, sind sehr anpassungsfähig, und man muss sich fragen, wann diese ökologische Flexibilität begann. Ich denke, dass es zwei Millionen Jahre her ist und dass es diese Flexibilität war, die es dem Menschen ermöglichte, Afrika zu verlassen. Aber die Iberische Halbinsel befindet sich in einer Breite zwischen dem Äquator, wo die Hadza leben, und dem Hohen Norden, wo die Inuits wohnen. Also müsste man versuchen herauszufinden, welches Ökonomiemodell man den vorgeschichtlichen Bewohnern der Halbinsel zuordnen muss und welche Rolle die beiden Geschlechter darin spielten.

Die Suche

Um Klarheit zu gewinnen, können wir die Möglichkeiten untersuchen, die das Sammeln pflanzlicher Produkte auf unserer Halbinsel bot. Eine erste Betrachtung lässt uns zu dem Schluss kommen, dass dies eine Nahrungsquelle sein muss, mit der die Primaten große Schwierigkeiten hatten: Andernfalls müsste es in Europa sehr viele Affen geben, doch wie wir gesehen haben, hat uns nur der Berberaffe durch die letzte Million Jahre begleitet. Im Folgenden werde ich untersuchen, welche Möglichkeiten der Pflanzenkonsum einem Säugetier bietet, das heute in gewisser Weise eine ähnliche ökologische Nische besetzt, wie wir sie den vorgeschichtlichen Menschen zuordnen können, die also auf der Jagd, dem Aufgreifen von Aas und dem Sammeln basiert. Ich beziehe mich auf den Braunbären, dessen letzte iberische Exemplare in den Pyrenäen (auf beiden Seiten) und vor allem im ganzen Kantabrischen Gebirge in Asturien, Kastilien und León sowie vereinzelt auch in Kantabrien und Galizien leben. Die sehr wenigen pyrenäischen Exemplare – es sind nur acht – stehen praktisch vor dem Aussterben, weshalb man versucht, ihre Population mit „transplantierten" Bären aus Mitteleuropa zu vergrößern. Die Perspektiven sind nicht gerade rosig, und ich fürchte, dass der pyrenäische Bär denselben Weg gehen wird wie Bergbock und Pyrenäenziege; einen Weg, der zum totalen Verschwinden führt. Auch die kantabrischen Bären sind nicht zahlreich: Es gibt nur noch zwischen 60 und 80. Zudem sind sie auf zwei Zentren aufgeteilt, das östliche – dessen beste Bärengebiete sich in den Naturreservaten von Saja, Fuentes Carrionas und Riaño befinden – und das westliche Zentrum, dessen Gebiete vor allem in Somiedo und den Bergen von Ancares liegen.

Da die heutigen Bären der Halbinsel jetzt im eurosibirischen Spanien leben, ist das Modell, das ich untersuchen werde, nur für diesen Lebensraum gültig. Leider gibt es keine Bären mehr im Mittelmeerraum, wo sie in der Vergangenheit so zahlreich vorkamen. Im *Libro de la montería* (Buch des Jagdwesens), das der König von Kastilien und León Don Alfonso XI. in der ersten Hälfte des 14. Jahrhunderts schreiben ließ, werden die besten Bärengebiete des Königreichs aufgeführt, woraus man erkennen kann, in welchen Mengen es diese wilden Tiere im ganzen Land bis nach Tarifa und Algeciras gab. Das Wappen von Madrid enthält nicht umsonst einen Bären, denn die Könige jagten ihn am Monte del Pardo (dem „Bärenberg"), einem riesigen Steineichenwald vor den Toren der Hauptstadt. Philipp II. persönlich tötete zwei davon, die wie die Chroniken berichten „großen Schaden in jenem Land anrichteten": Den einen streckte er mit einem Armbrustschuss nieder, den anderen erlegte er mit der Arkebuse.

Was ich zur Ernährung der Bären weiß, stammt aus den Arbeiten von Rafael Notario, Gerardo Causimont und Roberto Hartasánchez. Beobachtungen aus den Pyrenäen und aus dem Kantabrischen Gebirge mischen sich dabei, da wir ja im Augenblick an der Erforschung der Möglichkeiten interessiert sind, die die Ökosysteme der Vergangenheit boten. Ich werde den Werdegang des Bären durch das Jahr untersuchen und mit dem Frühling beginnen, wenn der Bär seine Höhle verlässt, in der er überwintert hat. Wenn es sich um ein weibliches Tier handelt, wird es zu dieser Zeit ein oder zwei Junge zur Welt gebracht haben. Ein großer Unterschied zwischen dem Bären und dem Menschen besteht darin, dass der erste ein einzelgängerisches Tier ist, während unsere Vorfahren in der Gruppe jagten und sammelten.

Wenn der Bär im April sein Winterlager verlässt, ist er hungrig, weil er seine Fettreserven verbraucht hat. Wenn es sich zudem um ein Weibchen mit Jungen handelt, muss es sie säugen. Es gibt jedoch zu dieser Jahreszeit nicht viel Nahrung, und die Bären müssen in weitem Umkreis suchen, damit sie etwas zwischen die Zähne bekommen. In den Buchenwäldern der Pyrenäen ernährt sich der Bär von Marbelblättern und Bucheckern und in den kantabrischen Eichenwäldern von den Eicheln, die im Herbst liegengeblieben sind und unter dem Schnee konserviert waren. Die Marbel ist eine Binsenart, die an feuchten Orten wächst. Wenn der Schnee schmilzt, fressen die Bären auch die gerade aufgetauten Kadaver von Tieren, die während des Winters verhungert oder durch Lawinen umgekommen sind.

Von Ende Mai an und bis in den Juli hinein durchstreift der Bär die Wiesen, um die Knollen des „Bärenfellschwingels", eines Doldengewächses mit weißen Blüten, zu sammeln, die die Größe einer Haselnuss haben und sehr nahrhaft sind. Auch von Feldmäusen angelegte Vorräte von Bärenfellschwingel frisst er. Der Bär sucht unter der Erde wachsende Speicherorgane vieler anderer Pflanzen, wie die Zwiebeln des „Bärlauchs", verschiedene Wurzeln, Knollenfrüchte und unterirdische Triebe. Wie im Frühling frisst er außerdem Knospen, Schösslinge und die zarten Spitzen der Gräser, die er richtiggehend „abweidet". Wenn es sich ergibt, jagt er einen Pflanzenfresser, gleich ob wildlebend oder zahm. Die Bären sind in dieser Zeit sehr angetan von den Kirschen, die zu Beginn des Sommers reif werden. Oft klettern sie auf Bäume und brechen Zweige ab, die dann mit den Früchten zu Boden fallen.

Bis in den August hinein gibt es weiterhin nicht viel pflanzliche Nahrung für die Bären. Dann reifen viele fleischige Früchte (die sehr viel Zucker enthalten), die am Ende des Sommers und Anfang des Herbstes im Überfluss zur Verfügung stehen: wilde Birnen und Äpfel, Vogelbeeren, Elsbeeren, Johannisbeeren, Brombeeren und Himbeeren, wilde Erdbeeren, Hagebutten, Schlehen, Heidelbeeren, Wacholderbeeren, „Bärentrauben", sowie die Früchte von Weißdorn, Stechpalme, Felsenbirne, Berberitzenstrauch usw. Wir können diese Liste erweitern mit den späten roten Beeren des Erdbeerbaums, die zu Beginn des Winters reif werden. Obwohl die meisten dieser Früchte im Bezug auf die Körpergröße des Bären klein sind, so ist die – in Kilogramm pro Hektar ausgedrückte – Menge, die eine Staude wie der Heidelbeerstrauch in einem guten Jahr tragen kann, erstaunlich: über 200 kg (ein Hektar ist die Fläche eines Quadrats von

100 Meter Seitenlänge und entspricht etwa der Fläche eines Fußballplatzes). Und der Sohlengänger ist ganz verrückt nach Heidelbeeren.

Im Herbst muss der Bär ausreichend Energiereserven in Form von Fett einlagern, um einen Teil des Winters teilnahmslos im Winterschlaf verbringen zu können. Die Trockenfrüchte sind wegen ihres großen Gehalts an Ölen und Stärke ein wichtiger Bestandteil der Ernährung im Herbst: Haselnüsse, Bucheckern, Kastanien, Nüsse und vor allem Eicheln. Im Dezember und Januar ziehen die Bären sich zum Winterschlaf zurück.

Außer den genannten pflanzlichen Nahrungsmitteln suchen die Bären begeistert in Wespennestern und (sowohl wilden als auch von Menschen angelegten) Bienenstöcken nach Honig, drehen Steine um, um Ameisen und ihre Gelege zu verspeisen, und fressen im Holz lebende Insekten, die sie in fauligen Stämmen finden. Wenn sie hungrig sind, können sie die Bäume abschälen, um die Innenrinde (ein zuckerhaltiges Fasergewebe) zu fressen. Sie bedienen sich auch an den zahlreichen Pilzen, die während eines großen Teils des Jahres aus dem Boden schießen, und im Herbst können sie dank ihres feinen Geruchsinns sogar Trüffeln aufspüren.

Aus dieser langen Liste kann man leicht erkennen, dass es bis zum Ende des Sommers praktisch nichts zum Sammeln gibt und dass der Herbst die starke Jahreszeit ist, ein Abschnitt, der nur vier oder fünf Monate des Jahres ausmacht. Dass die Bedingungen zu bestimmten Zeitpunkten kritisch werden, beweist, dass unsere Bären sich gezwungen sehen, von Dezember bis April Winterschlaf zu halten, genau wie Siebenschläfer, Igel und Murmeltiere. All diese Tiere sind Säugetiere und halten somit ihre Körpertemperatur konstant. Im Winter fällt die Umgebungstemperatur häufig unter null Grad ab, und es ist ein großer zusätzlicher Energieaufwand nötig, um die Körpertemperatur und die Körperfunktionen aufrecht zu erhalten. Da es in dieser Zeit keine Nahrung gibt, die die notwendigen Kalorien liefert, fällt der Bär in einen Schlaf, der bei ihm nicht so tief ist wie bei den anderen erwähnten Säugetieren, die ebenfalls Winterschlaf halten. Die Körpertemperatur geht nur um 3 bis 4 Grad zurück, und auch Puls und Atemrhythmus werden etwas langsamer: Man vergleiche dies mit dem gewöhnlichen Igel, bei dem die Körpertemperatur mit der Umgebungstemperatur des Schlupfwinkels auf bis zu 4 Grad sinkt, der Puls auf 20 Schläge in der Minute und die Atmung auf 10-mal pro Minute abfallen. Die Überlebenschance des Bären im Dämmerzustand hängt von seiner physiologischen „Vorratskammer" ab, den Fetten, die er während der Eichelmast angelagert hat. Wenn es im Herbst nur wenige ölhaltige Früchte gab, kann es sein, dass das Tier die Knospen des folgenden Frühlings nicht mehr aufspringen sieht: So ist die Natur, oder wie ein Ökologieprofessor während meines Studiums sagte: Wo viel Leben ist, da ist viel Tod.

Kaum anders sieht es in den Mittelmeerwäldern aus. In der Südhälfte der Halbinsel gibt es zwar einige Bäume, die die Liste der für den Menschen essbaren Früchte erweitern, wie Pinie und Zürgelbaum, dafür kommen aber andere Pflanzenarten wie Johannisbeerstrauch, Kirschbaum, Schlehendorn, Apfelbaum, Vogelbeerbaum, Heidelbeerstrauch, Haselnussstrauch usw. nur vereinzelt oder gar nicht vor.

Hinzu kommt, dass einige der genannten Bäume, nämlich Kastanie, Kirsche, Pinie und auch Walnussbaum vielleicht nicht autochthon sind, sondern in geschichtlichen Zeiten von der Römerzeit an wegen des wirtschaftlichen Nutzens ihrer Früchte angepflanzt wurden. Man war zwar zu dem Schluss gekommen, dass die vorgeschichtlichen Menschen der Halbinsel diese Pflanzen niemals kannten, aber es gibt fossiles Material von Kastanie, Pinie und Nussbaum aus der Zeit vor der letzten und eisigsten Kaltzeit. Es ist möglich, dass diese Bäume mit dem Einbruch der extremen Kälte ausstarben und später wieder eingeführt wurden, aber es kann ebenso gut sein, dass sie an geschützten Stellen überlebten, um später das Gebiet der Halbinsel neu zu besiedeln, dies allerdings mit sehr großem Zutun des Menschen.

Wenn es in einer Warmzeit wie heute schon so ist, dass pflanzliche Nahrung über einen großen Teil des Jahres hinweg knapp ist, so mag der Leser sich ausmalen, wie schwierig das Sammeln während der rauen Kaltzeiten war, die auch der Halbinsel alle 100 000 Jahre extreme Kältespitzen bescherten. Die letzte, die wir am besten kennen, war – wie bereits mehrmals erwähnt – besonders rau. Die Pollenvorkommen, die María Fernández Sánchez Goñi in den Höhlen der kantabrischen Küste untersuchte, bestätigen dies. Obwohl sich die Fundorte mindestens 400 m über dem Meeresspiegel befinden, gibt es keine Baumpollen. Alles weist darauf hin, dass die Landschaft außerhalb der Höhle sehr offen war. Sicherlich wird es einige kleine Wälder an besonders geschützten oder meeresnahen Stellen gegeben haben, da an den Fundorten manchmal neben Rentierfossilien auch Fossilien von Pflanzenfressern auftauchen, die üppige Wälder bevorzugen, wie Hirsche und vor allem Rehe und Wildschweine; diese Waldflecken dürften aber nur geringe Ausmaße gehabt haben.

In der Höhle von Carihuela, die auf 1020 m Höhe allerdings sehr südlich liegt, nämlich 45 km von Granada entfernt, zeigen die Untersuchungen von José Carrión und anderen Paläobotanikern, dass die Vegetation während des kältesten und trockensten Teils der letzten Kaltzeit steppenartig, also baumlos war. Und die Menschen überwintern nicht …

Nach all diesen Ausführungen kann man nur annehmen, dass die tierischen Eiweiße und Fette für die Menschen in Europa für das Überleben immer notwendig waren und in den kalten Zeiten besonders gebraucht wurden. Am Ende des Sommers und im Herbst müssen auch die pflanzlichen Produkte eine große Rolle gespielt haben, vor allem in den weniger kalten Abschnitten, in denen die bewaldeten Ökosysteme in der Landschaft dominierten.

Wenn man die Methode der stabilen Isotope auf die vorgeschichtliche Nahrung anwendet, hat dies den Nachteil, dass immer ein kleiner Teil des Fossils zerstört werden muss. Hinzu kommt, dass man an den Fundorten nur über wenige menschliche Fossilien verfügt, die zufällig irgendetwas in sich haben, und die Nahrung eines einzelnen Individuums könnte nicht stellvertretend für die einer ganzen Population stehen. Alejandro Pérez-Pérez, ein Anthropologe der Universität Barcelona mit großer Erfahrung in der Analyse kleinster Riefe, die aufgrund der Nahrung im Zahnschmelz entstehen, wandte seine nicht zerstörerische Methode auf die umfangreiche Probe der Sima de los Huesos in der Sierra de Atapuerca an. Alejandro vergleicht diese kleinen Rillen, die unter dem elektronischen Mikroskop auf den fossilen Zähnen sichtbar sind, mit denen, die die Zähne moderner Populationen aufweisen, deren Ernährung man kennt. Auf diese Weise ist er zu dem Ergebnis gekommen, dass die Menschen aus der Sima de los Huesos pflanzliche Produkte zu sich nahmen, die die Zähne sehr abschliffen, wie Samen, Wurzeln und Knollen. Was an einem Produkt seine abschleifende Wirkung ausmacht, ist sein hoher Siliziumgehalt oder aber, dass Erde unter die Nahrung gemischt ist; das bedeutet also, dass die Pflanzenprodukte, die sie aßen, möglicherweise nicht weich waren, noch vor dem Verzehr weich gemacht wurden, und dass sie auch nicht gerade sauber waren. Die in der Sima de los Huesos gefundenen Zähne nutzten sich sehr schnell ab, was man mit bloßem Auge, auch ohne Mikroskop erkennen kann, Fleischessen dagegen nutzt die Zähne kaum ab.

Zwar sagt uns die Untersuchung von Alejandro Pérez, dass Nahrungsmittel pflanzlicher Herkunft auf dem Speisezettel der Menschen der Sierra de Atapuerca eine große Rolle spielten, wir erfahren jedoch nicht, um welche Art von Lebensmitteln es sich handelt. Aber vielleicht finden wir die Antwort in einem klassischen Text, der *Naturalis historia* von Plinius dem Älteren, die im Jahre 77 unserer Zeitrechnung abgeschlossen wurde. Julio Caro Baroja brachte mich in seinem Werk *Los pueblos del norte* (Die Völker des Nordens) auf die Fährte des lateinischen Autors, von dem folgender Absatz stammt (H.N. XVI, 15): „*Glande opes nunc quoque multarum gentium etiam pace gauden tium, constant. Nec non et inopia frugum arefactis emolitur farina, spissaturque in panis usum, quin et hodieque per Hispanias secundis mensis glans inseritur.*" Die Übersetzung des Textes könnte lauten: „Es steht fest, dass die Eichel auch heute noch selbst in Friedenszeiten für viele Völker von großer Bedeutung ist. Wenn es an Getreide mangelt, werden Eicheln getrocknet, gemahlen und zu Brot verarbeitet. Heute gehört die Eichel auch in den hispanischen Ländern zu den Nachspeisen"; und anschließend fügt er hinzu: „In der Asche geröstet ist sie süßer." Julio Caro Baroja nahm diese Information von Plinius ernst, ebenso wie eine andere, die von Strabon stammt (*Geographika III, 155*) und sich ebenfalls auf die Völker im Norden Iberiens bezieht (Galizier, Asturier, Kantabrer, Basken und Pyrenäenvölker): „All diese Bergbewohner sind anspruchslos: sie trinken nur Wasser, schlafen auf dem Boden und haben lange Haare wie die Frauen, zum Kampf tragen sie allerdings ein Band um die Stirn ... Drei Viertel des Jahres ernähren sich die Bergvölker nur von Eicheln, die sie trocknen lassen, zerdrücken und dann mahlen. Schließlich backen sie ein Brot damit, das sich lange hält ... So leben, wie gesagt, die Bergvölker" (ich hoffe, der Leser kann mir verzeihen, dass ich das Zitat nicht im griechischen Original wiedergebe).

Gaius Plinius Secundus (Plinius der Ältere) lebte im ersten Jahrhundert unserer Zeitrechnung (23–79 n. Chr.). Er hielt sich als Statthalter des Kaisers in Spanien auf und starb in Ausübung seines Amtes, als er den Ausbruch des Vesuvs beobachtete, an giftigen Gasen, die aus dem Vulkan austraten und die er unglücklicherweise aus übertriebener wissenschaftlicher Neugier einatmete. Strabon war ein griechischer Geograf, der im Jahr 64 vor Christus geboren wurde und um das Jahr 23 unserer Zeitrechnung starb.

Diesen klassischen Quellen kann man, so glaube ich, berechtigterweise entnehmen, dass die Eicheln während der Fruchtbildung der Eichen, wenn sie im Überfluss vorhanden sind, eine große Personenzahl ernähren können (die allerdings, wie

Strabon sich ausdrückt, anspruchslos sein muss). Dem kann man hinzufügen, dass dieses Nahrungsmittel den vorgeschichtlichen Menschen helfen konnte, sogar einen recht großen Teil des Jahres zu überleben, falls sie es trocknen, zermahlen, Fladen daraus bereiten und diese lagern konnten (was nicht sehr schwierig erscheint, was aber auch nicht bewiesen ist). Jedenfalls aber kann der Mensch sich auch mit dieser Frucht oder anderen pflanzlichen Produkten in Ökosystemen, die so deutlich von den Jahreszeiten geprägt sind wie die Europas oder eines großen Teils von Asien, nicht am Leben erhalten; dies ist schon in einer warmen Zeit wie der jetzigen nicht möglich, umso weniger aber während der Kaltzeiten. Das Fleisch und die Fette der Tiere müssen die Nahrungsmittel gewesen sein, die für das menschliche Überleben in unseren Breiten und nördlich davon unverzichtbar waren.

Daher scheint es angebracht, nach anderen Tieren zu suchen, die in höherem Grad Fleischfresser sind als Bären, um Vergleiche mit den Menschen anzustellen. Das Beispiel, das uns auf der Halbinsel am nächsten ist, sind die Wölfe. Außerdem bewohnen die Populationen, die im Norden des Duero leben, dieselben Ökosysteme wie die iberischen Bären. Neben den Haustieren, die aus früheren wilden Arten hervorgingen, die in Europa lebten, wie Pferd, Stier, Ziege und Schaf, jagen die Wölfe alle Huftiere der Region: Reh, Hirsch, Gämse und Wildschwein.

Eine Nahrungsart sei noch erwähnt, die auf tierischen Produkten basiert und in gewissem Sinn eher gesammelt als gejagt wird – das Sammeln von Weichtieren und Krustentieren im Meer und Fischfang in den Flüssen und Flussmündungen oder im Watt. Auch heute noch werden viele Pflanzen (heimlich) dazu verwendet, die Flüsse zu vergiften und Fische zu töten, wie Königskerze, Oleander, Wasserschierling, Hanf, Riesenfenchel und Seidelbast; es kann sein, dass der vorgeschichtliche Mensch sie kannte und benutzte, und dass er – zumindest gelegentlich – auch Fische harpunierte oder sie mit den Händen fing, aber der Fischfang scheint erst im Jungpaläolithikum (dem Zeitalter der Cromagnonen) wirtschaftliche Bedeutung gewonnen zu haben, als das Nahrungsspektrum breiter wurde und fast alles Essbare umfasste, von Hasen bis zu Meerestieren und vielleicht auch noch mehr pflanzliche Produkte als in den vorangegangenen Zeitabschnitten. Fast am Ende des Jungpaläolithikums, am Ende des Magdaléniens stellten die vorgeschichtlichen Menschen raffinierte und schöne Harpunen aus Hirschgeweih mit ein oder zwei Zahnreihen her, die sie sicherlich für den Fischfang verwendeten. Anscheinend gewannen zu diesem Zeitpunkt die Süßwasserfische, vor allem der Lachs (der nur einen Teil des Jahres im Süßwasser lebt) an einigen europäischen Fundorten wirtschaftliche Bedeutung.

Auch wenn es vor den Cro-Magnon-Menschen schon einige Anzeichen dafür gab, finden sich Schalen der Meeresweichtiere in den Fundorten erst ab dem Jungpaläolithikum in größeren Mengen, wobei man dabei aber immer bedenken muss, dass die Küstenlinie damals sehr weit von der heutigen entfernt verlief und dass durch das Ansteigen des Meeresspiegels im Holozän sicherlich der größte Teil der Fundorte in Küstennähe überschwemmt wurde. Im Mesolithikum und bereits im Holozän ist ganz Europa wieder frei von Eis, und in vielen Küstenregionen gibt es menschliche Populationen, die riesige Mengen an Schalen anhäufen (die so genannten Concheros), die auf eine verbreitete Nutzung der Weichtiere als Nahrungsmittel hinweisen. Dabei stößt man sowohl auf Schalentiere, die zwischen den Felsen leben wie Strandschnecken, Schlüsselschnecken, Miesmuscheln, als auch auf solche, die sich in den sandigen Boden eingraben wie essbare Muscheln, Schwertmuscheln usw.; außerdem identifiziert man in den Concheros Überreste von Seeigeln, Schalentieren und Fischen.

Im Norden der Halbinsel, an der Grenze zwischen Asturien und Kantabrien, gab es im Mesolithikum Populationen, die sich hauptsächlich von Meeresprodukten ernähren. Ihre Steintechnologie fällt durch grob zugehauene Kiesel auf, die sie vermutlich benutzten, um die Weichtiere von den Felsen zu lösen und die Schalen aufzubrechen; die charakteristischsten haben ein spitzes Ende und werden asturische Spitzen genannt. Auch an den Ufern des Muge, eines Zuflusses des Tejo, von Lissabon aus flussaufwärts sowie im Tal des Sado, südlich von Lissabon, gibt es große Concheros aus derselben Zeit (von vor 7000 Jahren). Die mesolithischen Küstenpopulationen verwendeten Angelhaken und Netze, und man fand Meeresfische darin, die darauf hinweisen, dass sie sich auch auf kleinen Booten von der Küste entfernten.

Jäger oder Aasfresser?

Wir sahen bereits, dass für die vorgeschichtlichen Menschen der nördlichen Breiten (die weit vom Äquator entfernt lebten) fleischhaltige Kost notwendig war, um die Energiezufuhr pflanzlichen Ursprungs zu ergänzen. Die ökologische Nische des Jägers ist jedoch sehr verschieden von der des Aasfressers, und wenn auch alle Fleischfresser ein bisschen beiden Beschäftigungen nachgehen, lohnt der Versuch herauszufinden, ob die vorgeschichtlichen Europäer zum Clan des Löwen oder zu dem der Hyäne gehörten. Die Fossilien der Pflanzenfresser befinden sich oft in Höhlen wie denen von Atapuerca, aber da die Tiere nicht im Innern der Hohlräume weideten, ist klar, dass ihre Kadaver bis dorthin geschleppt wurden. Für die Beförderung könnten Raubtiere oder der Mensch gesorgt haben, und es ist wichtig, dass man versucht, zwischen diesen beiden Möglichkeiten zu unterscheiden.

Wenn nur die Menschen beteiligt waren, werden die Knochen der Pflanzenfresser ausschließlich Metzger-Spuren aufweisen. Die vorgeschichtlichen Menschen benutzten die scharfen Kanten ihrer steinernen Hilfsmittel, um die Sehnen zu durchtrennen und die Muskeln von den Knochen zu lösen, die Kadaver zu zerlegen und sie abzuhäuten, wobei sie eine Reihe ganz typischer Spuren hinterließen, die von Forschern untersucht werden. Es kann auch natürliche Riefen in den fossilen Knochen geben, aber wenn Schnitte an den strategischen Stellen für die Auslösung des Fleisches, das Auseinandernehmen der Extremitäten oder das Entfernen der Haut auftreten, dann besteht kein Zweifel daran, wer der Urheber ist.

Raubtiere hingegen hinterlassen an den Knochen die Spuren ihrer Zähne. Auch die Art, in der die Menschen die Röhre der langen Knochen zerbrechen, um an das Knochenmark zu gelangen, ist sehr charakteristisch und völlig anders, als wenn Raubtiere sich die Knochen vornehmen, indem sie beispielsweise die oberen Enden des Oberarmknochens oder des Oberschenkelknochens (am Schulter- bzw. Hüftgelenk) durchbeißen. Um die Sache noch komplizierter zu machen: Auch Hyänen suchen nach dem Knochenmark der Knochen, und auch sie zerteilen sie an der Röhre, sodass viele Interpretationsprobleme entstehen.

Selbst wenn wir aber wissen, dass ein Pflanzenfresser von Menschen in die Höhle geschleppt und dort von ihnen verspeist wurde, so muss noch geprüft werden, ob das Tier gejagt oder als Aas aufgegriffen wurde, wer also die erste Berührung mit dem toten Tier hatte (im Prinzip wäre das der Jäger, obwohl Menschen und Raubtiere auch Tiere aufgreifen, die durch einen Unfall oder andere natürliche Gründe gestorben sind). Dazu können wir unser Augenmerk auf die Art der Knochen richten, die es am Fundort gibt. Wenn das Tier vollständig ist, so bedeutet dies, dass die Menschen sich des kompletten Körpers bemächtigt haben (den sie entweder als Ganzes oder, wenn er groß war, in Einzelteilen zur Höhle schleppen konnten). Wenn die Knochen der Körperteile fehlen, die am meisten Fleisch enthalten – Hüften, Oberschenkel, Schienbeine, Schulterblätter und Oberarmknochen –, so muss man argwöhnen, dass die Menschen verspätet zum Festmahl kamen und mit den Resten vorlieb nehmen mussten. Viele der Fleischteile, die wir von einem Kalb essen, stammen aus den genannten Körperregionen: das

Schulterstück im vorderen Viertel und Hüfte, Oberschale, Tafelspitz und Kalbsnuss im hinteren Viertel; nicht zu vergessen das köstliche Karree, das sich in der Gegend der Wirbelsäule befindet. Stößt man am Fundort hingegen lediglich auf die Köpfe oder die Füße der Huftiere, kann man davon ausgehen, dass die Menschen erst später Zugang zu den Kadavern hatten, dass sie sich also als Aasfresser und nicht als Jäger betätigten.

Auf diese Weise und mit einer großen Portion Geduld und gesundem Menschenverstand untersuchen die Forscher die Knochen der Pflanzenfresser, die sich an den Fundorten befinden, und stellen aus den Ergebnissen ihre Statistiken zusammen. Es werden auch andere Daten ausgewertet, wie beispielsweise das Alter der Tiere. Wenn die Tiere großteils sehr jung sind, kann man davon ausgehen, dass die Höhle im Frühling und Sommer von den Menschen besetzt war, kurz nach der Saison, in der sich die Geburten ereignen. Die Höhle ist jedenfalls immer ein Refugium, zu dem die Menschen ihre Nahrung brachten, um sie dort ungestört zu verspeisen. Daher ist es besser, uns in den offenen Raum zu begeben, um einen Schauplatz zu suchen, wo die Jagd stattfand. Da man so viele und so verschiedenartige kennt, ist es sinnvoller, uns für die Untersuchung auf einige wenige besonders gute Fundorte zu konzentrieren.

Im Frühling 1994 schlug der Name Boxgrove wie ein Blitz in die Welt der Paläoanthropologie ein, als die Zeitschrift *Nature* die Entdeckung eines menschlichen Unterschenkels an diesem Fundort meldete. Damals stellte der Unterschenkel von Boxgrove neben dem Unterkiefer von Mauer mit einem Alter von 500000 Jahren den ältesten menschlichen Überrest Europas dar. Einige Monate später, im Sommer desselben Jahres, fanden wir in Gran Dolina, in der Sierra de Atapuerca, menschliche Fossilien, die 300000 Jahre älter waren. Zwar erlangte der Name Boxgrove in den Medien nur vorübergehenden Ruhm, der mit dem Frühling verging, aber er war er auf dem Gebiet der Vorgeschichte bereits seit einigen Jahren von Bedeutung, da es sich um einen großartigen Fundort handelt, an dem man fossile Überreste vieler Arten zusammen mit zahlreichen Werkzeugen aus Feuerstein gefunden hat, vor allem Handbeile in ovaler Form. Es wurden auch Knochen (Oberschenkelknochen) und Geweihstangen von Hirsch und Riesenhirsch gefunden, die als weiche Schlaghämmer (anstelle von harten Hämmern aus Stein) verwendet wurden, wenn man eine exquisitere Abschlussbehandlung des Werkzeugs wünschte.

Boxgrove, das 12 km von der Südküste Englands (West Sussex) im Ärmelkanal liegt, war vor einer halben Million Jahre ein Salzwassersee, den Tiere und Menschen aufsuchten, und der in einer ausgedehnten Küstenebene lag, die von der Meeresküste bis zu einigen steilabfallenden weißen Felsen reichte. Es handelt sich um einen Fundort unter freiem Himmel, der außergewöhnlich günstige Bedingungen für die Untersuchung der menschlichen Aktivitäten in der Vorgeschichte in sich vereint, da die Objekte (Fossilien und Geräte) aufgrund des seichten Wassers fast in ihrer ursprünglichen Lage verblieben sind, so wie sie zurückgelassen wurden.

Vor einer halben Million Jahre behauten die Menschen an diesem Ort ihre Werkzeuge und zerlegten und verspeisten große Pflanzenfresser wie Riesenhirsche, Hirsche, Wisente und Nashörner. Man weiß nicht sicher, ob es die Menschen waren, die diese Tiere jagten, oder ob es sich um andere Räuber handelte wie beispielsweise Wölfe und Bären, die ebenfalls am Fundort von Boxgrove gefunden wurden. Der Archäologe Mark Roberts, der die Ausgrabungen leitet, ist überzeugt davon, dass der Tod der meisten Pflanzenfresser auf das Konto menschlicher Jäger geht, die als Gruppe handelten. Es gibt sogar ein Schulterblatt eines Pferdes, das seinen Angaben zufolge von einer scharfen Spitze eines hölzernen Wurfgeschosses durchbohrt wurde (dieses hat man nicht gefunden; Holz wird nicht zum Fossil … zumindest fast nie). Eine dritte Möglichkeit ist die, dass wenigstens einige der Tiere starben, ohne dass jemand sie tötete. Es gibt keine Möglichkeit herauszufinden, einen wie langen Zeitabschnitt dieser Fundort abdeckt, aber es ist auszuschließen, dass es sich nur um einen kurzen Moment handelt. Diese Beobachtung gilt übrigens für die meisten vorgeschichtlichen Fundorte, die in Wirklichkeit das Ergebnis der Überlagerung vieler Ereignisse ist, die sich im Laufe eines Zeitabschnitts der unermesslichen Vergangenheit zutrugen.

Dessen ist sich Roberts aber sicher, dass in den meisten Fällen Menschen sich über das Fleisch der Kadaver hermachten, bevor es die Raubtiere taten, denn die Spuren von deren Zähnen überlagern die Spuren des Fleischablösens, die die Menschen mit ihren Faustkeilen hinterließen, die demnach also vorher da waren. Der erste Zugang zu den Kadavern kann erfolgen, wenn zufällig ein Tier gefunden wird, das eines natürlichen Todes gestorben ist, oder wenn man es jagt oder aber, indem man es denen entreißt, die es getötet haben, bevor sie Gelegenheit hatten, es anzufressen. Die Hadza, mit denen wir uns bereits mehrfach beschäftigt haben, jagen entweder selbst oder stehlen den Räubern die Nahrung. Beim Volk der Hadza geschieht das Aasessen nicht systematisch, noch schließt es die Jagd oder das Sammeln aus. Sie essen einfach Aas, wenn es sich ergibt. Diese Jäger und Sammler beobachten aufmerksam die Kreise der Geier am Himmel, und sie lauschen auf die Geräusche von Löwen und Hyänen, um das Aas ausfindig zu machen.

James O´Connell und Kristen Hawkes erzählten 1998 (in einem Sommerkurs von El Escorial, den ich mit Leslie Aiello organisierte), dass Hyänen, Leoparden und sogar Löwen ihre Beute verlassen, wenn die Hadza sich nähern, sodass alles für die Menschen bleibt. Und wenn sie es nicht tun?, fragte ich: Sie durchbohren sie mit ihren Pfeilen, antworteten sie mir. Die Menschen von Boxgrove hatten keine Pfeile, sodass sie näher an die Räuber hätten herangehen müssen. Ich werde später auf dieses Thema zurückkommen, aber jedenfalls ist Mark Roberts der Meinung, dass es die Menschen waren, die in Boxgrove die Pflanzenfresser jagten und sie dann aufaßen.

Etwa genauso alt wie der Fundort Boxgrove sind die Schichten F und G der Höhle L´Aragó im französischen Roussillon, die seit vielen Jahren von dem berühmten Archäologen Henry de Lumley freigelegt wird. In diesen beiden Schichten fand man eine beachtliche Zahl von Mufflons (*Ovis antiqua*), nämlich 83 bzw. 42 Stück, die laut Hervé Monchot vom Menschen gejagt und im Ganzen zur Höhle geschleppt wurden, wo er sie aufaß. Die meisten der Mufflons waren größere Jungtiere und ihr Gewicht lag in vielen Fällen über 100 kg. Daraus schließt Hervé Monchot, dass die Menschen Jäger und keine Aasfresser waren: Er stützt sich darauf, dass der Mensch anscheinend der einzige Jäger war, der seine Kräfte auf die Jungtiere richtete, bevor er die Lämmer und die alten Tiere angriff, die hingegen die üblicheren Beutetiere von Wölfen, Katzen und Hyänen sind. Untersuchungen, die über die Beutetiere des Wolfes in der Sierra de Culebra (Zamora) angestellt wurden, bestätigen, dass die noch sehr jungen Hirsche sowie die alten einem viel größeren Risiko unterliegen, angegriffen zu werden und zu sterben als die erwachsenen Jungtiere. Dies geht so weit, dass nur 30 bis 45 Prozent der Hirschjungen das Alter von einem halben Jahr erleben.

Die Lanzen von Schöningen

Im Januar 1997 reiste ich auf Einladung unseres Kollegen Dietrich Mania gemeinsam mit Eudald Carbonell und Jan van der Made nach Jena. Wir wollten den berühmten Fundort von Bilzingsleben und die wichtigen Entdeckungen, die man dort macht, mit eigenen Augen sehen. Außerdem wollten wir die Reise dazu nutzen, einen anderen deutschen Freund, Hartmut Thieme, zu besuchen, den ich im Sommer des Vorjahres auf einem Symposium kennen gelernt hatte, das wir in Burgos über die ersten Europäer abhielten und auf dem er über unglaubliche Funde berichtete. Thieme empfing uns am Bahnhof und nahm uns in seinem Auto zu dem Fundort mit, den er ausgräbt: Er heißt Schöningen und befindet sich etwa 100 km östlich von Hannover. In jenem Januar war es extrem kalt, es schneite und

Thieme fuhr mit uns durch eine weiße Landschaft. Am Ort der Ausgrabung standen wir vor einem enormen Loch in der Erde, wo eine gigantische Maschine trotz der niedrigen Temperaturen und gefrorenem Boden Tag und Nacht arbeitete. Es handelte sich um eine Kohlegrube unter freiem Himmel; die riesige Maschine bewegte sich über eine große Fläche und verschlang dabei alles, während die umgeschichtete Erde dahinter wieder abgeladen und mit Bäumen neu bepflanzt wurde. Jahrelang hatte ein Team unter Thiemes Leitung jede archäologische Spur gerettet, bevor die monströse Maschine kam. Da man aber die Bedeutung des Fundes erkannte, hatte man die Maschine für einige Jahre von ihrem Weg abkommen lassen.

Die Arbeiter, die an den Ausgrabungen beteiligt waren, arbeiteten trotz der eisigen Januarkälte hemdsärmelig unter einem Winterschutz, der von einem Heizlüfter beheizt wurde. Wir traten in das Innere des halbrunden Plastiktunnels, und was ich da sah, hat sich für immer eingeprägt. Auf schwärzlichem Torfgrund und unter dem fossilen Becken eines Pferdes tauchte ein 1 m langes Stück einer 400 000 Jahre alten hölzernen Lanze auf. Hartmut sah uns lächelnd an: Er wusste, dass er einen historischen Fund gemacht hatte.

Bis heute hat Hartmut Thieme vier gut erhaltene Lanzen gefunden. Eine misst 1,82 m, eine andere 2,25 m und eine dritte 2,30 m. Die, die vor unseren Augen erschien, ist in vier Teile zerbrochen und misst ebenfalls über 2 m. Diese Lanzen sind aus den Stämmen (nicht aus Ästen) junger Fichten gefertigt. Die Fichte ist eine Koniferenart, die in der freien Natur auf der Iberischen Halbinsel nicht vorkommt, sie wird jedoch häufig in Gärten angepflanzt und dient als Weihnachtsbaum. Sie gleicht der Tanne, aber anders als bei dieser hängen die Zapfen von den Zweigen, statt sich nach oben hin aufzurichten. Bei den Fichten von Schöningen liegen die Wachstumsringe sehr dicht beieinander, was auf niedrige Wachstumsraten und ein kaltes Klima hinweist. Die Analyse von fossilen Pollen lässt eine Landschaft aus Wiesen mit Kiefern, Fichten und Birken vermuten.

Bis jetzt habe ich von diesen Holzwaffen als Lanzen gesprochen, aber man muss sich fragen, ob sie wirklich als solche verwendet wurden, ob sie also an einem Ende festgehalten und benutzt wurden, um zuzustechen, oder ob es Schleuderwaffen waren, also Wurfgeschosse. Hartmut Thieme meint, sie seien zum Werfen ausgearbeitet, es seien also eher Wurfspeere als Spieße zum Stoßen. Seine Auffassung begründet er damit, dass sie mit großem Geschick so gefertigt waren, dass der Schwerpunkt nahe bei der Spitze lag, wodurch gewährleistet war, dass sie weit flogen, wenn man sie warf. Diese Wurfspeere sollen kaum mehr als zwei Kilo gewogen haben, was möglicherweise nicht zu viel war für den starken Arm der damaligen Europäer, die ihre Beute auf diese Weise aus gewisser Distanz töten konnten ohne allzu große Gefahr, einen Stoß mit dem Horn oder einen Tritt zu kassieren.

Am Fundort von Schöningen gibt es eine Vielzahl an Pferdeüberresten, die ebenfalls Spuren des Zerlegens und Entfleischens zeigen. An den Seeufern spähten vor 400000 Jahren Gruppen menschlicher Jäger nach den Pferdeherden, die im Dunst der frühen Morgenstunden vielleicht nur undeutlich wahrzunehmen waren. Dann pirschten sie sich unbemerkt zwischen Schilfrohren und Binsen heran, und wenn sie nah genug herangekommen waren, durchbohrten sie die Tiere mit ihren Wurfspeeren. Wenn sie Glück hatten, lieferte jedes getötete Pferd der Gruppe hunderte Kilogramm Fleisch, das in jenen kalten Gegenden lebensnotwendig war.

Elefantenjagden in der Hochebene

Aber wenn wir schon von Hochjagd sprechen, warum beschäftigen wir uns nicht mit der höchstmöglichen Jagd auf der Erdoberfläche, der Elefantenjagd? Seit vielen Jahren nehmen die Namen der Dörfer Torralba del Moral und Ambrona (Soria) in den Handbüchern zur Frühgeschichte an allen Universitäten der

Welt einen wichtigen Platz ein. Auf dem Gebiet dieser Dörfer wurden zahlreiche Überreste fossiler Elefanten zusammen mit Faustkeilen und anderen Steinwerkzeugen gefunden, und zwar im Tal der Flüsse Ambrona oder Mansegal (eines Zuflusses des Jalón). Viele Forscher glaubten, die Elefanten seien etwas nach der Zeit der Lanzen von Schöningen von Menschen gejagt worden. Andere Wissenschaftler meinten, die Fundorte seien falsch interpretiert worden und die so oft heraufbeschworen Szenen der Elefantenjagd habe es niemals gegeben.

Im Jahr 1888 wurden Gräben für die Eisenbahntrasse ausgehoben, die Soria mit der Strecke Madrid-Saragossa verbinden sollte; man hatte beschlossen, die Anschlussstelle zusammen mit einem Bahnhof im Dorf Torralba del Moral zu bauen. Als man die Gräben aushob, kamen riesige Knochen zum Vorschein, die große Aufmerksamkeit erregten. Die ersten wissenschaftlichen Ausgrabungen nahmen der Marquis von Cerralbo (Enrique Aguilera y Gamboa), ein an Archäologie interessierter Adeliger, und der Priester Justo Juberías von 1909 bis 1911 vor. Der Marquis von Cerralbo machte seine Funde auf dem internationalen Anthropologie- und Archäologiekongress bekannt, der 1912 in Genf stattfand. Später, zwischen 1961 und 1963, gab es neue Ausgrabungskampagnen, die dieses Mal der bekannte amerikanische Paläoanthropologe F. Clark Howell, ein guter Freund, vorantrieb, und die Anfang der Achtzigerjahre von ihm und L. Freeman wieder aufgenommen wurden.

Die Tierüberreste dieser Fundorte bestehen mehrheitlich aus dem Pferd und dem Elefanten mit geraden Stoßzähnen (*Palaeloxodon antiquus*). Pferde bevorzugen ganz klar die großen Grasflächen, die Steppen aus Süßgräsern, die vermutlich auch von den Elefanten abgegrast wurden, obwohl es möglich ist, dass Letztere diese gemischte Kost aus Gras und Ästen zu sich nahmen wie die heutigen Arten. Zu diesem Ökosystem gehörte auch das Steppennashorn (*Dicerorhinus hemitoechus*), das an den Fundorten seltener ist. Außerdem gab es Hirsche, Gämsen und Auerochsen; die Raubtiere hingegen sind äußerst selten (mal eine Hyäne, mal ein Fuchs, Wolf oder Löwe). Die Vegetation dieser Gegend wurde zwar als alpin beschrieben, Elefanten mit geraden Stoßzähnen und Steppennashörner vertragen aber keine strenge Kälte, sodass das Klima nicht viel rauer gewesen sein dürfte als heute, in keinem Fall war es jedenfalls typisches Kaltzeitklima, sondern eher das einer Warmzeit oder einer relativ warmen Phase während einer Kaltzeit (die man in der Fachsprache als Interstadial bezeichnet). Außerdem wurde das Vorkommen des Makaks gemeldet, eines Primaten des Mittelmeerraums, der extreme Kälte, oder besser gesagt das damit verbundene Fehlen pflanzlicher Nahrung, nicht aushält (Clark Howell hält diese Vorkommen allerdings nicht für gesichert).

Torralba und Ambrona liegen auf einer Hochebene (die Fundorte befinden sich auf 1100 m Höhe), wohin die Tiere zur Nahrungssuche gekommen sein dürften, wenn die Weiden der tiefer liegenden Gegenden abgegrast waren; das Gebiet befindet sich genau zwischen den Becken der Flüsse Duero, des Tajo und des Ebro. Für den Reisenden, der auf der Autostraße Madrid-Saragossa-Barcelona unterwegs ist, lohnt es, auf der Höhe von Medinacelli anzuhalten, um das alte Landhaus mit seinem romanischen Bogen zu besichtigen, von wo aus man auf den strategischen Korridor des Jalón, eines Ebrozuflusses, herabblickt. Nur wenige Kilometer weiter befindet sich der Weiler Ambrona, und über die Straße linker Hand, die nach Torralba führt, gelangt man nach Loma de los Huesos, einen Fundort, den 1911 der Marquis von Cerralbo erkundete und den später Clark Howell ausgrub. Dort kann man *in situ* die konservierten Knochen einiger der Elefanten betrachten, die bei der Kampagne von 1963 entdeckt wurden und die Emiliano Aguierre, langjähriger Direktor der Ausgrabungen von Atapuerca, bescheiden aber wirkungsvoll mit vier Wänden und einem Dach schützte. Einige Schritte entfernt gibt es noch mehr Fossilien und steinerne Hilfsmittel in einem Mini-Museum. Die Landschaft, auf die man blickt, beeindruckt durch ihre Kargheit. Heute gibt es dort nirgends Bäume (allerdings ist dies das Werk des Menschen und nicht des Klimas), und auf den welligen Hügeln, die der Blick vom Fundort aus freigibt, kann man sich gut die Elefanten- und Huftierherden vorstellen, wie sie auf grünen Wiesen weiden.

Damals wie heute gab es in dieser Gegend viele Stehwasser und kleine Seen, und so kam man auf die Idee, die Menschen hätten den Elefanten Angst eingejagt, um sie bis zu den überschwemmten Landstrichen zu treiben, wo sie im Matsch einsanken und leichter zu fangen waren. Man muss sich fragen, weshalb eine Herde großer Elefanten vor den menschlichen Wesen solche Angst gehabt haben sollen (und wenn sie noch so schrieen), dass sie völlig verrückt wurden, kopflos wegrannten und in eine Falle tappten. Allein in Ambrona wurden von Clark Howell die Überreste von 47 Elefanten ausgegraben, wobei man natürlich nicht glaubt, dass alle gleichzeitig starben. Die Antwort könnte darin liegen, dass die menschlichen Jäger das Feuer benutzten, dass sie vielleicht bei Trockenheit die Wiesen anzündeten (so wie es auf dem Boden des Archäologischen Nationalmuseums von Madrid dargestellt ist). Solche organisierten Jagden, immer wieder abgehalten, könnten die großen Fundorte von Torralba und Ambrona geschaffen haben.

Es gibt jedoch auch eine ganz andere Interpretation derselben Tatsachen. Richard Klein, ein bedeutender Forscher, ist der Ansicht, dass das Altersprofil der toten Elefanten eher einem natürlichen Sterben im Laufe der Zeit entspricht (einem Tod durch Verschleiß) als dem Altersprofil, das sich aus einer umfassenden Jagd ergäbe (einem Katastrophentod). An den Fundorten, die dem ersten Fall (dem Tod durch Verschleiß) entsprechen, gibt es mehr alte Individuen als junge Erwachsene mit der Fähigkeit zur Fortpflanzung, und im zweiten Fall (Katastrophentod) ist das Gegenteil der Fall: Am Fundort gibt es mehr junge Erwachsene als alte Individuen, aus dem einfachen Grund, dass die Alten bei den lebenden Populationen (von Tieren und Menschen) in der Minderheit und auf den Friedhöfen in der Mehrheit sind.

Ein anderer angesehener Archäologe, Lewis Binford, sieht eher eine Verbindung der Steininstrumente mit den Pferden,

Hirschen und Auerochsen als mit den Elefanten. Diese neuen Untersuchungen lassen große Zweifel an der Theorie der großen Elefantenjagden im Tal des Mansegal aufkommen. Vielleicht beschränkten sich die Menschen darauf, in sehr geringem Umfang, sporadisch und ohne vorherige Planung einige Kadaver von Elefanten zu essen, die eines natürlichen Todes gestorben waren; statt mit stolzen Elefantenjägern hätten wir es dann einfach mit hungrigen Opportunisten zu tun. Clark Howell hat jedoch immer eine Antwort auf diese und ähnliche Kommentare, die der Hypothese des Elefantenjägers entgegenstehen, sodass die Polemik kein bisschen schwächer geworden ist. Man darf nicht vergessen, dass ganz abgesehen von den körperlichen Fähigkeiten zum Elefantenjagen, mit denen die Menschen von vor hunderten von Jahren ausgestattet waren, darüber diskutiert wird, ob sie die geistigen Fähigkeiten hatten, komplexe Jagdstrategien zu entwickeln und sie im Lauf des Jahres umzusetzen. Das Planen ist eines der herausragendsten Merkmale des Bewusstseins.

Wenn wir aber auch nicht sicher sind, was in Torralba und Ambrona wirklich geschah, so gibt es einen Fundort etwa aus der gleichen Zeit, an dem die Dinge klarer liegen. Es handelt sich um den Fundort Áridos, ganz in der Nähe von Madrid, auf einer Terrasse des Flusses Jarama. In Áridos wurden im Abstand von 200 m Überreste zweier Elefanten gefunden. Bei dem einen handelt es sich um ein junges Weibchen (Áridos I) und bei dem anderen um ein altes Männchen (Áridos II). Die Knochen zeigen keine Spuren von Raubtierzähnen. Es gibt keine Beweise dafür, ob die Tiere von den Menschen gejagt wurden, wohl aber dafür, dass diese den ersten und einzigen Zugang zum Fleisch der Elefanten hatten. Die Madrider jener Zeit leisteten im Tal des Jarama ein gutes Stück Metzgerarbeit.

Die Archäologen, die den Fundort unter der Leitung von Manuel Santonja und Ángeles Querol ausgruben, stellten fest, dass die Hilfsmittel, mit denen die Elefanten zerteilt wurden, an Ort und Stelle hergestellt wurden. Oftmals konnten die verschiedenen Teile des Behauens, also das Instrument und die Abschläge, so zusammengesetzt werden, dass wieder ein Kern aus Feuerstein oder ein Quarzkiesel entstand, der in der Arbeitskette der Ausgangspunkt gewesen war. Man konnte auch erkennen, dass die Kanten der Steininstrumente vor Ort nachgeschärft wurden, wenn sie stumpf waren, damit man mit dem Zerlegen fortfahren konnte. Auf diese Weise wurde die vollständige Abfolge dessen rekonstruiert, was in Áridos vom Eintreffen der Menschen bei den Elefanten bis zu ihrem Abzug geschah. Ein interessantes Detail ist, dass die Menschen den Quarzit zwar am nahen Flussufer des Jarama auflesen konnten, dass sie den Feuerstein aber von den Ufern des Manzanares holen mussten, der 3 km entfernt fließt. Darin zeigt sich eindeutig die Fähigkeit zum Planen der Tätigkeiten, wenn auch nur kurzfristig und erst nach dem – vielleicht zufälligen – Fund eines Kadavers.

In diesem Fall und im Gegensatz zu dem, was ich einige Absätze weiter oben sagte, stellen Áridos I und II zwei isolierte Zeitpunkte der geologischen Zeit dar und nicht die Überlagerung mehrerer Ereignisse, die sich über einen langen Zeitraum abspielten. Das vereinfacht die Interpretation des Fundorts, ganz anders als in den Fällen von Torralba und Ambrona, die sicher eine Summe vieler Ereignisse darstellen und bei denen – laut Kritikern der Jägerhypothese – eventuell auch geologische Phänomene Einfluss hatten, die die Ansammlungen von Knochen und Faustkeilen veränderten.

Bei einigen dieser Episoden in der Geschichte der Fundorte Torralba und Ambrona waren zweifellos Menschen anwesend, aber wie und bei welchen? Bis jetzt kann man diese Fragen noch nicht endgültig beantworten. Vielleicht findet man ja eine Antwort in den Ausgrabungen, die gerade von Manuel Santoja und Alfredo Pérez-Gonzáles durchgeführt werden (der auch für die geologischen Untersuchungen im Projekt Atapuerca verantwortlich ist). Im Augenblick scheint die Hypothese am wahrscheinlichsten, dass es in Torralba und Ambrona keine großen Elefantenjagden von Menschen des iberischen Mittelpleistozäns gab (die Vorfahren der Neandertaler wären) und dass diese lediglich, wenn sie die Gelegenheit hatten, von den Kadavern der Tiere aßen, die eines natürlichen Todes gestorben waren.

Mehr Anhänger findet die Vorstellung der Jagd auf Wollnashörner und Wollmammuts auf La Cotte de Saint-Brelade, einer Insel im Ärmelkanal (die damals mit dem Kontinent verbunden war). Hier könnte den Tieren am Ende des Mittelpleistozäns, nach der Zeit Torralbas und Ambronas, Angst eingejagt worden sein, sodass sie von einem felsigen Abhang stürzten (und die Jäger waren damals vermutlich schon fast „richtige" Neandertaler).

Wenn die Jagd auf die großen Dickhäuter gefährlich ist, so die auf die großen Raubtiere nicht weniger. Vor etwa 20000 Jahren wurden an der Küste eines Flusses in Biache-Saint-Vaast (in der Nähe des Pas de Calais und nicht weit von La Cotte de Saint-Brelade) eine große Zahl von Pflanzenfresserknochen zurückgelassen: Rehe, Hirsche, Riesenhirsche, Stiere, Mercksche Nashörner und Steppennashörner, Pferde und kleine Equiden. Die Landschaft jener Zeit ist die eines nicht sehr kalten Moments (einem Interstadial) innerhalb der vorletzten Kaltzeit; sie bestand aus einem Wald mit Lichtungen, auf denen das Reh äste und Hirsch und Auerochse grasten, großen Wiesenflächen, auf denen Pferde und Nashörner weideten, sowie offenen Sumpfgebieten, auf denen sich die Riesenhirsche mit ihren großen Geweihen ungestört bewegen konnten. All diese Tiere wurden von menschlichen Wesen vertilgt, die sie möglicherweise jagten. An demselben Fundort wurden zwei menschliche Schädel mit bereits ausgeprägten Neandertaler-Merkmalen gefunden.

Das Erstaunliche an Biache ist, dass man auch die Fossilien einiger Braunbären und Höhlenbären (mindestens 10 in einer einzigen Schicht, der II. Ebene) fand, denen das Fell abgezogen worden war, die ausgebeint und entfleischt waren und deren Knochen zum Herauslösen des Knochenmarks zerbrochen waren: Sie waren also vollständig aufgegessen worden. Patrick Auguste, der Paläontologe, der sie untersuchte, glaubt, dass die

Bären von jenen Vorfahren der Neandertaler gejagt und nicht als Aas gefunden wurden, da der Großteil der Tiere junge Erwachsene und keine jungen oder alten Tiere sind, die typischerweise eines „natürlichen" Todes sterben.

Man könnte noch viele Fundorte des Mittelpleistozäns im Freien diskutieren, die untersucht werden, um die Beziehung zwischen Mensch und Fauna besser verstehen zu können. In Bilzingsleben hat sich beispielsweise ein sehr organisiertes Verhalten mit dem Aufbau von Lagern und der Vertilgung großer Pflanzenfresser bestätigt, was sich mit der Hypothese des Menschen als großem sozialen Jäger deckt. Um die Debatte aber nicht ins Unendliche zu führen, möchte ich jetzt meine Schlussfolgerungen darlegen. Ich glaube, es gibt wenig Zweifel daran, dass die tierischen Eiweiße und Fette für das Überleben menschlicher Wesen in Europa unerlässlich sind, da es im Winter und im Frühling so gut wie keine pflanzliche Nahrung gibt. An Fleisch konnte man durch Jagen, Aassuchen oder natürlich durch das Kombinieren beider Strategien gelangen. Ich bin der Meinung, dass das Aassuchen in unserem Fall keine Alternative zur Jagd oder zum Sammeln darstellt und dass ein Primat nicht die Begabung zum „professionellen" Aasfresser hat, sondern dass er es gelegentlich war, als Ergänzung anderer Aktivitäten (wie es bei den Hadza geschieht). Da das Sammeln auf unserem Kontinent nur jahreszeitlich begrenzt möglich ist, konnte das Aassuchen während eines großen Teils des Jahres nur eine Ergänzung zur Hauptaktivität, der Jagd, darstellen.

Schließlich besteht für mich nicht der geringste Zweifel daran, dass die enorme Körperkraft der Menschen im europäischen Mittelpleistozän – die die Fossilien der Sima de los Huesos erkennen lassen – mit der Notwendigkeit zu tun hat, Beutetiere aus kurzer Entfernung zu töten. Es ist also eine Anpassung an die Jagd. Nichts erscheint mir lächerlicher als der Gedanke, dass jene menschlichen Wesen (und auch die Neandertaler) schwache und wehrlose Wesen waren, die nur Pflanzenteile sammelten und hin und wieder die letzten Überreste eines Kadavers vertilgten, ein Gedanke, auf dem einige Wissenschaftler, darunter auch der bereits genannte Lewis Binford, hartnäckig beharren: immer in Angst vor den Raubtieren, immer auf einen zufälligen Fund angewiesen, praktisch die jämmerlichsten Säugetiere der Ökosysteme. Und trotz solch trauriger Existenz die Wesen mit dem größten Gehirn und, zusammen mit den Elefanten, die mit dem längsten Leben!

Ich hingegen stelle mir eine Rotte furchterregender Jäger mit einem Gewicht von ungefähr 100 kg (alles Muskeln!) vor, die mit Bärenfellen bekleidet und mit langen, sehr spitzen Holzlanzen bewaffnet waren, von denen die Löwen sich fern hielten.

Das Leben der Neandertaler, die am Ende dieser Epoche erscheinen und dieselbe Körperkraft haben, dürfte sich nicht sehr von dem ihrer Vorgänger unterschieden haben. Die ersten modernen Menschen Europas, die Menschen des Aurignaciens, hatten eine andere Köperkonstitution (es war eine andere Art) mit schmaleren Hüften und einem schmaleren Rumpf, aber sie waren ebenso stark. Der Paläoanthropologe Steven Churchill untersuchte den Oberarmknochen eines jener Aurignacien-Menschen aus dem deutschen Fundort Vogelherd und betonte dessen große Robustheit, die mit der eines Neandertaler-Oberarms vergleichbar ist (wenn sie sich auch in anderen Merkmalen unterscheiden) und die uns die Kraft dieses Arms verdeutlicht. Das Skelett der Menschen von Cro-Magnon wird im Lauf des Jungpaläolithikums leichter (und ist im Mesolithikum am leichtesten). Die Erklärung für diese nachlassende Robustheit kann damit zusammenhängen, dass bei der Jagd neue und tödliche Waffen ihren Einzug hielten: die Speerschleuder sowie Pfeil und Bogen.

Im Mittelpleistozän hatten die Wurfspeere meist eine scharfe Spitze, aber es kann auch sein, dass sie manchmal eine Spitze aus Stein hatten. Ohne näher darauf eingehen zu wollen, es wurden in einem der Fundorte von Schöningen drei Fragmente von Birkenästen mit einem Einschnitt an einem Ende gefunden, der möglicherweise zum Einsetzen einer dieser Spitzen vorgesehen war. Es würde sich um die ersten Waffen handeln, die aus zwei verschiedenen Materialien bestanden (Holz und Stein). Es ist fast sicher, dass die Neandertaler sehr auffällige Steinspitzen, die man an den Moustérien-Fundorten fand, zum gleichen Zweck verwendeten. Im Aurignacien erscheinen zum ersten Mal lange Spitzen aus Knochen und Horn, die man als Wurfspieße bezeichnet (eigentlich sind es Wurfspießspitzen). Sie wurden wohl auf das Ende eines hölzernen Schafts gesteckt und dann als Geschoss mit Kraft weggeschleudert.

Die Speerschleuder ist im Prinzip eine kurze Stange, die an ihrem einen Ende einen Einschnitt oder einen Widerhaken hat, worauf der Jagdspieß liegt, während das andere Ende der Schleuder mit der Hand festgehalten wird. Seine Wirkung besteht darin, dass er Länge und Kraft des Arms vergrößert. Die Exemplare, die konserviert wurden, sind aus Hirsch- oder Rentiergeweih und Elfenbein gefertigt und teilweise aufwändig dekoriert, was darauf hinweist, dass es sich um Prestigeobjekte handelte, aber es ist sicher, dass die meisten, so wie bei den modernen Jagdvölkern, aus Holz hergestellt wurden (darum sind sie nicht erhalten geblieben). Man glaubt, dass die Speerschleuder im Solutréen (dem Technologiekomplex, der auf das Aurignacien und das Gravettien folgte) vor 20000 Jahren auftauchte.

Es ist nicht ganz klar, wann der Pfeil erfunden wurde, aber einige der Spitzen des Solutréens waren anscheinend als Teil eines Pfeils vorgesehen, vor allem die mit Federn an den Seiten und einem Schaft in der Mitte für den Griff, die sehr typisch für das Solutréen der Region Valencia sind. Der älteste Pfeil, von dem man weiß, ist 11000 Jahre alt, und mehr oder weniger gleich alt ist eine Figur, die in eine Steinplatte der Grotte des Fadets (Frankreich) eingeritzt ist und die man als Bogenschützen interpretiert hat. In der spanischen Levante gibt es eine ganze Menge vorgeschichtlicher Höhlenmalereien (die man insgesamt als Levantinische Kunst bezeichnet), die Bogenschützen darstellen, aber sie scheinen alle jünger als 10000 Jahre zu sein (auf sie werde ich noch im Epilog zurückkommen).

Diese revolutionären Formen, aus der Entfernung zu töten (mit Speerschleuder oder Bogen), verschoben zweifellos das Gleichgewicht zwischen dem Menschen und seinen Beutetieren. Es ist ein großer Unterschied, ob man sich einem Wisent mit einer Lanze nähert oder ob man es von weitem mit einem Wurfgeschoss trifft, das man mit Hilfe einer Speerschleuder wirft oder auch mit einem Pfeil. Falls die Geschosse vergiftet waren, was man nicht weiß, war ihre Wirkung noch schlimmer. Viele Wissenschaftler sind der Meinung, dass die durch die Technik bedingte Zerstörung dieses Gleichgewichts schließlich das Aussterben vieler Säugetierarten zur Folge hatte. Zum ersten Mal hätte der Mensch einen ökologischen Eingriff großen Ausmaßes vorgenommen, was also keine Sünde der Moderne und ausschließlich der Industriegesellschaften wäre.

Das letzte Mammut

Die Wollmammuts sind vielleicht die sinnbildlichsten Tiere der Eiszeit, des Pleistozäns. Als dieses zu Ende ging und das Holozän begann, verschwanden die Wollmammuts für immer, ebenso wie die Riesenhirsche, Wollnashörner und Höhlenbären. Andere Arten von Pflanzenfressern, die zusammen in Westeuropa gegrast hatten, wie Rentier, Moschusochse und Saigaantilope, zogen sich in verschiedene Richtungen zurück: Rentier und Moschusochse folgten dem Rückzug der Tundra-Landschaften nach Norden, die Saigaantilope dem der Steppen nach Osten.

Dies geschah in Eurasien, in den beiden Teilen Amerikas war die Katastrophe jedoch viel größer, da sie sehr viele Arten großer Säugetiere betraf. Allein in Nordamerika kann man, wenn man ausschließlich die Arten mit über 40 kg zählt, folgende Verlustliste erstellen: Unter den Rüsseltieren starben die Mammuts aus, die Wollmammuts und zwei andere Arten sowie die Mastodone; bei Letzteren handelt es sich um ziemlich entfernte Verwandte der Mammuts, die ebenfalls sehr groß waren. Es verschwanden auch verschiedene Arten von Kamelen und Lamas, Elchen und Hirschen, Gabelböcke (Gabelhorntiere), Pekaris (Verwandte der Schweine) und Moschusochsen. Unter den Katzen starben die Großkatzen mit Säbelzähnen der Gattung *Smilodon* sowie der vorher erwähnte *Homotherium* aus. Am Ende des Pleistozäns gab es in Nordamerika sogar Geparde, allerdings einer anderen Art als der heutigen. Der große kurznasige Bär, der größer war als alle heutigen Bären, verschwand ebenfalls. Unter den Nagetieren waren ein Riesenwasserschwein und ein Riesenbiber vom großen Aussterben am Ende des Pleistozäns betroffen. Die Tapire verließen Nordamerika für immer, und was am Erstaunlichsten ist, selbst die Pferde, sogar die der Indianer in den Filmen, wurden erst durch die Spanier wieder auf dem Kontinent eingeführt, wo sie sich aus ursprünglich gezüchteten Exemplaren zu Wildpferden entwickelten.

Die Ordnung der Zahnlosen ist eine der Gruppen „alter" südamerikanischer Säugetiere, die sich auf dem Inselkontinent viele Millionen Jahre hindurch völlig isoliert entwickelten. Sie überstanden zwar die Krise, die die Ankunft „moderner" Säugetiere auslöste (als sich der Isthmus von Panama bildete), und einige zogen sogar nach Nordamerika. Am Ende des Pleistozäns war die Gruppe jedoch stark dezimiert. Die Riesengürteltiere starben aus, ebenso die Glyptodone (die einen festen knöchernen Panzer wie eine Schildkröte trugen) und die Megalonquiden, Mylodone und Megatherien; die drei letzten Familien waren zum Teil wahrhaft riesige Faultiere, die an Land lebten.

In Südamerika überlebte bis zum Holozän das Riesenmegatherium, eine Art, die in der Paläontologie aus geschichtlichen Gründen gewisse Bedeutung erlangte. Im September 1788 traf ein fast vollständiges Skelett eines furchterregenden Tieres, das man an den Ufern des Flusses Luján, etwa 60 km von Buenos Aires entfernt, gefunden hatte, in der Königlichen Sammlung für Naturgeschichte in Madrid ein. In der Königlichen Sammlung baute es der aus Valencia stammende Juan Bautista Bru de Ramón, ein „anatomischer Zergliederer und Maler", zusammen, untersuchte und zeichnete es und brachte 1796 eine Monografie mit fünf großen Kupferstichen heraus, die von dem wissenschaftlichen Illustrator Manuel Navarro stammten. Eines der Bleche, das sehr bekannt ist, zeigt das zusammengebaute auf seinen vier Beinen stehende Skelett sowie die übrigen einzelnen Knochen. Der berühmte französische Paläontologe Georges Cuvier interessierte sich sehr dafür, er identifizierte es als Exemplar eines großen ausgestorbenen Zahnlosen, dem er den wissenschaftlichen Namen *Megatherium americanum* gab. Cuvier lobte die Arbeit des spanischen Naturwissenschaftlers über alles und stellte ihn als nachahmungswürdiges Beispiel heraus. Das Skelett kann heute genau so, wie es von Bru zusammengebaut wurde, im Nationalmuseum für Naturwissenschaften in Madrid besichtigt werden.

Die Entdeckung, dass es in der Vergangenheit große Tiere wie das Megatherium gegeben hat, veranlasste Cuvier dazu, seine Katastrophentheorie zu formulieren, wonach sich in der Geschichte der Erde eine Reihe Katastrophen ereigneten, die zu Massensterben führten. Danach soll ein neuer Schöpfungsakt Gottes eine neue Generation von Lebewesen hervorgebracht haben. Diese Theorie wurde später durch die Evolutionstheorie von Darwin und Wallace ersetzt, die heute als einzige akzeptiert wird. Es ist aber weiterhin seltsam, dass gerade Darwin sich auch für die großen ausgestorbenen Megatherien interessierte und dass er sich in einem Brief, den er 1832 vom Río de la Plata schrieb, als er gerade eine Weltreise mit der Brigg *Beagle* machte, auf fossile Überreste bezieht, die er selbst gefunden hatte, sowie auf das Exemplar von Madrid.

Das Aussterben am Ende der Eiszeit, das man in Eurasien und Amerika beobachtet, kann mit dem Klimawechsel erklärt werden, aber es gibt auch Wissenschaftler, die es der Ausbreitung unserer Art bis in alle Ecken des Planeten zuschreiben, die auf ihrem Weg eine riesige Welle der Zerstörung hinterließ, die noch heute andauert. Vor dieser Zeit stand fest, dass das menschliche Wesen bei keiner Tier- oder Pflanzenart die Ursache des Verschwindens sein könne. Will man in diese Diskussion einsteigen, so muss man bedenken, dass die ersten Arten, die den fürchterlichen Eingriff zu spüren bekamen, den unsere Ausbreitung bedeutete, die übrigen Menschenarten (der *Homo erectus* und die Neandertaler) waren, die die Alte Welt bewohnten und die ebenfalls einige Jahrtausende vor dem Ende des Pleistozäns ausstarben.

Sicher ist, dass keine der Arten, die in der Neuen Welt ausstarben, zuvor auf dem Kontinent ein menschliches Wesen gesehen hatten. Manche waren übrigens groß und langsam, beispielsweise die Riesenfaultiere, und man kann sich vorstellen, dass die Jagd auf diese Tiere für die Vorfahren der Indianer ein Kinderspiel gewesen sein muss, und dass sie an ihnen ihre Zielkünste trainieren konnten. In anderen Fällen ist der direkte Zusammenhang zwischen den Menschen und dem Aussterben der Arten nicht so klar, wie beispielsweise bei den Pferden, die in anderen Erdteilen überlebten. Es ist möglich, dass die Menschen in manchen Fällen das ökologische Gleichgewicht aus dem Lot brachten, indem sie bestimmte Elemente, die leichteste Beute der Ökosysteme, vernichteten und so eine Kettenreaktion des Aussterbens in Gang setzten, die sich schließlich bis zu den letzten Gliedern, den großen Raubtieren, fortsetzte.

Das Hauptproblem dabei, die Ankunft der Menschen in Amerika als Ursache und die Auslöschung vieler Säugetierarten als Wirkung anzusehen, besteht darin, dass die menschliche Besiedelung der Neuen Welt und die Klimaveränderung am Ende der Eiszeit praktisch zeitlich zusammenfallen, sodass es nicht leicht ist anzugeben, welcher der beiden Faktoren für den plötzlich auftretenden Rückgang der Artenvielfalt jeweils die Ursache war. Die menschliche Art, die Amerika besiedelte, ist die unsere. Keine andere, seien es *der Homo erectus*, die Neandertaler, ihre Vorfahren oder die Vorfahren unserer Art drangen so weit vor. Ein Grund ist, dass vermutlich keine menschliche Art vor uns die Halbinsel Chukotka im östlichen Sibirien bewohnte. In der Gegend um den arktischen Polarkreis ist es sehr kalt, und man muss sehr gut ausgerüstet sein. In den Warmzeiten konnte die Beringstraße zudem nur per Schiff überquert werden, und in den Kaltzeiten, wenn das Meeresniveau sank und man zu Fuß nach Alaska gehen konnte, waren diese Gegenden furchtbar unwirtlich.

Die ältesten Beweise menschlicher Präsenz in Amerika sind archäologischer Natur und bestehen aus den reichen Fundorten, die einige sehr schöne Steinwerkzeuge enthalten, die Clovis-Spitzen. Diese lanzettförmigen Spitzen sind manchmal sehr lang, und ihre Basis ist so angeschliffen, dass sie in einen Holzschaft eingesetzt werden kann. Sie sind sehr exakt behauen und weisen über die ganze Oberfläche der beiden Seiten Schlagretuschen auf. Das Höchstalter dieser Kultur liegt bei etwa 11 500 Jahren, dem Zeitpunkt, den man üblicherweise als Datum für die Ankunft der Menschen annimmt, mitten in der Kaltzeit. Kürzlich jedoch wurden Beweise menschlicher Präsenz in Monte Verde (Chile) bekannt gegeben, die auf 1000 Jahre früher datiert sind.

Im Grunde weiß man nicht genau, wie die Menschen sich nach Amerika ausbreiteten, denn obwohl ein Teil Alaskas nicht unter einer Eiskappe lag, so war der Durchgang doch durch zwei große Eisschilde abgeschnitten. Der größere mit Mittelpunkt auf der Hudsonbai erstreckte sich über ganz Kanada und zog sich bis über die Großen Seen hinaus nach Süden. Das andere Eisschild, das kleiner ist, bedeckte das Küstengebirge. Im Augenblick der größten Vergletscherung vor 10 000 Jahren verbanden sich beide Decken zu einem einzigen Körper, der nicht zu überwinden war. Möglicherweise trennten sich die beiden großen Eisdecken zu einem späteren, weniger kalten Zeitpunkt voneinander, sodass die Menschen einen engen Durchgang zwischen den Eisblöcken fanden, einen Landkorridor, den sie zu Fuß passieren konnten. Oder sie fuhren mit Schiffen an der Küste entlang, um die riesige Eisplatte zu umfahren, die sich ihrem Fortkommen in den Weg stellte. Jedenfalls überwanden sie das Hindernis und gelangten im Nu bis zur Magellanstraße, wobei sie vielleicht auf ihrem Weg viele Arten auslöschten.

Kehren wir aber zu der Art zurück, die die Eiszeit am besten verkörpert: zum Wollmammut. Es verschwand in Europa vor 12000 Jahren, vor 11000 Jahren in Nordamerika und vor 10000 Jahren im Norden der mittleren Region Sibiriens, was anscheinend sein letzter Zufluchtsort bei seinem Zurückweichen zusammen mit den Eismassen war. Diese Daten passen wunderbar zu der Hypothese, die menschliche Jagd sei die direkte Ursache für das Verschwinden der Mammuts gewesen, da die Menschen vor 12000 Jahren bis in den äußersten Nordosten Sibiriens vorgedrungen und möglicherweise bereits nach Nordamerika gelangt waren. Im Jahre 1993 gaben drei russische Wissenschaftler (S. L. Vartanyan, V. E. Garutt und A. V. Sher) jedoch etwas Erstaunliches bekannt: Auf der Insel Wrangel, mitten im Arktischen Ozean und 200 km von der Nordostküste Sibiriens (der Halbinsel Chukotka) entfernt, wurden Fossilien von Wollmammut auf zwischen 7000 und 4000 Jahre datiert. Das bedeutet, dass die letzten Wollmammuts erst ausstarben, als die Ägypter schon die großen Pyramiden erbaut hatten. Diese Wollmammuts waren auf die Insel Wrangel gekommen, als diese noch zu Beringia gehörte. Mit dem Schmelzen des Eises, das mit dem Holozän einsetzte, stieg der Wasserspiegel, ein großer Teil Beringias verschwand unter dem Wasser und wurde zur Beringstraße, und die Mammuts blieben sicher vor ihren menschlichen Jägern auf ihrem Inselrefugium zurück. Eine andere Eigentümlichkeit der Wollmammuts der Insel Wrangel ist, dass sie gegenüber ihren Vorfahren, die die Insel vom Kontinent aus besiedelten, um mindestens 30 Prozent kleiner wurden; ein gewöhnliches Wollmammut wog 6,5 t und maß 2,5 bis 3 m bis zum Widerrist.

Dieser Rückgang des Körperwachstums auf einer Insel ist nicht so außergewöhnlich, wie es scheinen mag. Die Evolution unter Inselbedingungen hat andere Fälle von Zwergenwuchs hervorgebracht, die wesentlich markanter sind als der der Insel Wrangel. Im Jungpleistozän lebten Zwergelefanten auf vielen Mittelmeerinseln: Malta, Sardinien, Sizilien, Zypern, Kreta und mehreren anderen griechischen Inseln. Die „großen Männchen" der Art *Palaeoloxodon falconeri*, die in Sizilien lebte, wurden nicht einmal einen Meter groß. Zum Vergleich kann man anfügen, dass der größte Elefant unserer Zeit 1955 in Angola starb und im Smithsonian-Institut in Washington ausgestellt ist. Er wog 10 t und maß 4 m bis zum Widerrist, wobei die afrikanischen Elefanten sehr selten 3,5 m und 6 t Gewicht überschreiten. Der asiatische Elefant, der einer anderen Art angehört, ist kleiner, etwa so groß wie die Wollmammuts, wobei diese fülliger waren. So erstaunlich es auch sein mag, so entwickelte sich der Minielefant Siziliens aus dem Elefanten mit geraden Stoßzähnen des Kontinents. Manchmal heißt es, diese Tiere seien auf den Inseln klein geworden, weil ihnen das Futter fehlte, oder das Kleinerwerden wird dem Fehlen der großen zu Land lebenden Räuber zugeschrieben. Es mag wie ein Witz klingen, aber die Jungen der Zwergelefanten der Mittelmeerinseln suchten wohl den Himmel ab, um sich vor ihrem einzigen Feind in Sicherheit zu bringen: dem Adler. In Wirklichkeit haben beide Hypothesen miteinander zu tun, da einer der Vorteile, groß zu sein, darin besteht, dass es weder Löwe noch Tiger gibt, der einen erwachsenen Elefanten frisst, noch einen Haifisch, der einem Wal Angst einjagt. Der Preis, den man dafür zahlen muss, andere einzuschüchtern zu können: Das ganze Leben wird mit Fressen verbracht, wenn genügend Nahrung und ausreichend Wasser vorhanden ist; ein erwachsener Elefant kann täglich bis zu etwa 300 kg fressen und 160 l Wasser trinken. Wenn es keine Raubtiere gibt, kann man die Größe reduzieren und damit die Chance vergrößern, den Wanst voll zu kriegen.

Die genannten russischen Wissenschaftler unterstützen die Theorie, dass das große Aussterben der Mammuts am Ende des Pleistozäns durch die Auswirkung der klimatischen Veränderungen auf die Pflanzen bedingt war, von denen sie sich in ihren Ökosystemen von Steppe und Tundra ernährten. Sie behaupten auch, das Überleben der Mammuts auf der Insel Wrangel sei dadurch bedingt, dass an diesem Ort das Habitat, an das sie angepasst waren, länger erhalten blieb. Die heutigen Elefanten äsen und weiden. Die Wollmammuts hingegen weideten nur in den arktischen Steppen. Schließlich fanden die Mammuts aufgrund des Klimas auch auf der Insel Wrangel kein Futter mehr, und laut Vartayan und seinen Kollegen hatten die menschlichen Wesen damit nichts zu tun. Dieses Argument entbindet uns zumindest der Verantwortung für das Aussterben des größten Säugetiers des Pleistozän, und es wäre schlimm, wenn es anders wäre, denn es gibt Beweise, dass die Eskimos vor 3000 Jahren auf die Insel Wrangel gelangten. Vielleicht tauchten sie tausend Jahre früher auf als wir wissen und rotteten die letzten Wollmammuts aus, die es auf der Erdkugel noch gab. Sind wir schließlich doch schuldig? Die einzige Antwort, die wir dem Leser, wie so oft in der Wissenschaft, anbieten können, ist, dass man noch weiter forschen muss.

TEIL III

Die Geschichtenerzähler

Kapitel sieben
Ein vergiftetes Geschenk

Wissen, dass wir sterblich sind, bedeutet, dass das Leben von vornherein verloren ist, ganz gleich, wie vielen Gefahren wir entkommen. Wenn die Tiere sich ihrer Sterblichkeit bewusst wären, würden sie ihren zoologischen Limbus verlassen, um sich aufzurichten.

Fernando Savater,
Philosophisches Wörterbuch

Die Entdeckung

Bis die Evolution bei der Population der Sima de los Huesos anlangte, hatte sie bereits ein spektakuläres Anwachsen der Gehirngröße bewirkt. Daraus ergab sich ein beachtlicher Fortschritt bei den höheren geistigen Fähigkeiten und eine Bewusstseinserweiterung. Immer mehr Handlungen wurden von dieser Fähigkeit gesteuert. Das Bewusstsein war nicht auf die Gegenwart beschränkt, sondern auf die Zukunft gerichtet, auf das, was kommen wird. Auf diese Weise konnte man sich auf die Ereignisse der natürlichen Welt einstellen und die Handlungsweisen der anderen Menschen voraussehen.

Und dann geschah es. Es wurde eine sensationelle Entdeckung gemacht, die erste der großen Früchte des Denkens und eine Einstimmung auf all jene, die folgen sollten – eine Entdeckung, die wir alle irgendwann in unserem Leben machen, denn wenn wir geboren werden, wissen wir nichts davon. Die Hominiden erkannten, dass sie alle miteinander zum Sterben verurteilt waren. Diese Entdeckung war nichts anderes als das Ergebnis einer elementaren Schlussfolgerung, die vollkommen logisch ist, die aber von keinem anderen Wesen jemals gezogen wurde: Wenn die anderen unweigerlich sterben und ich nicht anders bin als die anderen, dann werde auch ich eines Tages sterben. Dazu ist es natürlich notwendig, zwischen dem *Ich* und *den anderen* unterscheiden zu können, aber diese Fähigkeit können wir bereits beim *Homo ergaster* beobachten, und vielleicht gab es sie auch schon bei den Australopithecinen. Wir wissen nicht, wann das Wissen um die Unausweichlichkeit des Todes erlangt wurde, wer die ersten lebendigen Wesen waren, die sich dessen bewusst wurden, jedenfalls aber war es vor 300000 Jahren im Kopf der Bewohner der Sierra de Atapuerca von bereits gegenwärtig. Ironischerweise brachten mehr als 3,5 Milliarden Jahre Evolution ein Wesen mit außergewöhnlicher Intelligenz hervor, das schließlich begriff, dass die Tage eines Lebens ein Countdown sind. Wie es schon in Prediger (1, 18) heißt: „Denn bei viel Weisheit ist viel Verdruss, und mehrt man das Wissen, mehrt man das Leid." Die höhere geistige Fähigkeit war ein vergiftetes Geschenk.

Viele Denker, wie beispielsweise Fernando Savater, glauben, dass erst das Wissen um einen Tod, dem wir nicht entrinnen können, ganz gleich was wir tun, uns zu richtigen Menschen machte. Wenn das stimmt, dann müssen jene nordspanischen Höhlenbewohner, die vor 300000 Jahren lebten, als vollwertige Mitglieder derselben Familie angstvoller Wesen verstanden werden, zu der auch wir gehören. Aber dasselbe Plus an Intelligenz, das uns den Tod erkennen ließ, ermöglichte es uns auch, ebenfalls zum ersten Mal, zu erkennen, dass wir lebendig sind: So nehmen wir das Leben bewusst wahr. Fernando Savater ist der Auffassung, dass die Reaktion der vorgeschichtlichen Menschen, die den Tod entdeckten, darin bestand, sich schön zu machen, sich zu schmücken, sich angesichts des tragischen Endes zu bejahen, mit Symbolen die große Freude darüber zu zeigen, (noch) lebendig zu sein. Hier kommen die Worte zum Tragen, die Amin Maalouf in seinem Buch *Leo Afrikanus* eine der Figuren aussprechen lässt: „Wäre der Tod nicht unausweichlich, so hätte der Mensch sein gesamtes Leben damit vergeudet, ihm aus dem Weg zu gehen. Er hätte nichts gewagt, nichts ausprobiert noch unternommen, nichts erfunden und nichts gebaut. Er hätte sich ein Leben lang geschont." Von Mythen und Kunst werde ich an anderer Stelle sprechen, im nächsten Abschnitt will ich jedoch darauf eingehen, wie lange jene Menschen lebten, die bereits wussten, was sie am Ende des Wegs erwartet.

Die Lebensdauer in der Vorgeschichte

Immer wieder hört man die Meinung: Früher, in vorgeschichtlicher Zeit, lebten die Menschen sehr kurz; die Lebenserwartung war sehr niedrig, man starb sehr früh. Die wenigen Menschen aus der Zeit der Höhlenmalerei von Altamira, die 30 Jahre alt wurden, waren schon sehr gealtert. Die erste Behauptung ist teilweise richtig, denn das durchschnittliche Sterbealter lag wesentlich unter dem, das heute für Spanien gilt, und andererseits falsch, denn nicht jeder starb, bevor er 30 Jahre alt war. Die zweite Behauptung ist schlichtweg falsch. Die Männer und Frauen von Altamira waren mit 30 Jahren (biologisch) genauso alt, wie irgendjemand von uns es in diesem Alter ist. Ich erkläre dies gerne auf scherzhafte Art: Schon länger habe ich das Alter Christi überschritten, aber ich fühle mich immer noch dazu in der Lage, einer Gruppe jüngerer Menschen zu folgen, die sich auf ihrer Nahrungssuche fortbewegt, und ich kann sogar noch am Jagen und Sammeln teilnehmen. Ich sehe nicht ein, weshalb ich schon mausetot sein sollte, wenn ich ein vorgeschichtlicher Mensch wäre. Vielleicht wäre ich es, wenn ich Pech gehabt hätte (jeder von uns wäre irgendwann einmal fast gestorben, ob als Kind oder als Erwachsener), aber ich könnte auch noch leben, wenn mich das Glück begleitet hätte – oder die Erfahrung.

Spaß beiseite; in den nächsten Absätzen werde ich diese so weit verbreiteten Glaubenssätze prüfen und dabei bei den heutigen Völkern mit Jagd- und Sammelwirtschaft beginnen. Auch von ihnen nimmt man an, keiner würde alt, und vielleicht überraschen sie uns, wenn wir sie besser kennen lernen.

Stellt man eine Untersuchung zur Demographie (der Altersstruktur) einer Population dieser Art an, die keine Ausweise kennt noch Geburtsurkunden ausstellt, taucht ein Problem auf, das den Leser vielleicht überrascht, das aber ein manchmal unüberwindliches Hindernis darstellt: Die Leute wissen nicht, wie alt sie sind, nicht einmal ungefähr. Der Grund für diese erstaunliche Ignoranz (die allerdings nur für unsere westliche Mentalität erstaunlich ist) besteht darin, dass es unwichtig ist, das Alter eines Erwachsenen zu kennen. Wichtig sind die Lebensstufen: Kind, Jugendlicher, Erwachsener sowie die Verwandtschaftsbeziehungen: Mutter, Vater, Sohn, Bruder usw., jedoch nicht das exakte chronologische Alter. Die einzige Möglichkeit, dieses herauszufinden, besteht darin, zu versuchen, die Mitglieder einer Gruppe altersmäßig zu ordnen, beginnend mit den Neugeborenen bis zu den Ältesten: So kann man eine Liste von Altersbeziehungen erstellen. Dabei muss man sich vergewissern, wer jeweils älter ist als der andere, wozu man verschiedene Personen befragen muss: Manchmal ist es schwierig, die Abfolge der Geburten herauszufinden, und dies sogar bei Geschwistern!

Hat man die Mitglieder einer Gemeinschaft chronologisch geordnet, muss das exakte Alter von zumindest einigen Personen bestimmt werden, um davon ausgehend das Alter der anderen schätzen zu können, die zwischen denen geboren wurden, deren Alter man kennt. Manchmal funktioniert dies, beispielsweise bei Stämmen, die zu verschiedenen Zeitpunkten von Forschern besucht wurden, und wo einige Individuen von frühester Kindheit an und über mehrere Besuche hinweg beobachtet werden können (wobei die Personen häufig während des Lebens den Namen ändern, was die Sache noch komplizierter macht).

Bei den westlichen Hadza trafen wir diese günstigen Umstände an, und uns liegt eine akzeptable Zählung von 706 Personen vor, die 1985 vorgenommen wurde. Dabei verfügte man über eine Basis von 48 Personen, deren Alter man kannte, und der Rest wurde aufgrund des relativen Alters zugeordnet (d.h. also, einer im Vergleich zum anderen).

Die Hadza sind ein Volk moderner Jäger und Sammler, die eine gemeinsame Sprache sprechen und auf einer 2500 km^2 großen Fläche leben, die an den Eyasisee im Norden Tansanias grenzt. In den letzten Jahren wurden sie von James O´Connell, Kristen Hawkes und Nicholas Blurton Jones untersucht; sie sind eines der sehr wenigen Völker mit nicht produktiver Wirtschaftsform – sie halten kein Vieh noch kultivieren sie die Erde –, deren Altersstruktur genau erforscht werden konnte. Ein anderes afrikanisches Volk mit ähnlicher Wirtschaft waren bis vor kurzem die Dobe !Kung, die im Norden der Wüste Kalahari in Botswana leben. Mit ihrer Altersstruktur beschäftigte sich Nancy Howell. In Paraguay (Südamerika) leben die Ache, ein Volk, das sein Leben als Jäger und Sammler erst vor kurzem aufgegeben hat; die Ache wurden von Kim Hill und Magdalena Hurtado untersucht. Andere Völker, wie beispielsweise die Yanomamo in Südvenezuela und Nordbrasilien, die zwar streng genommen keine Jäger und Sammler sind, da sie kleine Parzellen des Urwaldes, in dem sie leben, kultivieren – außer zu jagen und wilde Früchte zu sammeln –, können ebenfalls Aufschluss geben über die Altersstruktur von heutigen Populationen, die keinen Zugang zur modernen Medizin haben.

Dank der von den Forschern zusammengetragenen Daten können Bevölkerungspyramiden oder Alterspyramiden dieser Völker angelegt werden. Eine Bevölkerungspyramide spiegelt die Altersstruktur einer Population wider. Sie wird so bezeichnet, weil sie in einzelnen Streifen die Zahl der lebenden Personen eines jeden Altersintervalls widerspiegelt (die Intervalle können beispielsweise fünf Jahre einschließen: 0–4, 5–9, 10–14 usw.). Unten befinden sich die kleinen Kinder, die die

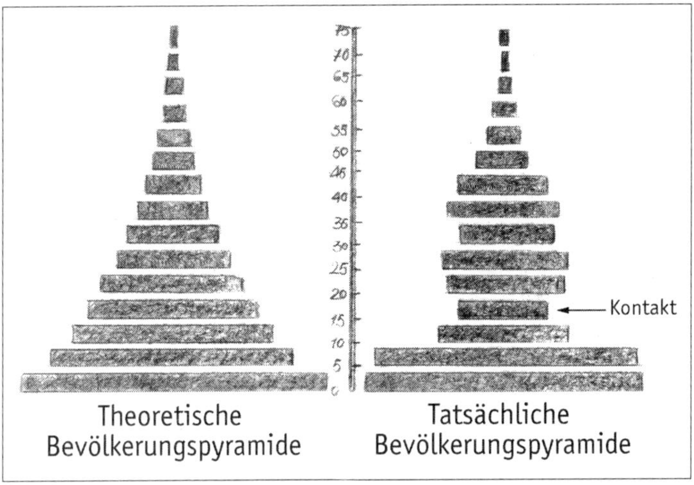

Abb. 20: Theoretische (oder ideale) Bevölkerungspyramide und tatsächliche Bevölkerungspyramide der Ache im Jahr 1987. Die Breite der Balken entspricht dem Anteil der Bevölkerung im betreffenden Altersabschnitt. Der friedliche Kontakt zu den benachbarten Populationen in den siebziger Jahren bewirkte eine große Sterblichkeit, besonders aufgrund von ansteckenden Krankheiten, und wirkte sich deutlich auf die Bevölkerungspyramide aus. Viele Kinder starben, weil sie entweder selbst krank waren oder weil ihre kranken Eltern sie nicht versorgen konnten. Nach Daten von Hill und Hurtado (1996).

zahlenmäßig größte Gruppe darstellen. In den oberen Etagen, die den aufeinanderfolgenden Altersintervallen entsprechen, gibt es immer weniger Individuen, da die Leute nach und nach sterben. Das Ergebnis ist, dass die Grafik die Form einer Pyramide annimmt.

Bei der Alterspyramide der Hadza ist das unterste das breiteste Stockwerk – was normal ist –, und es entspricht den Kindern unter fünf Jahren; gerundet machen sie 15 Prozent der insgesamt 706 gezählten Individuen aus. Die Personen unter 20 Jahren machen fast 50 Prozent der Population aus, und die unter 60-jährigen 90 Prozent, sodass praktisch ein Zehntel der Hadza Personen über 60 Jahre sind, beachtlich alt dafür, dass sie sich von Naturprodukten ernähren und mit Hyänen und

Löwen zusammenleben. Wir sehen weiter, dass es bei den Hadza viele Kinder und Jugendliche gibt, dass aber trotz allem weder Erwachsene noch Greise fehlen. Das Leben dieser modernen Jäger und Sammler ist nicht so schrecklich hart, wie man meinen könnte. Bei den !Kung der Kalahari ist die Population insgesamt etwas älter; die Personen unter 20 Jahren machen beispielsweise nur 40 Prozent der Gesamtheit aus statt 50 Prozent bei den Hadza. Dies liegt daran, dass die Population der !Kung stagniert, wogegen die der Hadza wächst, und darum gibt es dort mehr junge Personen.

Wenn aber schon die heutigen Jäger und Sammler nicht wissen, wie alt sie sind, so können uns die Toten, selbst wenn sie es wüssten, nicht erzählen, in welchem Alter sie starben. Glücklicherweise können wir aber auf den Grabtafeln schriftliche Zeugnisse darüber finden, wie lang das Leben in einer noch nicht sehr fernen Vergangenheit dauerte, wodurch das Erstellen von Sterbetafeln der historischen Populationen möglich ist. Eine Bevölkerungspyramide spiegelt die Altersstruktur einer lebenden Population wider, während die Sterbetafel den Personen entspricht, die sich „auf der anderen Seite" des Dorfes befinden, nämlich auf dem Friedhof. Schon vor einigen Jahren machte sich Antonio García y Bellido daran, die Grabtafeln des alten römischen Hispaniens auszuwerten, und in seinem wunderschönen und beispielhaft didaktischen Buch *Veinticinco estampas de la España antigua* (Fünfundzwanzig Ansichten des antiken Spaniens) erstellte er eine kleine Statistik der damaligen Altersstruktur.

Antonio García y Bellido sammelte dazu etwa 5000 Grabinschriften der gesamten römischen Kaiserzeit, von Augustus bis zum Verfall des Kaiserreiches, wobei es sich hauptsächlich um Daten aus den drei ersten Jahrhunderten unserer Zeitrechnung handelt. Er schloss die Grabschriften von Soldaten und gewaltsam zu Tode gekommenen Personen aus, um ein Bild der Sterbewahrscheinlichkeit in der zivilen Gesellschaft erstellen zu können. Außerdem bezog er lediglich die Todesalter der über

Zehnjährigen ein, womit er die sicherlich hohe Kindersterblichkeit unbeachtet ließ. Da die Zahl der Grabsteine so groß war, wertete Antonio García y Bellido nur zwei Proben mit jeweils 100 Personen aus, die eine aus dem unteren Teil Andalusiens, die andere von der kantabrischen Küste. Laut der Probe der Andalusier starb mehr als etwa ein Drittel zwischen 10 und 30 Jahren, ein weiteres Drittel zwischen 30 und 50 Jahren, und das letzte Drittel mit über 50 Jahren (die Hälfte davon zwischen 50 und 60 und die andere Hälfte mit über 60 Jahren). Bei den kantabrischen Populationen starb die Hälfte zwischen 10 und 30 Jahren und die andere Hälfte von diesem Alter an. Zwar ist in diesem letzten Fall die Sterblichkeit unter den Jugendlichen enorm, viel größer als in Andalusien. Die Lebenserwartung derer, die über 30 Jahre alt wurden, war im kantabrischen Küstengebiet jedoch höher: von den 100 Personen der Probe wurden 18 älter als 70 Jahre; aber die zugrunde gelegten Proben sind vielleicht zu klein, als dass man so genaue Vergleiche zwischen ihnen ziehen könnte.

Diese einfachen Statistiken weisen aber darauf hin, dass bei den Hispano-Römern entgegen der verbreiteten Auffassung nicht alle Leute jung starben. Anders sieht es bei der Lebenserwartung vom Zeitpunkt der Geburt an aus, die das durchschnittliche Sterbealter der gesamten Population darstellt. Da hier alle einbezogen werden, die geboren wurden, bewirkte die erschreckend hohe Kindersterblichkeit der Vergangenheit, dass der Durchschnitt sehr niedrig lag. Um dies zu verstehen, muss man nur die Königshäuser durchgehen, in denen die Personen lebten, die zu allen Zeiten die größtmögliche medizinische Versorgung genossen. So wie Gregorio Marañon es ausdrückt: Die Prinzen, die den Thron bestiegen, waren häufig die Überlebenden einer Katastrophe, bei der die Geschwister umkamen. Bei den Bewohnern des Römischen Imperiums dürfte die Lebenserwartung etwa 30 Jahre gewesen sein, wobei sie von Gegend zu Gegend etwas schwankte; an vielen Orten dürfte sie noch darunter gelegen haben. Bei den heutigen Hadza in Tansania wird die Lebenserwartung auf etwa 31 bis 32 Jahre geschätzt, was bedeutet, dass die „Zivilisation" den menschlichen Wesen nicht immer ein besseres Leben bescherte, zumindest nicht ein Leben mit niedrigerer Sterbewahrscheinlichkeit. Die produktiven Wirtschaftsformen ließen lediglich die Zahl der menschlichen Wesen ansteigen.

Hatte man diese so schwierige Zeit der frühen Kindheit hinter sich, so war die Lebenserwartung gar nicht so niedrig. Für die Proben von Hispano-Römern aus dem unteren Teil Andalusiens und der kantabrischen Küste liefert uns Antonio García Bellido folgende Angabe: Die Lebenserwartung mit zehn Jahren, oder anders gesagt, die Jahre, die die Kinder durchschnittlich noch vor sich hatten, wenn sie einmal zehn Jahre alt geworden waren, lag in beiden Fällen bei etwa 30 Jahren (diese zehnjährigen Kinder wurden also im Durchschnitt 40 Jahre alt). Nicht gerade überwältigend. Wenn man erst einmal die ganze Entwicklung abgeschlossen hatte, waren die Lebensaussichten rosiger: Das durchschnittliche Sterbealter unter Erwachsenen (Personen über 20 Jahren) ist in Europa mit 50 bis 55 Jahren bis vor ganz kurzer Zeit anscheinend ziemlich konstant geblieben. Diese relativ hohen Zahlen brauchen uns nicht zu überraschen, da bei den Ache aus Paraguay eine Frau, die bis zu ihrem 20. Lebensjahr überlebt hat, damit rechnen kann, im Durchschnitt 60 Jahre alt zu werden; bei einem Mann sind es 54 Jahre. Eigentlich haben sich die demographischen Parameter seit dem Neolithikum (und vielleicht sogar seit dem Jungpaläolithikum) kaum verändert, bis in der zweiten Hälfte des 19. Jahrhunderts in der westlichen Welt die so genannte demographische Revolution einsetzte, die die Lebenserwartung zum Zeitpunkt der Geburt enorm ansteigen ließ.

Die Fortschritte der modernen Medizin und vor allem die Entdeckung des Pockenimpfstoffs durch den Engländer Edward Jenner am Ende des 18. Jahrhunderts sowie die Maßnahmen öffentlicher Hygiene und die medizinischer Betreuung, die seitdem immer mehr ausgebaut wurde, ließen die Kindersterblichkeit so sehr sinken, dass heute der Tod eines Kindes als unvorstellbare Tragödie empfunden wird, obwohl es noch gar nicht lange her ist, dass man ihn mit Resignation als etwas Alltägliches hinnahm, als etwas, womit man rechnen musste. Noch schlimmer war es, wenn eine Seuche auftrat und die Bevölkerung dahinraffte, wie im Mittelalter die entsetzlichen Ausbrüche der Pest, die immer wieder Millionen von Menschen in Europa heimsuchten. Die Pest war ein unsichtbarer Feind, gegen den man nicht kämpfen konnte. Die Lebenserwartung zum Zeitpunkt der Geburt liegt heute in allen Industrieländern und einem Teil der Schwellenländer bei 70 Jahren, während sie in vielen Ländern Afrikas noch unter 50 Jahre und in einigen besonders armen afrikanischen Ländern sogar unter 40 Jahre beträgt. Wir hoffen, dass dies nicht mehr lange so ist, denn heute gibt es alle Möglichkeiten, dies zu vermeiden.

Die Untersuchung der Paläodemographie anderer menschlicher Arten, wie beispielsweise der Neandertaler, stellt von jeher eine der großen Herausforderungen der Paläoanthropologie dar. Hier treffen jedoch zwei große Probleme aufeinander. Eines davon ist, dass man nicht über die fossilen Reste einer einzigen Population verfügt, wie dies auf einem Friedhof der Fall ist, sondern über wenige Knochen vieler Individuen, die zu vielen Populationen aus verschiedenen Gegenden und unterschiedlichen Epochen gehörten: im Fall der Neandertaler von der Iberischen Halbinsel und Wales bis nach Usbekistan und bis in den Irak (und dies über viele Jahrtausende). Wir können all die Individuen zusammennehmen und versuchen, eine einzige Probe zu erstellen, die vielleicht in gewisser Weise das durchschnittliche Sterbealter der Neandertaler darstellen würde. Wenn wir uns bewusst machen, dass kein Demograph es wagen würde, die Knochen heutiger Spanier mit denen der Juden zur Zeit Christi in einen Topf zu werfen, so können wir uns vorstellen, was es bedeutet, Fossilien zusammenzufassen, die zehntausende Jahre auseinander liegen und zu Populationen gehören, die in unterschiedlichen Lebensräumen und unter unterschiedlichen Bedingungen lebten. Und dabei sind die Neandertaler diejenige ausgestorbene menschliche Art, von der wir die meisten Fossilien haben, diejenige also, die für die Durchführung eines solchen Experiments am ehesten geeignet wäre. Das andere große Problem ist die Feststellung des Sterbealters bei den Fossilien. Wenn es schon – wie erwähnt – fast unmöglich ist, das Alter der lebenden Hadza, !Kung oder Ache mit der notwenigen Genauigkeit herauszufinden, wie soll man da etwas über das Alter der Neandertaler wissen können, die seit Jahrtausenden tot sind?

Das erste Problem – die Verteilung der Fossilien in Zeit und Raum – kann man nicht einfach kurzfristig lösen. Wie immer in der Paläontologie muss man mit den Fossilien arbeiten, die zur Verfügung stehen, und die Probe allmählich vergrößern, damit sie repräsentativer wird. Jeder neue Fund ist ein Schritt in diese Richtung. Für das zweite Problem gibt es zwei Lösungen, keine von beiden ist jedoch völlig zufrieden stellend. Die eine besteht darin, unsere Techniken zur Bestimmung des Sterbealters der Skelette zu verbessern; die andere ist die, die Fossilien in einige wenige große Altersgruppen einzuteilen, um durch die Erweiterung der Grenzen die Ungenauigkeit in der Berechnung des Todesalters zu kompensieren. Statt zu versuchen, das Todesjahr des Individuums festzustellen, müssen wir uns manchmal damit zufrieden geben, die Dekade oder einen noch größeren Alterszeitraum zu bestimmen. Bei den Individuen unserer Art, deren Entwicklung noch nicht abgeschlossen ist, also bei denen, deren bleibende Zähne noch nicht alle da sind und bei denen sich noch nicht alle Knochen gefestigt haben, kann man das Todesalter ziemlich exakt schätzen. Wir verfügen dazu über genaue Tabellen zum Zahndurchbruch (Bildung und Herauskommen der Milchzähne und der bleibenden Zähne) und zur Epiphysenverknöcherung (Festigung der Knochenenden).

Bei einer erwachsenen Person brechen definitionsgemäß keine Zähne mehr durch und die Knochen wachsen nicht weiter, sodass wir auf andere Methoden zur Feststellung von Alter und Tod zurückgreifen müssen. Mehrere davon hat man ausprobiert. Eine, die sehr häufig angewandt wurde, basiert auf der Verschmelzung der Nähte, die die Schädelknochen gegeneinander abgrenzen. Bei Individuen, die ihre Entwicklung noch nicht abgeschlossen haben, sind diese Nähte noch offen, sodass die Schädelknochen gegeneinander verschoben werden können, später schließen sie sich allmählich. Diese Methode wurde schließlich verworfen, da die Schließung der Schädelnähte nicht mit konstantem und bei allen gleichem Tempo voranschreitet. Man hat auch versucht, die mikroskopischen Veränderungen in der inneren Knochenstruktur (genau genommen in ihrer Histologie) heranzuziehen, jedoch ohne großen Erfolg.

Die Methoden, die heute am meisten verbreitet sind, stützen sich auf bestimmte Veränderungen der Hüfte, die sich auf die Oberflächen der Gelenkverbindung zwischen den beiden Hüftgelenksknochen und dem Kreuzbein (dem Kreuzbein-Darmbein-Gelenk) auswirken sowie auf Veränderungen in der Symphyse (dem vordersten Punkt des Beckens, an dem die beiden Schambeine aufeinandertreffen). Außerdem treten bei Erwachsenen im Alter Veränderungen in der inneren Struktur (den Trabekeln) der oberen Enden von Oberschenkelknochen und Oberarmknochen auf, die man durch Röntgenaufnahmen sichtbar machen kann.

Eine andere Methode, die angewandt wird, wenn es keine andere Möglichkeit gibt, basiert auf der Abnutzung der Zahnkronen, die natürlich bei alten Menschen weiter fortgeschritten ist als bei jungen Erwachsenen. Da die Abnutzung der Zähne von der Ernährung abhängt, genau genommen von der Menge an abschleifenden Teilchen, wird diese Methode speziell auf die jeweilige Population zugeschnitten. Das geschieht, indem man den Grad der Zahnabnutzung bei den nicht erwachsenen Individuen je nach Anzahl der bereits durchgebrochenen zweiten Zähne berechnet und diesen Wert dann auf die Erwachsenen überträgt, um ihr Todesalter zu schätzen. Im Allgemeinen funktionieren all diese Methoden besser bei jungen Erwachsenen als bei Greisen, und mit zunehmendem Alter des Individuums werden die Schätzungen des Todesalters immer weniger verlässlich.

Die Übertragung von Kriterien zur Bestimmung des Todesalters auf fossile Menschen, die nicht zu unserer Art gehören, setzt zwangsläufig die Annahme voraus, dass bei ihnen die Muster und Geschwindigkeiten von Entwicklungs- und Alterungsprozess die gleichen waren wie bei uns. Was die Neandertaler betrifft, so halten die meisten Wissenschaftler dies aufgrund des engen Zusammenhangs zwischen Gehirngröße und Entwicklung für sehr wahrscheinlich: Da die Gehirngröße bei den Neandertalern im Durchschnitt nicht geringer war als bei uns, kann man davon ausgehen, dass die Entwicklung bei ihnen nicht viel schneller verlief. Da andererseits erwiesenermaßen das Entwicklungsmuster, also, die Reihenfolge der Veränderungen, im Wesentlichen dem des heutigen Menschen entsprach, ist es nicht aus der Luft gegriffen, unsere Kriterien auf die Neandertaler zu übertragen.

Der derzeit größte Neandertaler-Spezialist, Erik Trinkaus, hat sein Projekt abgeschlossen, das Sterbealter aller Neandertaler, von denen wir wissen, zu sammeln und daraus eine paläodemographische Tabelle zu erstellen. Insgesamt zählte er 206 Neandertaler, eine wirklich hohe Zahl, die zeigt, wie viel wir von diesen ausgestorbenen Menschen wissen; alle gehörten zum Jungpleistozän (sind also weniger als 127000 Jahre alt). Es handelt sich jedoch nicht um 206 vollständige Skelette, sondern um – oftmals nur sehr kleine – Teile dieser Skelette. Trinkaus ordnete die Individuen sechs großen Kategorien zu: 1) Neugeborene: Individuen von weniger als einem Jahr; 2) Kinder: zwischen einem Jahr und fünf Jahren; 3) „Heranwachsende": von fünf Jahren bis unter zehn Jahren; 4) „Jugendliche": ab zehn Jahren, aber unter 20 Jahren; 5) Erwachsene: mindestens 20 Jahre, aber unter 40 Jahren; 6) „alte Erwachsene": ab 40 Jahren.

In der aus den Neandertalern zusammengesetzten Probe gab es nur sehr wenige Neugeborene, ein bekanntes Phänomen, an das die Paläodemographen gewöhnt sind. Die kleinen Kinder sind in den Grabstätten aller Zeiten sehr oft unterrepräsentiert. Dies liegt zum einen daran, dass ihre Knochen zerbrechlicher und empfindlicher sind und sie sich darum schlechter konservieren; zum anderen liegt es auch daran, dass die ganz kleinen Kinder in vielen Kulturen nicht als „Personen" betrachtet wurden und an anderen Orten als die älteren begraben wurden, also außerhalb der Friedhöfe.

Durch den Vergleich mit heutigen Populationen, die noch keinen Zugang zur modernen Medizin haben, oder mit Populationen aus der Vergangenheit, die vor der demographischen Revolution lebten, wissen wir, dass die Sterbewahrscheinlichkeit der unter Fünfjährigen bei den Neandertalern insgesamt 40 Prozent ausgemacht haben dürfte, wenn sie nicht gar darüber lag; mit anderen Worten starb also fast die Hälfte der Population vor Beendigung des fünften Lebensjahrs. Die Sterbewahrscheinlichkeit sank dann bei den „Heranwachsenden" und „Jugendlichen", um bei den Erwachsenen wieder anzusteigen. Dieses U-förmige Muster ist bei allen Populationen von Säugetieren gleich. Die Wahrscheinlichkeit zu sterben, ist für die ganz jungen Individuen und für die Erwachsenen und Alten größer als für die Individuen, die die horrende Sterbewahrscheinlichkeit gleich nach der Geburt sowie die kritische Abstillphase bereits überwunden haben, aber noch Schutz und Pflege durch die Eltern genießen und den Gefahren des Erwachsenenlebens noch nicht ausgesetzt sind (wenn ich von der Sterbewahrscheinlichkeit spreche, beziehe ich mich dabei auf ein Jahr oder einen bestimmten Zeitraum, da die Wahrscheinlichkeit zu sterben bei uns allen, so fürchte ich, bei 100 Prozent liegt).

In den Listen der Neandertaler erscheint jedoch ein erstaunliches Phänomen: Es gibt viel weniger „alte Erwachsene" (über 40-Jährige), als man erwarten könnte. In den vergleichbaren heutigen Populationen erreichte ungefähr die Hälfte der Individuen, die erwachsen wurden, die Kategorie „alte Erwachsene", während bei den Neandertalern nur 20 Prozent, allerhöchstens 30 Prozent der Erwachsenen älter als 40 Jahre wurden. Wenn man eine Kindersterblichkeit (bei den Kindern unter fünf Jahren) zwischen 35 und 45 Prozent berücksichtigt, zeigt sich, dass die Neandertaler, die mit über 40 Jahren starben, nur einen Anteil von 6 Prozent der Gesamtbevölkerung ausmachten. Für diese Anomalie muss es eine Erklärung geben, wenn wir davon ausgehen, dass die potenzielle Lebenserwartung der Neandertaler ähnlich war wie die unserer Art: sogar bei den Schimpansen, deren potenzielle Lebenserwartung etwa halb so hoch ist wie die unsere, sterben 35 Prozent der Population älter als 27 Jahre (eine Alterskategorie, die Trinkaus als Entsprechung zur menschlichen Kategorie „alte Erwachsene" ansieht).

Eine mögliche Lösung ist es, die Daten zu akzeptieren und anzunehmen, dass die Lebensdauer bei den Neandertalern sehr viel kürzer war als bei den modernen Menschen, kürzer auch als bei denen, die einen Lebensstil führen, der vergleichbar erscheint. Das Leben der Neandertaler wäre dann solchen Gefahren ausgesetzt gewesen, dass wenige Leute älter als 40 Jahre wurden. Zwar ist es vernünftig, hinzunehmen, dass die Lebenserwartung zum Zeitpunkt der Geburt bei den Neandertalern weit unter 30 Jahren lag. Um das beinahe vollständige Fehlen „alter Erwachsener" zu erklären, müsste man sich die Population allerdings in einer Situation demographischen Stresses vorstellen, den sie unmöglich überwinden konnte, sobald auch nur der erste widrige Umstand auftrat, wie beispielsweise eine ökologische Krise (eine lange Trockenheit, lange und harte Winter, eine Epidemie unter ihren Beutetieren, Jahre, in denen es wenig Früchte gab usw.).

Bei einer solchen Sterbeziffer und einer so geringen Lebenserwartung zum Zeitpunkt der Geburt wäre bei den Neandertalern eine große Fruchtbarkeit nötig gewesen, um demographisch lebensfähig zu bleiben. Die !Kung-Frauen bekommen im Durchschnitt 4,7 Kinder, die Hadza 6,15 Kinder und die Ache etwa 8 Kinder. Es gibt also große Unterschiede zwischen den modernen Jägern und Sammlern. Wenn aber die Sterbeziffer der

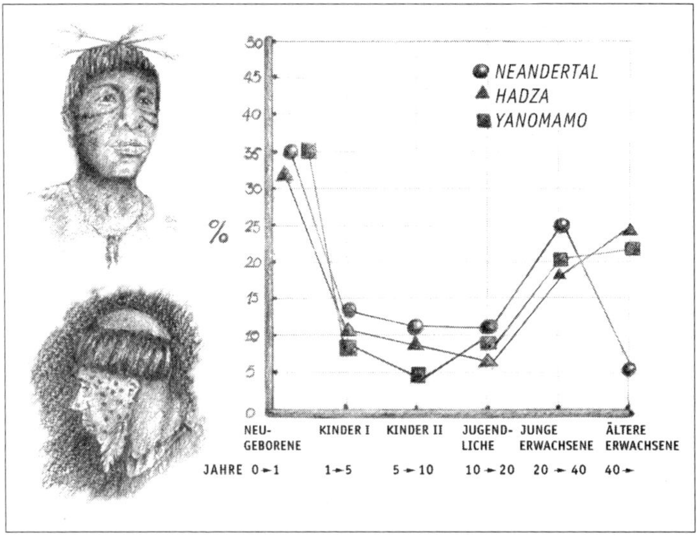

Abb. 21: Darstellung des Sterbealters bei den Hadza, den Yanomamo und den Neandertalern. Die vertikale Achse zeigt den Anteil der Bevölkerung, die in den verschiedenen auf der horizontalen Achse angegebenen Lebensabschnitten starb. Daten von Trinkaus (1995).

Neandertaler sehr viel höher war als die der modernen Stämme wie der Ache – bei denen das durchschnittliche Sterbealter bei erwachsenen Männern, wie schon erwähnt, bei 54 Jahren und bei den Frauen bei 60 Jahren liegt –, müsste die Fruchtbarkeit noch größer sein. Eine Möglichkeit, die Fruchtbarkeit zu erhöhen ist es, die Abstände zwischen den Geburten zu reduzieren. Doch es ist schwer vorstellbar, dass die Neandertaler darin weiter gehen konnten als die modernen Populationen und ihre Kinder noch früher (also noch „unfertiger") abstillten. Bei den !Kung liegt der Zeitraum zwischen den Geburten im Durchschnitt bei vier Jahren und bei den Ache bei etwa drei Jahren.

Die unterschiedliche Fruchtbarkeit von !Kung- und Achefrauen hängt damit zusammen, dass bei den Ersteren die Gebärfähigkeit früher endet, vielleicht aufgrund von Geschlechtskrankheiten, die es bei dieser Population gibt. Es könnte sein, dass die Neandertaler-Frauen sehr lange Zeit gebärfähig waren und sich damit ihre Fruchtbarkeit erhöhte; dabei endete die gebärfähige Zeit nicht später, sie könnte jedoch in sehr jungem Alter begonnen haben. Die Verschiebung von erster Empfängnis und erster Schwangerschaft nach vorne müsste im Vergleich zu unserer Art jedoch gewaltig gewesen sein, um die bereits erwähnte enorme Sterbeziffer kompensieren zu können.

Die Menarche, d. h. die erste Regelblutung der Frau, hat sich bei den Frauen im Westen in den letzten Jahrhunderten nicht nach hinten verschoben, wie viele glauben, sondern sie tritt im Gegenteil früher ein. Der Grund dafür ist, dass der Beginn der Gebärfähigkeit stark durch die Qualität und die Quantität der Nahrung bedingt ist, die während der Entwicklung aufgenommen wird. Man kann ein theoretisches Modell konstruieren, das die Menarche und das Alter der ersten Geburt mit dem Körpergewicht der Mädchen in Beziehung setzt, das wiederum widerspiegelt, wie reichhaltig die Nahrung ist. Bei den Jägern und Sammlern, die eine sehr anstrengende Tätigkeit ausüben und daher einen großen Kalorienverbrauch haben, deren Ernährung (Kalorienzufuhr) jedoch begrenzt ist, beginnt der fruchtbare Lebensabschnitt meist später als bei den Völkern mit westlichem Lebensstil, bei denen Kalorien im Überfluss verfügbar sind. Bei den Ache-Mädchen ist das häufigste Alter für die Menarche 13 Jahre, während bei den !Kung, die deutlich schlechter ernährt sind, die erste Regel typischerweise mit 17 Jahren eintritt; das theoretische Modell sagt voraus, dass die erste Geburt mit etwa 18 bzw. 19 Jahren stattfinden muss, so wie es auch tatsächlich geschieht (17 und 19 Jahre). Für die weißen Mädchen der Vereinigten Staaten hingegen sagt das Modell aus, dass die erste Regel mit etwa 12 Jahren stattfindet und die erste Geburt mit 16 Jahren. Die erste Zahl stimmt mit der Realität überein, die zweite hingegen nicht, was allerdings kulturelle und nicht biologische Gründe hat, nämlich entweder Verhütungsmaßnahmen oder sexuelle Enthaltsamkeit. Aber selbst wenn man dieses frühe Alter für die erste Geburt (16 Jahre) annimmt, geht die Rechnung bei den Neandertalern nicht auf, ganz abgesehen davon, dass es absurd ist, sich die Neandertaler-Frauen mit denselben Ernährungsbedingungen und dem geruhsamen Lebensstil der weißen US-Amerikanerinnen vorzustellen.

Da aber die Neandertaler sich, genau wie wir, langsam entwickelten, hätte ein früher Tod der Eltern viele Waisen zurückgelassen, die noch versorgt werden mussten. Nein, die alten Neandertaler, die fehlen, muss es eindeutig irgendwo gegeben haben.

Eine andere Möglichkeit könnte sein, dass die Kriterien für die Berechnung des Sterbealters bei den Alten insgesamt falsch sind, sodass man sie als jünger einstuft, als sie tatsächlich waren. Es könnte sein, dass der Indikator für das Sterbealter sich von einem gewissen Grad an, beispielsweise der Zahnabnutzung oder der Symphysenveränderung, stabilisierte und sich mit der Zeit kaum noch veränderte, sodass wir einige Individuen, die bereits 40 Jahre überschritten haben, den jungen Erwachsenen zurechneten. Jede der bisher dargestellten Möglichkeiten – hohe Sterbeziffer und Irrtümer in der Altersbestimmung – sind vernünftig und könnten zusammengewirkt haben, aber Trinkaus bringt eine dritte Erklärung ins Spiel, die ich für noch interessanter halte.

Der Großteil der Neandertaler-Fossilien aus der Probe (mit nur vier Ausnahmen) wurde in Höhlen gefunden. Wenn wir uns diese Höhlen als einen gewohnten Aufenthaltsort der Neandertaler, praktisch als ihr „Haus" vorstellen, müssten wir darin die Alten finden, die in den Bevölkerungsstatistiken fehlen. Tatsächlich findet man eine große Anzahl an Wohnstätten in vielen der von Neandertalern besetzten Höhlen, zusammen mit riesigen Mengen von Steinwerkzeugen, Abschlägen und Knochen von verspeisten Tieren. Die große Zeitspanne jedoch, über die sich die Bildung der Fundorte hinzog, macht diese zu Palimpsesten, zu Dokumenten also, auf denen sich viele Episoden der Höhlenbesetzung überlagern, die – jede für sich – nur von kurzer Dauer gewesen sein könnten – Minuten, Stunden, ein paar Tage, vielleicht ein paar Wochen – und zwischen denen vielleicht lange Zeitabstände lagen: Jahre, Jahrzehnte, Jahrhunderte oder Jahrtausende. Durch die große Zeitspanne einer jeden archäologischen Schicht werden viele Augenblicke, die sehr weit auseinanderliegen, auf ein und demselben Niveau vereint, sodass wir meinen, sie gehörten der gleichen Zeit an, was in Wirklichkeit aber nicht so war, – d. h. wir verlieren die zeitliche Perspektive.

Dies ist die Interpretation, die ich bevorzuge, dass sich nämlich das „Haus" der Neandertaler im Freien befand und die Höhlen in jener Epoche nur eines von vielen Elementen der Landschaft darstellten, einen Platz, den man hin und wieder für kurze Zeit – hauptsächlich als Zufluchtsort – nutzte. Die speziellen geologischen Merkmale führten jedoch dazu, dass sich die wichtigsten und fast einzigen Fundorte von Neandertaler-Fossilien hauptsächlich in den Höhlen bildeten, die uns dadurch als der Ort erschienen, wo sie lebten. Es ist ganz im Gegenteil sehr wahrscheinlich, dass die Populationen der Neandertaler sehr mobil waren; in diesem Fall wäre es viel wahrscheinlicher, dass ein Greis während ihres Umherziehens starb, als zu Zeiten, in denen sie geschützt in einer Höhle saßen und sich nicht bewegen mussten.

Es gibt viele Beispiele für Neandertaler, bei denen Krankheiten oder Wundverletzungen nachweisbar sind, von denen sie im Laufe ihres risikoreichen Lebens heimgesucht wurden. Der berühmte „Alte" von La Chapelle-aux-Saints, ein klassischer französischer Neandertaler, litt zum Zeitpunkt seines Todes unter einer allgemeinen, möglicherweise verletzungsbedingten Arthritis und hatte fast all seine Zähne verloren (es ist sicher, dass er noch nicht uralt war, als er starb: Trinkaus schätzt sein Alter auf etwa 30 Jahre). Andere Neandertaler litten ebenfalls an degenerativen Gelenkerkrankungen und hatten zahlreiche Knochenbrüche. Das Individuum 1 des irakischen Fundorts Shanidar war, möglicherweise aufgrund eines Schlages, einäugig, sein rechter Arm fehlte von oberhalb des Ellbogens an, und er hatte in Höhe der Hüfte, des Knöchels und des Fußes starke Schläge auf sein rechtes Bein erlitten. Die Tatsache, dass er all diese Verletzungen überlebte, zeigt, dass er von einem Teil der Gruppe gepflegt wurde.

In einer Untersuchung, die Erik Trinkaus und Tomy Berger durchführten, fanden sie heraus, dass die Verletzungen bei den Neandertalern an ähnlichen Körperstellen auftraten wie bei professionellen Rodeoreitern. Die meisten Verletzungen, die diese kühnen Reiter sich zuziehen, wenn das Pferd sie unsanft abwirft, betreffen Kopf, Rumpf und Arme. Bei den Neandertalern verlangte die Jagd, dass man sich den manchmal großen und kräftigen Beutetieren dicht näherte, und dies dürften die Folgen gewesen sein.

Trotz der vielen Verletzungen im Laufe ihres gefährlichen Lebens hatte keines der Individuen, von denen wir Fossilien besitzen, die Beweglichkeit seiner Beine vollständig verloren. Alle konnten sich fortbewegen, auch wenn sie nicht mehr jagen konnten. Möglicherweise ernährte sie der Rest der Gruppe, aber man trug sie nicht. Wenn die Höhlen, in denen man ihre Überreste fand, nur Zwischenstopps auf ihrem Weg waren, Haltepunkte der Neandertalergruppen beim Durchstreifen weiter Flächen, dann ist es gut möglich, dass der Großteil der Greise auf dem Weg zwischen der einen und der anderen Höhle (oder zwischen zwei Besuchen in der gleichen Höhle) zurückblieb, und dass man deshalb weniger von ihnen an den Fundorten fand als erwartet: Sie hielten einfach nicht bis zum Zufluchtsort durch. Eine Kombination dieser Hypothese mit den beiden zuvor genannten Erklärungen – Methoden zur Erkennung des Sterbealters, die die Älteren „jünger machen", und eine sehr niedrige Lebenserwartung – kann die endgültige Lösung für die sehr begrenzte Anzahl – oder gar das Fehlen – alter Neandertaler an den Fundstätten sein.

Was geschah in der Sima de los Huesos?

Die Sima de los Huesos ist eine wunderbare Ausnahme von der Norm, dass es an den einzelnen Fundorten der Neandertaler und ihrer Vorfahren jeweils nur wenige Individuen gab. Dank des Fundes einer Hand voll menschlicher Überreste an diesem Ort im Jahr 1976 wurde das Projekt Atapuerca gestartet. Ein paar Jahre später hat der Fundort Sima de los Huesos bereits mehr als 2000 menschliche Fossilien frei gegeben, und dies, obwohl erst auf sehr begrenzter Fläche und bis in geringe Tiefe gegraben wurde. Niemals zuvor hatte man einen Fundort mit einem solchen Fossilienreichtum der Gattung *Homo* entdeckt, der älter war als die der Grabstätten moderner Menschen am Ende des Jungpleistozäns. Abgesehen von der enormen Anzahl menschlicher Fossilien, die die Sima de los Huesos enthält, findet man dort auch Überreste aller Teile des Skeletts – selbst die der allerkleinsten, derer des Mittelohrs: Hammer, Amboss und Steigbügel –, während an den übrigen als reichhaltig eingestuften Fundorten, die menschliche Fossilien enthalten, lediglich Schädel und Unterkiefer gefunden wurden, und die meist bruchstückhaft. In der Sima de los Huesos sind einige Skelettteile aufgetaucht, die bei den Australopithecinen und Paranthropinen bis zu den Neandertalern überhaupt nicht (oder nur vereinzelt) erwähnt wurden, weil in dieser Höhle Körper angesammelt wurden, deren vollständige Skelette sich noch dort befinden, wobei ihr Konservierungszustand trotz der langen Zeitspanne (etwa 300000 Jahre) erstaunlich gut ist. Es ist nur eine Frage der Zeit und der Geduld, bis alle Knochen dieser Skelette freigelegt sind.

In der Sima de los Huesos hat man bis heute nur an wenigen Stellen gegraben, wo man das Knochenlager bis in eine gewisse Tiefe durchdrungen hat, um zu sehen, was der Fundort enthält, um seine Ausgrabung besser planen zu können. Da die Leichen übereinandergeschichtet wurden, hat man bei diesen Sondierungen Knochen verschiedener Individuen gefunden und nicht ganze Skelette (beispielsweise den Arm eines Individuums auf der Hüfte eines anderen und diese auf dem Schädel eines dritten usw.); nach und nach, im Laufe vieler Jahre und je nachdem, wie schnell die Lagerstätte ausgegraben wird, wird man immer genauer erkennen können, wie die Körper gelagert wurden. Momentan kann man die in der Sima de los Huesos aufgeschichteten Individuen am besten anhand ihrer Gebisse identifizieren, da es leichter ist, Zähne einander zuzuordnen, um Gebisse daraus zu formen als zusammengehörende Knochen zu finden, um Skelette daraus zusammenzusetzen (und außerdem hat jede erwachsene Person eine große Zahl an Zähnen, nämlich 32 Stück, die am Fundort ausgezeichnet konserviert sind).

Mit der Untersuchung der Zähne beschäftigt sich José María Bermúdez de Castro vom spanischen Nationalmuseum für Naturwissenschaften in Madrid (José María Bermúdez de Castro ist einer der drei Direktoren des Projekts Atapuerca, neben Eudald Carbonell von der Untiversitat Rovira i Virgili in Tarragona und mir selbst). Bis jetzt konnte José María Bermúdez de Castro 32 Individuen identifizieren (besser gesagt: 32 Gebisse, einige von ihnen noch ziemlich unvollständig). Dies ist die Mindestanzahl, denn es gibt viele einzelne Zähne, die zu einem der 32 Individuen gehören könnten, von deren Gebissen man Teile hat, oder auch nicht. Vermutlich ist die tatsächliche Zahl der ausgegrabenen Individuen höher, und die Zahl derer, die sich am gesamten Fundort befinden, nochmals größer. Die Zähne können uns auch sehr genau Aufschluss über das Alter ihrer ehemaligen Eigentümer geben, wenn diese ihre Entwicklung noch nicht abgeschlossen haben. Wie bereits zuvor kommentiert, muss man zur Altersbestimmung der Erwachsenen auf die Untersuchung der Kronenabnutzung zurückgreifen, eine weniger sichere Methode, vor allem bei Individuen fortgeschrittenen Alters.

Aus der Untersuchung der Individuen aus der Sima de los Huesos anhand ihrer Gebisse geht hervor, dass es wenige „alte Erwachsene" gab: Nur drei Individuen dürften älter sein als 30

Jahre, was uns aufgrund der Beobachtungen bei den Neandertalern und anderen Fossilien aus der Zeit der Sima nicht erstaunt. Immer fehlen die Individuen mit sehr abgenutzten Zähnen. Die meisten von ihnen hatten noch nicht viel gekaut, als sie starben. Es ist aber sicher, dass zu einem der drei „alten Erwachsenen" der Sima de los Huesos der Schädel 5 gehört, der der vollständigste der Sammlung und des gesamten fossilen Materials der Menschheit ist. Das „Zahnalter" kann jedoch durch andere Indikatoren des Sterbealters genauer bestimmt werden. Es gibt in der Probe aus der Sima de los Huesos zwei Schambeine, die zu Männern über 40 Jahren gehörten. Eines davon gehört zu einer wirklich sehr alten Person, die sicher über 50 Jahre alt war; außerdem befindet sich in der Sammlung des Fundorts ein weibliches Schambein, das um die 30 Jahre alt sein dürfte. Diese drei Schambeine und die dazugehörenden Becken könnten von den gleichen Individuen stammen wie die drei Gebisse „alter Erwachsener".

Das Ergebnis der Schambeinuntersuchung beweist, dass die potenzielle Lebenserwartung dieser Population ähnlich war wie unsere und dass das Fehlen von über 30-jährigen „Alten" andere Ursachen haben muss, vielleicht dieselben, die man auch bei den Neandertalern vermutet. Genau wie sie dürften sich auch die Menschen von Atapuerca viel in den umliegenden Gebieten bewegt haben und nur von Zeit zu Zeit in die Höhlen der Sierra zurückgekommen sein. Die ältesten, die nicht mehr gehen konnten, haben diese wohl nicht erreicht und blieben unterwegs liegen. Wenn eines der Mitglieder aus der Gruppe in einer der Höhlen in der Sierra de Atapuerca oder in ihrer Nähe starb, brachten es die anderen Menschen wohl zu diesem versteckten Winkel, der Sima, um es dort abzulegen. Diese Tradition dürfte von einer menschlichen Gruppe über mehrere Generationen beibehalten worden sein, bis man den Brauch schließlich aufgab oder vielleicht die Gruppe verschwand, die ihn praktizierte. So könnte es zu der Anhäufung von menschlichen Leichen in der Sima de los Huesos gekommen sein.

Es gibt aber auch die sehr spannende Möglichkeit, dass alle Menschen, die in der Sima de los Huesos angehäuft wurden, gleichzeitig oder innerhalb sehr kurzer Zeit gestorben sein könnten. Wie stellt man nun fest, ob die mindestens 32 Leichen in wenigen oder vielen Jahren aufeinander geschichtet wurden? Aus geologischer Sicht sind ein paar hundert oder sogar ein paar tausend Jahre nur ein Augenblick, sodass man nicht damit rechnen kann, die Antwort am Fundort zu finden. Alle menschlichen Fossilien befinden sich in derselben Sedimentschicht, sind also Teile einer Aufschüttung und nicht aufeinander folgender Ebenen. Wir könnten allerdings die Personen beiseite lassen, die 25 Jahre und älter sind und in den fossilen Proben immer nur vereinzelt auftauchen, und die unter Fünfjährigen, die erwartungsgemäß auch in der Sima fehlen (es wurde nur ein Kind identifiziert, das in diese Kategorie gehören könnte: Das arme Wesen muss mit vier bis sechs Jahren gestorben sein). Mein Freund Jean-Pierre Bocquet-Appel vom Musée de l'Homme in Paris, einer der brillantesten Paläodemographen der Gegenwart, und ich beschlossen, an den restlichen Individuen (den 5- bis 24-Jährigen), die nachfolgende Untersuchung vorzunehmen.

Bei den uns bekannten Populationen ohne Zugang zur westlichen Medizin oder vor der demographischen Revolution ist die Zahl der lebenden Individuen von fünf bis 14 Jahren und die Zahl derer zwischen 15 und 24 Jahren ähnlich: Das Verhältnis (5–14/15–24) x 100 beträgt 115 Prozent. Auf den Friedhöfen derselben Gemeinschaften ist die erste Gruppe jedoch mehr als doppelt so groß wie die zweite: (5–14/15–24) x 100 = 225 Prozent. Die Ursache dieser Diskrepanz liegt darin, dass die Bevölkerungspyramide einer Population (die die Altersstruktur der lebenden Individuen widerspiegelt) nicht mit deren Sterbetafel (der Altersverteilung der Toten) übereinstimmt. Der Vorschlag Jean-Pierre Bocquet-Appels bestand darin zu überprüfen, wie das entsprechende Verhältnis in der Sima de los Huesos aussieht: Es lag bei 53 Prozent, also wesentlich näher an den Bevölkerungspyramiden als an den Sterbeziffern.

Was hat dieses Ergebnis zu bedeuten? Wir kommen zu dem Schluss, dass die Altersstruktur der Sima de los Huesos eine Katastrophe vermuten lässt, die innerhalb kurzer Zeit viele Mitglieder tötete, und keinen Abnutzungsprozess einer Population über mehrere Generationen. Tatsächlich ist das Verhältnis von 53 Prozent, das für die Sima de los Huesos ermittelt wurde, sogar noch zu niedrig, um einer Bevölkerungspyramide zu entsprechen. Es gibt sehr wenige Kinder und junge Heranwachsende. In der Probe machen genau die Mitglieder den größten Teil aus, die innerhalb der Population die Aktivsten, Beweglichsten und Stärksten waren: die älteren Heranwachsenden und die jungen Erwachsenen. Was geschah also in der Sima de los Huesos? Wie sah die Katastrophe aus?

Eine Möglichkeit, an die man sofort denkt, ist eine Epidemie. Große Seuchen in der Vorgeschichte wurden aber von jeher für sehr unwahrscheinlich gehalten, da es nicht viele Menschen gab. Damit sich eine Epidemie weit ausbreitet, muss die Bevölkerungsdichte groß sein, da die meisten Krankheitserreger kurzlebig sind und die Krankheit sich nicht überträgt, wenn die Gemeinschaften klein sind und es nur sporadisch zu Kontakten zwischen ihnen kommt.

Die Bevölkerungsdichte der Hadza liegt bei 0,3 Personen/km^2, eine Zahl, die ziemlich hoch liegt und darauf zurückzuführen ist, dass ihr Lebensraum eine große tierische und pflanzliche Biomasse bietet. Wenn man es anders formuliert, könnte man sagen, dass sich eine Schar von 30 Personen auf einem Gebiet von 100 km^2 bewegte, was einem Quadrat von 10 km Seitenlänge entspricht. Eine ähnliche oder gar noch höhere Bevölkerungsdichte hat man für die Populationen herausgefunden, die am Ende des Jungpaläolithikums in den Mittelmeerwäldern der Küstenregion im Nahen Osten lebten, als es nicht so kalt war. Weniger reichhaltige Ökosysteme konnten vermutlich weniger Menschen mit nicht produktiver Wirtschaftsform ernähren. Bei den Dobe !Kung und den San, die in einer Wüstenregion (der Wüste Kalahari) leben, ist die Bevölkerungsdichte vielleicht 10-mal niedriger als bei den Hadza (0,03 Personen/km^2), wozu man sich dieselbe Schar von 30 Personen auf einem Gebiet vorstellen muss, das so groß ist wie ein Rechteck von 50 km x 20 km. Wenn man diese beiden Werte mit den etwa 600000 km^2 Fläche der Iberischen Halbinsel multipliziert, kann man sich ein grobes Bild von der Bevölkerung machen, die in der Vorgeschichte dort lebte, nämlich 18000 bis 180000 Menschen.

Da man bis fast zum Ende des Pleistozäns keine Technologie entwickelt hatte, die der der modernen Jäger und Sammler auch nur entfernt entspricht, liegt der tatsächliche Wert dem unteren sicherlich näher, vor allem in den kalten Zeiten, in denen die Umweltbedingungen sehr schwierig wurden. Vielleicht wurde der höhere Wert oder gar ein noch höherer im Mesolithikum erreicht, dem Moment des Holozäns, der der Einführung von Ackerbau und Viehzucht direkt voranging, die wiederum die Bevölkerung stärker wachsen ließ. Im Zeitalter der Entdeckung Amerikas dürfte die Iberische Halbinsel etwa sieben Millionen Einwohner gehabt haben.

Die Schätzungen zur menschlichen Bevölkerungsdichte im Paläolithikum könnte man mit der anderer Arten vergleichen, die heute auf der Halbinsel leben, wenn nicht der Abbau der natürlichen Umweltbedingungen nur wenige große Flächen übrig gelassen hätte, auf denen Pflanzenfresser und Raubtiere in mehr oder weniger natürlichem und ausgewogenem Zustand leben. Einer dieser wenigen Zufluchtsorte ist die Sierra de la Culebra, in Zamora, ein Naturreservat von 67000 ha, in dem nicht gejagt werden darf. Hier findet man vielleicht die höchste Dichte an Wölfen in ganz Europa. Wo Hirsche leben, erreichen diese eine Dichte von 0,4 Hirsche/km^2, was 40 Hirschen in jedem dieser imaginären Quadrate von 10 km Seitenlänge entspricht, von denen ich bereits sprach (die Zahl der jährlich gejagten Tiere ist stark limitiert und mindert nicht die Größe der Population); das Durchschnittsgewicht der Hirsche liegt bei 180 kg. Laut den Untersuchungen von José Luis Vicente, Mariano Rodríguez und Jesús Palacios kommen die Wölfe – die in diesem Reservat keine natürlichen Feinde haben – in einer Dichte von zwischen 0,05 Wölfe/km^2 und 0,1 Wölfe/km^2 vor, was bedeutet, dass fünf bis 10 Tiere auf jeder 100 km^2 großen Fläche leben. Die Dichte dieser sozialen Jäger liegt zwischen der der Hadza und der der !Kung, sodass unsere Spekulationen über die Zahl der vorgeschichtlichen Iberer nicht völlig unsinnig erscheinen.

Wenn die menschliche Bevölkerungsdichte im Pleistozän so niedrig war, muss man sich fragen, wie mindestens 32 Individuen auf einmal sterben konnten. Wenn man berücksichtigt, dass einige Mitglieder der Gruppe überlebt haben müssen, um die Leichen der Toten in der Sima aufzuschichten, und wenn man weiter bedenkt, dass die Kinder und Alten fehlen, ergibt sich dann nicht eine zu große Gemeinschaft, als dass wir die Katastrophenhypothese beibehalten können? Viele Experten gehen davon aus, dass die menschlichen Gruppen in jener Zeit aus sehr wenigen Mitgliedern bestanden und außerdem die Gruppen untereinander keinen Kontakt hatten.

Jean-Pierre Bocquet-Appel hat die Größe der menschlichen Gruppen in der Vorgeschichte von einem ungewöhnlichen Blickwinkel aus untersucht. Das Geschlecht einer Person ist eine Variable, die in der Statistik als binär bezeichnet wird, eine Variable mit nur zwei Möglichkeiten: in diesem Fall Mann oder Frau. Die Wahrscheinlichkeit, mit dem einen oder dem anderen Geschlecht zur Welt zu kommen, ist ungefähr gleich (wenn auch in Wirklichkeit etwa 105 Jungen auf 100 Mädchen geboren werden), was aber nicht bedeutet, dass alle Paare mit vier Kindern zwei Jungen und zwei Mädchen haben. Dies ist ein Durchschnittswert, man kann jedoch immer wieder feststellen, dass es viele Familien mit vier Söhnen oder vier Töchtern gibt. Betrachtet man statt einer Familie eine Gemeinschaft von etwa 20 Paaren, ist die Wahrscheinlichkeit, dass es in einer Generation nur Mädchen oder nur Jungen gibt, sehr gering, mit absoluter Sicherheit kann man aber davon ausgehen, dass früher oder später eine Generation mit sehr wenigen Mädchen oder sehr wenigen Jungen geboren wird. Je kleiner die Population, desto größer ist bei der Verteilung der Geschlechter die Schwankung von einer Generation zur nächsten.

Es ist relativ leicht, theoretische Modelle auszuarbeiten, um dieses Problem zu untersuchen, und Jean-Pierre Bocquet-Appel kam zu dem Schluss, dass kleine Populationen langfristig nicht überleben könnten, wenn sie nicht Männer oder Frauen mit anderen Populationen austauschten, um das Gleichgewicht zwischen den Geschlechtern zu erhalten. Konkret bedeutet dies: Wenn die Gruppen aus 20 Individuen zwischen 15 und 40 Jahren bestünden, läge die Migration im Durchschnitt bei 11 Prozent (etwa zwei Personen des überrepräsentierten Geschlechts müssten die Gruppe verlassen und ebenso viele des anderen Geschlechts von auswärts hinzukommen). Bei Gruppen mit 50 Individuen betrüge die Migration 7 Prozent (drei bis vier Personen würden ausgetauscht) und bei einer Größe von 350 bis 400 Individuen bei 3 Prozent (zwischen zehn und zwölf Personen würden die Gruppe verlassen). Auf diese Weise wären die Gruppen durch die Exogamie untereinander verbunden und im Hinblick auf die Fortpflanzung Teile wesentlich größerer Einheiten.

Jean-Pierre Bocquet-Appel ist der Meinung, dass die Acheuléen- und Moustérien-Kulturen sich genau aus diesem Grund über so große Gebiete erstreckten: Die menschliche Population konnte nie eine so hohe Bevölkerungsdichte erreichen, dass die Existenz lokaler Gruppen möglich gewesen wäre, die demographisch unabhängig und kulturell isoliert voneinander hätten leben können. Deshalb gab es ein weit ausgedehntes Netz kleinerer Gruppen, die über große Entfernungen genetisch und kulturell untereinander verbunden waren. Manchmal dürften sie sich zu größeren Einheiten zusammengeschlossen haben, manchmal in kleine „Lager" zerfallen sein.

Eine andere Möglichkeit, die Größe der Menschengruppen zu berechnen, liefert Robin Dunbar mit seinen Untersuchungen zum Zusammenhang zwischen der Größe der Großhirnrinde und der sozialen Gruppe (und deren Größe) bei den Primaten. Der Größe unserer Großhirnrinde entspricht eine Gruppe von 150 Personen. Dies wäre die ideale Zahl von Artgenossen, zu denen wir aufgrund unserer Gehirngröße in direkter Beziehung stehen und persönliche Kontakte aufbauen könnten, selbst wenn wir nicht unbedingt ständig zusammen wären. Diese begrenzte Zahl von Verwandten und Freunden, die wir als „Clan" bezeichnen könnten, schließt nicht aus, dass einige Personen, die keinen Partner finden, diesen in nahen „Clans" derselben „Sippe" suchen, so wie das demographische Modell Jean-Pierre Bocquet-Appels es aufzeigt. So betrachtet widerlegen die 32 Individuen der Sima de los Huesos die Katastrophen-Hypothese im Grunde nicht: Sie alle könnten demselben „Clan" oder mehreren davon angehören.

Zwar scheidet eine große Epidemie wie die mittelalterliche Pest im Zeitalter der Sima de los Huesos aus, es ist aber gut vorstellbar, dass eine ansteckende Krankheit die eine oder mehrere dieser kleinen Gruppen befiel. Aufgrund der Altersverteilung der 32 Skelette der Sima de los Huesos muss diese Hypothese jedoch sofort verworfen werden. In zwei jüngeren und daher genau erforschten Fällen einer Cholera- und einer Pockenepidemie waren die meisten der Toten sehr jung, nämlich unter zehn Jahre alt: 45 Prozent im Fall der ersten und 90 Prozent bei der zweiten. Im Allgemeinen sterben bei Epidemien immer mehr Kinder als Jugendliche und junge Erwachsene, während es gerade die letztgenannten Altersgruppen sind, die in der Sima de los Huesos vorherrschen.

Die Katastrophe, an die Jean-Pierre Bocquet-Appel und ich denken, ist anderer Art: eine ökologische Krise. In der Natur ist das Leben reich an Schrecken. Denn Stabilität ist das Gegenteil von Leben. Die Tier- und Pflanzenpopulationen unterliegen dem Wandel, der sich zyklisch in ihrem Lebensraum abspielt. Im Allgemeinen handelt es sich um schwache Abweichungen, aber manchmal gibt es lange Trocken- oder Hitzeperioden oder mehrere Jahre mit besonders langen und kalten Wintern. In

Ausnahmefällen können diese Krisen besonders langanhaltend oder ausgeprägt sein. Vor nicht allzu langer Zeit herrschte in Spanien ein Zyklus mehrerer trockener Jahre, der ernste Besorgnis auslöste. Die Tierpopulationen reagieren sehr sensibel auf diese Umweltschwankungen und ihre Größe geht in Zeiten des Mangels zurück, um sich in Jahren des Überflusses zu vervielfachen. Dieses Auf und Ab bei der Anzahl der Raubtiere und ihrer Beutetiere ist ein Phänomen, das man seit den Anfängen der Ökologie als wissenschaftliche Disziplin kennt. Bei einer sehr schlimmen Krise stirbt in der betroffenen Region alles: Pflanzen, Pflanzenfresser und Raubtiere und auch die Menschen. Aufgrund von ethnographischen Studien, die bei Völkern moderner Jäger und Sammler durchgeführt wurden, wissen wir genau, zu welcher Not solche Krisen führen; die nicht produktive Wirtschaft ist auf das angewiesen, was der Lebensraum zur Verfügung stellt, und sie muss mit dem auskommen, was es gibt.

Die menschlichen Gruppen warten jedoch nicht tatenlos, bis die Krise vorübergeht. Sie machen sich auf die Suche nach günstigeren Gebieten. Auf dem Weg bleiben die schwächsten Mitglieder der Gruppe zurück, die sich am schlechtesten fortbewegen können: Kinder, Greise, Kranke, Körperbehinderte. Auf diese Weise vollzieht sich eine Auslese nach Alter. Die meisten Jugendlichen und jungen Erwachsenen überleben. Etwas in dieser Art könnte sich vor 300 000 Jahren auf der Meseta abgespielt haben, vielleicht auch in der Ebrosenke oder in anderen nahe gelegenen Regionen im Innern der Halbinsel. Die menschlichen Gruppen machten sich auf, um nahrungsreichere Gebiete zu suchen. Dank ihrer besonderen ökologischen und geografischen Eigenschaften – die ich an anderer Stelle bereits beschrieben habe – stellte die Sierra de Atapuerca ein solches Refugium dar. Die in mehreren ihrer Höhlen ausgegrabenen Funde zeugen von der ständigen Präsenz des Menschen in der Sierra, zumindest während der letzten Million Jahre. Einige Menschen, nämlich die Stärksten, schafften es, bis zu ihrem Zufluchtsgebirge zu gelangen, nachdem sie viele ihrer Begleiter auf dem Weg zurückgelassen hatten. In der Sierra angelangt dauerte der Mangel und das Massensterben noch eine Zeit lang an, oder einige Menschen kamen einfach so geschwächt dort an, dass sie nicht länger überleben konnten. Die glücklichen Überlebenden suchten einen versteckten Ort, wo sie die Leichen ihrer Begleiter stapelten, um sie vor den Raubtieren zu schützten. Sie fanden ihn in einer Höhle, in die man durch eine kleine Öffnung gelangte. Die Höhle war groß, aber wegen des engen Einstiegs und des fehlenden Lichts in ihrem Innern war sie niemals von Menschen bewohnt worden, während die Bären sie Jahr für Jahr zum Überwintern nutzten. In einer Ecke der Höhle in der Nähe des Eingangs gab es eine 14 m tiefe geheimnisvolle Grube, deren Grund man von der Öffnung aus nicht sehen konnte. Dort hinein ließen sie die Körper ihrer Verwandten gleiten und lieferten damit das erste Zeugnis einer Bestattungspraxis. Die Krise ging vorüber, und die Tier- und Menschenpopulationen erholten sich. Im Binnenland der Halbinsel ging alles weiter wie zuvor. Aber in einem Abgrund einer Höhle in der Region Burgos blieben die Leichen von mindestens 32 Menschen von vor 300000 Jahren erhalten. Einige Zeit später wurde der Höhleneingang durch natürliche Ursachen versperrt, und nun kamen auch keine Bären mehr, um dort zu überwintern. Niemand besuchte die Sima de los Huesos wieder, bevor einige Menschen dies im 20. Jahrhundert taten.

Kapitel acht
Die Kinder des Feuers

Oder soll ein Philanthrop oder ein Weiser sich nicht mehr bemühen, ein edles Leben zu führen, weil jede noch so einfache Untersuchung der menschlichen Natur schon in ihren Grundlagen alle egoistischen Leidenschaften und alle wilden Instinkte eines Vierbeiners aufdeckt? Ist denn Mutterliebe schlecht, weil ein Huhn sie zeigt, oder Treue niedrig, weil sie sich beim Hund zeigt?

Thomas H. Huxley,
Zeugnisse der Stellung des Menschen in der Natur

Der Geist eines Hamsters

Meine Kinder halten einen Hamster in einem Käfig. Er wurde, wie bereits seine Eltern, in einem anderen Käfig geboren. Er ist seit vielen Generationen ein Haustier und könnte in der Natur nicht überleben. Er hat nicht einmal die ursprüngliche Farbe seiner Art behalten: Er ist weiß (besser gesagt, ein Albino), eine sehr auffällige Farbe, die seine natürlichen Feinde sofort anziehen würde. Wenn meine Kinder ihn mit einer Hand voll Körnern füttern, befördert er sie schnell in sein Maul, aber er kaut sie nicht, sondern bewahrt sie in den so genannten Backentaschen auf, Hautfalten, die sich im Innern seiner Backen befinden. Am ersten Tag, als die Kinder dem Hamster, den wir ins Haus holten, als er schon erwachsen war, zu fressen gaben, riefen sie mich aufgeregt, weil sie glaubten, er sei sehr krank, da sein Hals auf beiden Seiten ganz dick war: Er hatte ja die Körner in den Backentaschen. Aber dann lief der Hamster auf die andere Seite des Käfigs, wo er sich einen Strohhaufen angelegt hatte, dies war sein Bau. Dort spuckte er die Samenkörner aus, und als er Hunger bekam, begann er, davon zu fressen.

Mit seinem seltsamen Verhalten ahmt mein Haushamster (der aber nicht dressiert ist) das Verhalten seiner Vorfahren in den Steppen Mittel- und Osteuropas nach. In den offenen Landschaften riskiert ein Hamster, der nachts von den Samen der Süßgräser frisst, im Magen eines Uhus zu landen. Um die Zeit, in der er sich der Gefahr aussetzt, auf ein Minimum zu reduzieren, füllt der Wildhamster so schnell wie möglich seinen „Einkaufskorb", die Backentaschen, und flüchtet sich eilig in seinen unterirdischen Bau, wo er vor den Räubern sicher ist; außerdem legt er sich so in seiner unterirdischen Speisekammer einen Nahrungsvorrat als Reserve an. Im Käfig, in dem unser Hamster lebt, kann er den Metallboden nicht aufgraben, aber er baut sich eine Art Höhle mit dem, was er findet. Obwohl er sich in der Gefangenschaft nicht vor Räubern fürchten und mittlerweile wissen müsste, dass es ihm niemals an Futter mangelt, wird er, selbst wenn er kein Material zum Bauen zur Verfügung hat, die Körner nicht sofort fressen, sondern sie zunächst an einen anderen Ort bringen, einen imaginären Zufluchtsort.

Durch solche Beobachtungen wird klar, dass die Säugetiere über genetisch bedingte Verhaltensmuster verfügen, wie z. B. der Hamster bei der Nahrungsaufnahme, und dass sie diesen folgen müssen, ohne sich anders verhalten zu können. Wenn der Reiz auftritt, spult sich unvermeidlich die Reaktion ab (sie wird ausgelöst). In Bezug auf diese Verhaltensmuster, die so streng programmiert sind, sind die Tiere Sklaven ihrer Gene. Aus einer anderen Perspektive könnte man jedoch sagen, dass die Tiere, wie beispielsweise unser Haushamster, mit einem „Wissen" zur Welt kommen. Natürlich hat das Verhalten des Hamsters, den wir im Käfig beobachten, keinen Sinn in seiner jetzigen Situation als Haustier, wenn sich das Tier jedoch in der Natur genau so verhält, wie es zum Überleben und zur Fortpflanzung richtig ist, hat dies sehr wohl mit „Logik" zu tun. Genau darum hat die natürliche Auslese ein solches Verhalten unter vielen anderen Verhaltensmöglichkeiten begünstigt, genau wie auch bei den Organen des Körpers. Die weiße Farbe unseres Hamsters hingegen hat nichts mit Anpassung zu tun, sie hat keinen Zweck, ist in der Natur nicht nützlich (sie ist vielmehr schädlich) und wurde vom Menschen ausgewählt (allerdings von einer natürlichen und spontanen Mutation ausgehend: dem Albinismus). Wichtig aber ist es nun aufzuzeigen, dass die Tiere ein angeborenes „Wissen" haben (das ihnen allerdings nicht bewusst ist), und, wenn sie zur Welt kommen, nicht völlig unvorbereitet sind auf das, was sie dort erwartet. Ihre Gene sind gewissermaßen „weise": Wer sollte einem kleinen Hamster denn sonst gezeigt haben, dass er die Nahrung in den Backentaschen aufbewahren und sie zu seinem Bau bringen soll?

Ich bin bereits an anderer Stelle auf Reize eingegangen, die auch auf uns Menschen wirken und Reaktionen auslösen, als ich darlegte, wie das Aussehen der Cromagnonen auf die Neandertaler gewirkt haben dürfte und dabei aufzeigte, dass ein rundlicher und verhältnismäßig großer Kopf, eine hohe und gewölbte Stirn über einem kleinen Gesicht mit einer Stupsnase oder dicken Pausbacken bei uns Beschützerinstinkte wecken, ganz gleich, ob wir diese Züge bei einem Kind sehen oder besonders herausgearbeitet bei einer Puppe wahrnehmen. Da wir Menschen Primaten sind und daher vor allem auf visuelle Reize reagieren, kann man die meisten Beispiele auslösender Reize auf der optischen Ebene finden, aber es existieren auch Reize für die anderen Sinne. Bei vielen Tieren spielen bekanntlich Geruchsreize eine große Rolle. Wenn ich im Unterricht erkläre, dass es Reize gibt, die angeborene Reaktionen bei uns auslösen, zeichne ich zwei Kreise an die Tafel: In beide male ich zwei Punkte und darunter in den ersten Kreis einen Bogen, der nach oben geöffnet ist und in den anderen einen Bogen, der nach unten geöffnet ist. Alle Schüler können aus diesen wenigen einfachen Strichen ein lachendes und ein trauriges Gesicht erkennen. (Das Fach, das ich unterrichte, ist zwar die Paläontologie des Menschen, aber wir Paläoanthropologen interessieren uns nicht nur für Fossilien.)

Natürlich wird das Verhalten der Tiere nicht nur von ihrem genetischen Erbe gesteuert, sondern die Tiere sammeln auch Information, sie lernen im Laufe ihres Lebens, vor allem diejenigen mit einem weit entwickelten zentralen Nervensystem: die Säugetiere. Es gibt daher zwei Arten des Wissens: das phylogenetische Wissen, das sich im Laufe der Evolution angesammelt hat (und in den Genen verankert ist) und das ontogenetische Wissen, das ein Lebewesen während seines Lebens erlangt (und das wir mittels der Sprache über die Kultur weitergeben). Die guten und die schlechten Erfahrungen des Lebens werden für immer bestimmten Orten, (lebendigen oder unbelebten) Objekten und Situationen zugeordnet und bleiben dauerhaft gespeichert. Wer würde sich nicht an die Gerüche der Kindheit erinnern?

Genau darauf basieren die berühmten Experimente des russischen Forschers Iwan Pawlow zu Beginn des 20. Jahrhunderts, der immer, wenn er einem Hund sein Futter hinstellte, gleichzeitig eine Glocke ertönen ließ, bis schließlich das Glockenläuten allein bei dem Tier die Speichelbildung anregte. Es war ein bedingter Reflex entstanden, der auf einer Assoziation und einer positiven Erfahrung basiert. Nach dem gleichen Muster kann der Hund aufgrund einer negativen Konditionierung die Peitsche schließlich schon fürchten, wenn er sie nur sieht. Jeder hat schon erlebt, dass ein Haushund fast wie durch Zauber erkennt, wenn man ihn ausführen will, und zwar durch bestimmte Handlungen, die sein Herrchen zuvor (und zwar immer) vornimmt: die eindeutigste ist natürlich der Griff zur Leine. Wie schlau doch dieses Tier ist!, denken wir dann. Erinnern wir uns, dass beim Pawlowschen Hund die Assoziation zwischen dem Futter und einem neutralen Signal, dem Erklingen der Glocke, entsteht, das völlig willkürlich gewählt ist und keinerlei direkten Bezug zum Futter aufweist, außer dass beide gleichzeitig wahrgenommen werden (die Assoziation entsteht also über die Zeit). Genauso hätte sich der bedingte Reflex mit einem großen Schild aufbauen lassen, auf dem das Wort „Futter" steht, ohne dass dies zu bedeuten hätte, dass der Hund lesen kann; auf dieses Thema werde ich später zurückkommen.

Aber da ist noch etwas. Sowohl das angeborene „Wissen" als auch der bedingte Reflex machen die Tiere zu bloßen Automaten, die auf einen Reiz reagieren, der in ihrer Umgebung auftritt, ganz gleich ob die Reaktion angeboren ist oder durch eine (positiv oder negativ bedingte) Assoziation erlernt wurde. Es heißt immer, der Mensch sei das einzige Lebewesen, das zum Vergnügen tötet, während selbst die wildesten Raubtiere dies nur tun, um sich zu ernähren, und somit dem Leben mehr Respekt entgegenbringen. Tatsächlich ist dies nicht ganz richtig. Die Raubtiere jagen auch dann, wenn sie keinen Hunger haben, was jeder bestätigen kann, der eine Hauskatze besitzt. Es ist offensichtlich, dass die Katzen es nicht lassen können, alles, was sich bewegt, zu belauern, sich vorsichtig heranzuschleichen und sich schließlich darauf zu stürzen; wenn sie nichts Lebendiges finden, womit sie „Jagen spielen" können, tun sie es mit einem Ball. Man könnte sagen, Katzen töten aus Hunger, aber sie jagen „zum Vergnügen" (das Vergnügen ist ein menschliches Gefühl, deshalb setze ich es hier in Anführungszeichen). Und es ist so, dass Katzen, um sich wohlfühlen zu können, täglich einige Male das Jagdverhalten durchspielen müssen, auch wenn sie satt sind.

Wenn man von diesen einfachen Beobachtungen ausgeht, scheint das Verhalten der Tiere nicht nur ein Reagieren auf äußere Reize zu sein, sondern auch von inneren, endogenen Mechanismen gesteuert zu werden, die Ethologen (Verhaltensforscher) als Impulse bezeichnen. Das Verhalten der Tiere besteht also nicht nur aus Reflexen, sondern es kann auch spontan auftreten, also aus einem inneren Drang heraus. Diese Impulse erzeugen bei den Tieren physiologische Zustände, die wir (ein wenig missbräuchlich) als „Gemütszustände" bezeichnen können und die bei ihnen Spannungen auslösen und sie dazu veranlassen, sich aktiv nach Reizen auf die Suche zu machen, die ein bestimmtes Verhalten auslösen und so zu einer Auflösung der Spannung führen. Je mehr Zeit verstrichen ist, seit das jeweilige Verhalten zuletzt aktiviert wurde, desto größer wird die Spannung sein und desto schwächer der auslösende Reiz, bis das Verhalten schließlich sogar in Gang gesetzt werden kann, ohne dass es einen wirklichen Reiz gibt, also wie ein Schuss ins Leere losgeht. Manchmal ist die physiologische Basis der Impulse erkennbar, wie etwa bestimmte Hormone beim sexuellen Impuls, dies ist jedoch nicht immer der Fall.

Das ist es, worauf sich Konrad Lorenz in seinem Buch *Das sogenannte Böse. Zur Naturgeschichte der Aggression* bezieht, das so viele gegensätzliche Reaktionen in weiten Teilen der Welt der Psychologie, der Soziologie und der Pädagogik auslöste (vor allem bei denen, die sich nicht die Mühe machten, das Buch zu lesen). Eigentlich war das unnötig. Die Existenz von Impulsen, und zwar auch die von aggressiven Impulsen, ist bei den Tieren Normalität, normal ist jedoch auch die Existenz von Reizen, die Aggressivität verhindern oder sie kanalisieren. Jedenfalls bekenne ich meine Bewunderung für Konrad Lorenz: In den modernen Zeiten raffinierter und kostspieliger Laborgeräte war er derjenige, der den Nobelpreis gewann, indem er Gänse und Dohlen in seinem Hausgarten beobachtete!

Kehren wir zum Thema zurück: Das Verhalten der Tiere ist also als Zusammenspiel von Impulsen und (angeborenen oder erworbenen) Reflexen zu verstehen. Es sieht nicht so aus, als ob hier viel Raum für das Bewusstsein bliebe, und meiner Ansicht nach gibt es bei den Tieren nichts, was dem menschlichen Bewusstsein gleicht. Da man nicht mit den Tieren kommunizieren und sie fragen kann, was in ihren Köpfen vorgeht, ist es unmöglich, auf direktem Weg zu erfahren, ob sie ein gewisses Maß an Bewusstsein haben. Deshalb gehe ich dieses Problem mit folgender Einstellung an: Können wir das Verhalten der Tiere erklären, ohne dazu auf das Bewusstsein angewiesen zu sein? Wenn dies so ist – und davon bin ich überzeugt –, ist es besser, nicht etwas in sie hineinzuinterpretieren, was unnötig erscheint.

Eine andere Möglichkeit, diesen Sachverhalt zu behandeln, ist es, uns selbst innerlich zu erforschen, indem wir in uns hineinblicken und einen der Zustände, den wir in unserem Gemüt entdecken, auf die Tiere übertragen. S. Toulmin unterscheidet beispielsweise zwischen Empfinden, Aufmerksamkeit und Artikulation, und jeder dieser Zustände kann bewusst oder unbewusst sein. Unbewusstes Empfinden spielt sich im Schlaf ab, während bewusstes Empfinden dem wachen Zustand entspricht, in dem über die Sinne Reize von außen aufgenommen werden. Bewusste Aufmerksamkeit liegt vor, wenn wir ein Fahrzeug lenken und dabei registrieren, was auf der Straße geschieht, während unbewusste Aufmerksamkeit dann gegeben ist, wenn wir Auto fahren und dabei an etwas anderes denken oder sprechen, wenn wir also gewissermaßen mit eingeschaltetem „Autopiloten" fahren. Wir könnten diese Bezeichnung auch verwenden, wenn wir von der Art sprechen, in der die archaischen Menschen (die nicht unserer Art angehören) nach Steven Mithen ihre Werkzeuge herstellten. Im Schema Toulmins bedeutet bewusste Artikulation ein Verhalten, das sich nach gut ausgearbeiteten Plänen richtet (die man in Worte fassen kann), während die unbewusste einer Tätigkeit entspräche, die nicht klar motiviert ist.

Es ist schwer vorstellbar, dass der Bewusstseinszustand der Tiere und auch der ganz kleinen Menschenkinder, die noch nicht sprechen können, über das bewusste Empfinden oder allenfalls über die unbewusste Aufmerksamkeit hinausgeht. Die Tiere sind nicht in der Lage, langfristige Pläne zu schmieden oder sich selbst zu beobachten, worin ja unter anderem das menschliche Bewusstsein besteht. Ich bezweifle nicht, dass die Tiere, abgesehen von Empfindungen, auch Wünsche und Wissen haben, dass sie also wissen und wollen, aber sie scheinen nicht in der Lage zu sein, ihre eigenen Wünsche und Kenntnisse zu analysieren: Sie wissen nicht, was sie wissen, noch was sie wollen, weil ihnen das „dritte Auge" fehlt, das nach innen gerichtet ist. Das menschliche Bewusstsein richtet sich auch auf sich selbst, und auf diese Weise sind wir uns bewusst, dass wir ein Bewusstsein haben, und wir beschäftigen uns damit, darüber zu philosophieren: Woher kommen wir, was war vor uns? Wie einsam sind wir auf der Welt in diesen Augenblicken philosophischer Reflexionen!

Lediglich bei den Schimpansen hege ich Zweifel, denn es gibt Anzeichen dafür, dass sie ansatzweise, in sehr beschränktem Maß natürlich, ein Bewusstsein ihrer selbst erlangt haben, möglicherweise dasselbe, über das der gemeinsame Vorfahre von ihnen und uns vor fünf oder sechs Millionen Jahren verfügte. Eine Reihe von Experimenten von Gordon Gallup hat anscheinend bewiesen, dass die Schimpansen sich selbst im Spiegel erkennen, was bei den übrigen Tieren, außer bei den Orang-Utans und einigen Gorillas (wohl aber nur bei einer Minderheit) nicht der Fall ist. Die Experimente bestehen darin, einem betäubten Schimpansen Zeichen auf den Kopf (Stirn, Ohren) zu malen und ihm dann einen Spiegel vorzuhalten. Das Tier führt die Hand zu dem Zeichen (das es nur als Spiegelbild und nicht direkt sehen kann) und berührt es, was darauf hinweisen könnte, dass es weiß, wen es im Spiegel sieht: sich selbst.

Wenn dies auch lediglich wie eine Kuriosität ohne größere Bedeutung, fast wie ein Spiel aussieht, könnten diese einfachen Erfahrungen die Existenz eines Ich-Bewusstseins bei den Schimpansen und vermutlich auch bei den ersten Hominiden offen legen. Für sie dürfte es das *Ich* bereits gegeben haben. Tatsächlich sind viele der Meinung, dass das Bewusstsein der eigenen Person sich zu einem Mechanismus entwickelt haben könnte, der für das soziale Verhalten sehr nützlich war, weil es, um herauszufinden, was ein anderer tun wird, und um sich darauf vorbereiten zu können, am besten ist, sich in ihn hineinzuversetzen, sich also zu fragen: Was würde *ich* an seiner Stelle tun? So gesehen wären die Schimpansen in der Lage, sich im Geiste die Gefühle anderer Individuen vorzustellen, eine wirklich wunderbare Fähigkeit. Allerdings muss man einschränken, dass das Experiment mit dem Spiegel auch andere, sehr sorgfältig recherchierte Interpretationen zulässt, wie Euan Macphail richtig anmerkt, beispielsweise die, dass der Schimpanse den Spiegel nur dazu verwendet, seine Hand zum Farbfleck auf dem Körper eines Schimpansen zu führen, den er im Spiegel sieht, und dass er vielleicht nicht weiß, dass er selbst es ist.

Die Tatsache, dass pausenlos darüber diskutiert wird, ob die Schimpansen dieses oder jenes Anzeichen von Bewusstsein zeigen, ist für mich Beweis genug dafür, dass sie an der Grenze zwischen dem Tierischen (Instinktiven) und dem Menschlichen (völlig Bewussten) anzusiedeln sind. Von vielen werde ich gefragt, warum die Schimpansen keine Fortschritte machten („sich nicht weiter entwickelten", sagen sie meistens), um so endgültig die Schwelle zum Bewusstsein zu überschreiten, statt im „Zustand des Affen" zu verharren. Die Antwort ist einerseits, dass unsere Vorfahren für diesen großen Schritt mehrere Millionen Jahre brauchten, nämlich bis zum *Homo ergaster*; andererseits ist die Enzephalisation nur einer der Wege, den die Evolution nehmen kann, und die Schimpansen folgten einem anderen, der in eine andere Richtung ging. Sie entwickelten sich sehr wohl weiter, aber nicht auf eine größere Enzephalisation hin.

Descartes *versus* Wittgenstein

Bis jetzt haben wir versucht herauszufinden, wie der Geist der Tiere beschaffen ist, sofern sie einen besitzen, allerdings wissen wir eigentlich nur, was er nicht ist: ein menschlicher Geist. Das Fehlen der Sprache bei den Tieren führt dazu, dass wir nicht in ihrem Geist lesen können, der uns somit völlig fremd bleibt.

Im Geist anderer Menschen hingegen lesen wir ständig, und dieser erscheint uns transparent. Daher wissen wir, auf was wir uns beim anderen einstellen müssen, wir nehmen Kontakt zueinander auf und machen Geschäfte, die nicht immer gut gehen, da die einzigen Gedanken, die wir wirklich kennen, unsere eigenen sind.

Dieses Wissen von der Existenz des eigenen Geistes machte René Descartes zur Grundlage seiner Philosophie. An allem übrigen mag man zweifeln, aber sein *cogito, ergo sum* – ich denke, also bin ich – gibt uns eine Sicherheit, an der wir uns festhalten können, und aus der wir andere Wahrheiten ableiten können: gemäß Descartes, von Gott und der Welt – und zwar in dieser Reihenfolge. Aber, so sagte er, es gibt zwei Arten von Welten, eine äußere und eine innere. Die Essenz der inneren Welt ist das Denken und das Bewusstsein. Für Descartes ist der menschliche Körper eine belebte Maschine (ebenso wie der der Tiere), in der die unsterbliche Seele wohnt, sodass sich eine Einheit wie aus dem Piloten und seinem Flugzeug bildet. Descartes glaubte nicht, dass die Tiere eine Seele besitzen; es wurde behauptet, dass er mit dieser These die Versuche an lebenden Tieren zu rechtfertigen versuchte, die er zu wissenschaftlichen Zwecken durchführte.

Das Entscheidende in Descartes´ Lehre ist aber, dass er über diesen Dualismus Seele/Körper zu einem Verständnis des Bewusstseins gelangte, das im Wesentlichen dem des *Homunkulus* entspricht, des denkenden Menschleins, das im Innern des Schädels einer Art Theatervorstellung beiwohnt: Die Objekte und Begebenheiten der äußeren Welt werden auf der Bühne *vorgestellt* (in der modernen Version dieser „Vorstellungstheorie" des Geistes sieht das Menschlein fern). Wenn wir es nun mit Sigmund Freud zu tun hätten, gäbe es noch einen zweiten Homunkulus, das Unterbewusstsein, der in einem Schrank eingesperrt ist. Allerdings gibt es bei den Tieren keinen „Animalunkulus"; dies liegt nicht daran, dass sie sich nicht bewusst wären, einer Theatervorstellung beizuwohnen, sondern daran, dass es keinen Zuschauer und nicht einmal ein Theater gibt. Den Tieren würde somit sowohl das Ich-Bewusstsein als auch das Wahrnehmungsbewusstsein fehlen, sie wären nichts als biologische Maschinen.

So traurig es für die Besitzer von Katzen und Hunden sein mag, es sieht tatsächlich nicht so aus, als ob diese Tiere über ein Ich-Bewusstsein oder Selbst-Bewusstsein verfügen, über ein Bewusstsein von sich selbst also, und es ist auch nicht sicher, dass sie ein Wahrnehmungsbewusstsein besitzen, die Fähigkeit, sich die Welt innerlich vorzustellen. Alle oder die Mehrzahl der so genannten „höheren" Primaten (oder besser Affen oder Anthropoiden), der Tiere also, deren Gehirn dem unseren am ähnlichsten ist, könnten zumindest über visuelles Bewusstsein verfügen. Darauf weist folgende Zahl hin: Mehr als 50 Prozent der Neuronen und des Raums in ihrem Gehirn ist für die Verarbeitung visueller Informationen zuständig, eine offensichtlich ziemlich schwierige Aufgabe. Die größten Computer, die beim Rechnen so intelligent erscheinen, haben eine sehr geringe Kapazität, wenn es darum geht, Bilder zu erkennen und zu unterscheiden. Ein Affe hingegen kann es sich nicht leisten, eine unreife Frucht mit einer reifen zu verwechseln. Und es wurde schon erwähnt, dass unsere Brüder, die Schimpansen, vielleicht ein Ich-Bewusstsein hatten.

Nichts von all dem rechtfertigt jedoch die Quälerei von Tieren, nicht einmal zu Experimentierzwecken, es sei denn, sie wären außerordentlich wichtig zur Rettung menschlichen Lebens, was zweifellos ein höheres Gut ist. Seit Descartes wurde viel darüber diskutiert, ob die Tiere zumindest ein „Empfindungsbewusstsein" haben oder, anders ausgedrückt, ob sie Schmerz empfinden. Wenn ein Hund seine Pfote vom Feuer zurückzieht, weil er sich verbrennt, und dabei aufjault, empfindet er dann wirklich Schmerz oder ist er nur darauf programmiert, seinen Körper davon zu entfernen, woran er sich verbrennt, und darauf, die anderen (vor allem sein Rudel) vor der Gefahr zu warnen? Es leuchtet ein, dass ein solches Verhalten die biologische Effizienz des Individuums verbessert und dazu führt, dass es mehr Gene weitergibt, weshalb die Frage gar nicht so absurd ist, wie man meinen könnte. Es gibt keinerlei direkte Methode herauszufinden, was die Tiere im Innern fühlen, oder ob sie etwas fühlen. Bei Descartes, für den die Tiere Maschinen sind, ist die Antwort negativ, aber ich glaube, dass wir in der Logik der Evolution eine positive Antwort finden können, da es anpassungsfähiger erscheint, den Schmerz zu fühlen, als ihn nicht zu fühlen. Der Schmerz ist eine intensive subjektive Erfahrung, die uns zwingt, uns darauf zu konzentrieren, was am Dringendsten ist, und alles andere beiseite zu lassen. Die Dringlichkeit kennzeichnet den Schmerz. Wie einmal jemand sagte: Wenn wir unter einer schmerzhaften Karies leiden, dann passt die ganze Seele in das Loch im Zahn. Ein solches Gefühl scheint ein wirksamer Mechanismus zu sein, um auf eine Gefahr zu reagieren und auch um aus der Erfahrung zu lernen, denn diese hinterlässt für immer eine schlechte Erinnerung an die Umstände, die das Gefühl auslösten.

Also kann man bei vielen Tieren, vor allem bei den Säugern, von der Existenz eines „Empfindungsbewusstseins" (oder, nach der erwähnten Einteilung Toulmins, eines bewussten Empfindens) ausgehen. Dahingehend äußert sich auch der Philosoph Jesús Mosterín in seinem kürzlich erschienen Buch *¡Vivan los animales!* (Es lebe die Tierwelt!). Eine andere Frage ist es, wie der Schmerz bei den Säugetieren erlebt wird, ob sie außer dem Schmerzempfinden anhaltende Gefühle von Angst, Frustration oder Niedergeschlagenheit kennen; ob sie also vom Leiden und warum nicht auch von Hoffnung und Glücksgefühl ergriffen werden. Geht das Empfinden bei manchen Tieren über den Schmerz und das momentane Vergnügen hinaus? Die Säugetiere und allen voran die Primaten zeigen deutlich Regungen, die uns an diese Gefühle, Leiden und Glücklichsein, denken lassen, aber auch hier plagen uns Zweifel. Wenn unser Hund schwanzwedelnd auf uns zu läuft, freut er sich dann wirklich oder wurde dieses so freundschaftliche Verhalten bei seinen

Vorgängern, den Wölfen, begünstigt, da eine solche Haltung dem Leittier gegenüber nützlich war und Vorteile brachte? Ich neige dazu, Ersteres zu glauben, aber ich erinnere mich unweigerlich wieder an Descartes, dem diejenigen sehr widersprüchlich erschienen, die meinten, ihr geliebter und in die Familie integrierter Hund habe eine „Seele", die aber andererseits in aller Ruhe ein Lamm verspeisten.

Descartes war ein französischer Philosoph und lebte von 1596 bis 1650, aber mit dem Philosophen Platon aus Athen (427–347 v. Chr.) gibt es einen Vorläufer seines Verständnisses vom menschlichen Geist. Für Platon hatte die Seele, bevor sie in einen Körper schlüpfte, mit den Göttern im Paradies der reinen Gedanken gewohnt. In dieser materiellen Welt, in der sie dann eine Bleibe fand, fehlen solche reinen und beständigen Gedanken, es gibt nur Veränderliches. Der Grund weshalb wir mit Ideen umgehen können, ist, dass uns die Objekte, die wir sehen und berühren, an die reinen Gedanken erinnern, die wir einst in einem anderen Leben kannten und die nur noch ihre Schatten werfen. Nur so kann man, so Platon, unsere Fähigkeit begreifen, Kategorien aufzustellen, die es in der Welt, die wir als real bezeichnen, als solche nirgends gibt. Niemand hat jemals *den* Baum als Idee gesehen, sondern viele große Pflanzen, die wir unter diesem Namen zusammenfassen. Noch weniger war es je einem Menschen vergönnt, mit seinen sterblichen Augen die „Ideale" zu erblicken: Gerechtigkeit, Schönheit, Weisheit, Liebe.

Bei Descartes bringt die Seele die Gedanken hervor, während sie sich bei Platon nur an sie erinnert. Das Ergebnis ist sowohl aus der Sichtweise des einen wie des anderen, dass der Geist (die Seele) mit Gedanken umgeht – sei es, dass er sich an sie erinnert oder dass er sie hervorbringt –, die er aber in jedem Fall durch Worte ausdrückt, wenn er sich an einen anderen Geist wenden will. Die Sprache ist nur das Instrument, das die Reise der Gedanken von einem Geist zum anderen ermöglicht: Sie ist ihr Transportmittel. Man kann daher zwischen Bedeutung und

Bezeichnung (dem Träger der Bedeutung) unterscheiden. Die Wörter sind die Bezeichnungen, und die Bedeutung ist die Idee, die man zum Ausdruck bringen will. Eine Person (vielleicht sollte man besser sagen ein Homunkulus), die mehr als eine Sprache spricht, kann zwischen verschiedenen Wörtern wählen, in die sie die Ideen verpacken kann, die sie übermitteln will.

Viele Argumente sprechen für diesen Dualismus von Körper und Geist. Erstens entspricht diese Vorstellung unserem Empfinden: Niemand glaubt, dass er durch den Verlust eines Beins und nicht einmal der Sprechfähigkeit im mindesten an Persönlichkeit verliert (obwohl er natürlich unter der Amputation leidet). Zweitens gibt es anerkannte Linguisten, unter denen der Amerikaner Noam Chomsky der bekannteste ist, die der Auffassung sind, dass wir mit einer Einrichtung zur Welt kommen, die speziell für den Spracherwerb ausgelegt ist, so als handle es sich um ein peripheres Instrument für den Geistesausdruck. Drittens ist es so, dass es in der linken Gehirnhälfte zwei Areale gibt, das Broca- und das Wernicke-Areal; wird das Broca-Areal verletzt, so hat dies große Schwierigkeiten beim Sprechen zur Folge, während bei einer Verletzung des Wernicke-Areals die Sprache nicht mehr richtig verstanden werden kann, obwohl man keinerlei Hörprobleme hat; die Wörter werden einwandfrei gehört, haben aber jede Bedeutung verloren. Diese Lokalisierung der Sprache in konkreten Regionen des Gehirns scheint die Auffassung zu bestätigen, es handle sich um eine untergeordnete Fähigkeit, die sogar auf bestimmte Nervenverbindungen (eine Art „Sprachorgan") festgelegt werden kann, während der Geist keinen konkreten Platz im Gehirn hat; er wirkt im Gegenteil insgesamt auf das Funktionieren der verschiedenen Teile ein.

Jerry Fodor, ein einflussreicher zeitgenössischer Psychologe, schlägt eine Unterteilung des Geistes in Perzeption und Kognition vor. Die Perzeption wird durch eine Reihe von unabhängigen Modulen gewährleistet, die angeboren sind. Sie sind bei der Geburt schon mehr oder weniger ausgebildet. Fodor ordnet ebenso wie Chomsky die Sprache dieser Kategorie zu. Die Kognition hingegen spielt sich in einem zentralen System ab, das die mentalen Operationen ausführt, die wir gemeinhin als Denken bezeichnen. Dieses zentrale System kann nicht erforscht werden und bleibt mysteriös.

Die Analogie zu den Computern liefert eine topmoderne und unreligiöse Version der kartesianischen Vorstellung des Geistes. Man kann sich vorstellen, dass die Sprachfähigkeit in einem physisch vorhandenen Modul sitzt, das sich irgendwo in den „Eingeweiden" des Computers befindet und bei unserer Geburt vorprogrammiert ist. Es füllt sich dann allmählich mit dem Erlernen des Lexikons (Wortschatzes) einer Sprache. Dagegen gehören die grundlegenden Gebrauchsregeln, die Syntax, zur „Verdrahtung" des Geräts (zu den integrierten Schaltkreisen der Computerplatten). Wenn dem so ist, wird man eines Tages schließlich die universelle Grammatik kennen, die allen Sprachen gemein ist, wobei man zugeben muss, dass es auf diesem Gebiet bis jetzt an durchschlagenden Erfolgen fehlt. Da die Einrichtung zum Spracherwerb (das „Sprachorgan") dazu dient, dass wir uns mit anderen Menschen in Verbindung setzen, könnten wir es den anderen peripheren Beziehungsmodulen zuordnen: den Sinnesorganen.

Der Geist hingegen lässt sich nicht exakt auf eine materielle Struktur festlegen, denn er ist die Programmierung des Computers, die Regeleinheit, die dafür sorgt, dass er funktioniert und die Verarbeitung der Daten durchführt. Die unterste Programmierstufe eines digitalen Computers ist der Maschinencode, ein binäres System, dessen Funktion auf nur zwei Alternativen beruht, die üblicherweise als 0 und 1 (oder *an* und *aus*) bezeichnet werden. Über diesem Binärcode, der einzigen „Sprache", die die Maschine versteht, ist das Operative System angeordnet, das wiederum die Anwendungen von Textverarbeitung, Bildverarbeitung, Rechenprogrammen bis hin zur Software zum Surfen im Internet enthält. Über diese Anwendungen können wir uns mit der Maschine verständigen.

Fahren wir fort mit der Analogie zum digitalen Computer: Jeder kann sprechen, und dies von sehr frühem Alter an, während man nicht automatisch Physik oder Mathematik lernt. Dies sind eher Kenntnisse, deren Erwerb mühevoll ist und die eine gewisse Reife voraussetzen. Wieder scheinen die Grundregeln der Grammatik bereits im Computer verankert und vorprogrammiert, also in bestimmten Schaltkreisen des Gerätes physisch eingeprägt zu sein, während man die Software von Naturwissenschaften oder Geisteswissenschaften installieren oder eben nicht installieren kann; jedenfalls handelt es sich aber um Information (nicht um Schaltkreise), die an einer anderen Stelle des Computers gespeichert wird. Bei dieser Analogie sind Geist und Sprache also zweierlei Dinge. Der unsichtbare, ätherische Charakter der Programmierung, seine quasi pure Informationsqualität gibt ihr etwas Spirituelles, das den Vergleich mit der Informatik für manche unwiderstehlich macht. Dort ist nichts, Wissen und Magie zugleich: die neue Religion des 21. Jahrhunderts.

Es soll Leute geben, die davon träumen, in Form von Bytes zu den Sternen zu fliegen; ich persönlich fühle mich zu fleischlich, als dass ich mich in eine Diskette pressen lassen will. Jedenfalls wäre die Sache nicht so einfach, denn obwohl das simpelste Programm mich mit Hilfe von Rechenvorgängen beim Schachspielen schlägt, kann ich beim Computer nicht das geringste Zeichen von Überlegung erkennen. Nicht einmal Deep Blue, der Rechner, der angeblich Gari Kaspárow, den menschlichen Schachweltmeister besiegte, kann mich beeindrucken. Offen gestanden halte ich eine Ameise für talentierter. Wird man es eines Tages schaffen, eine Maschine mit Bewusstsein zu bauen? Wird sie dann auch menschliche Gefühle haben? Dies ist ein alter Traum oder Alptraum der Menschheit. Manche Leute behaupten, er würde bald wahr. Ich glaube es nicht.

Es gibt eine völlig andere Art, an die Trennung von Körper und Geist heranzugehen, die ihre Wurzel bei dem Wiener Philosophen Wittgenstein (1889–1951) und seinen Nachfolgern hat, insbesondere bei Gilbert Ryle. Sie besteht ganz einfach darin, die Existenz des individuellen Geistes zu verneinen, sie als unnötigen Mythos zu verstehen, der dadurch entstanden ist, dass man etwas verdinglicht (zu einem Gegenstand macht), das doch nur eine Idee ist. Da wir bewusst handeln, haben wir demnach fälschlich angenommen, es gäbe von Geburt aus eine reale Instanz, die Verhaltensquelle, die wir Bewusstsein nennen.

Wenn es aber keinen Geist gibt, wer oder was ist dann für die geistigen Vorgänge zuständig? Wenn es in unserem Kopf keinen Homunkulus gibt, wer oder was nimmt dann wahr, kennt, erkennt, entscheidet, erinnert sich, spricht? Die Antwort lautet: niemand oder, besser gesagt, gewissermaßen alle Mitglieder einer Gemeinschaft. Der Geist ist nach dieser Vorstellung keine private Instanz, die zur Intimität eines jeden Individuums gehört, sondern etwas, was sich die Gemeinschaft teilt.

Wir Erwachsenen sind es, die den Geist der kleinen Kinder prägen, ihn wachsen lassen, ihn gewissermaßen aufbauen. Dazu bedienen wir uns der Sprache und einer sehr geschickten Technik: die Aufmerksamkeit der Kinder darauf zu lenken, was uns interessiert, um so bestimmen zu können, was sie lernen sollen. Kurz gesagt, wir lehren die Kinder, Menschen zu sein. Zwar lernen die Jungen aller Säugetiere, und vor allem die der sozialen Tiere, von ihren Eltern durch Beobachtung und Nachahmung sowie aufgrund von Ermahnungen, wenn ihr Verhalten falsch ist, aber die Tiere verfügen eindeutig nicht über die Erziehungsmethoden, die wir Menschen bei unseren Kindern anwenden. Menschliches Wissen wird definitiv durch soziale Interaktion erworben: Nur die Fähigkeit zum Erwerb ist angeboren.

Nach dieser Lehre ist die Erklärung dafür, weshalb wir an die Existenz eines individuellen und angeborenen Geistes glauben, dass wir etwas für Prozesse und Operationen (beispielsweise Entscheiden, Verstehen, Wahrnehmen) halten, was in Wirklichkeit Ergebnisse sind. Der Begriff „Geist" entspricht eher einer Verhaltensweise als einer wirklichen Instanz. Zum Ausführen einer Operation benötigt man einen Agenten, der sie durchführt, aber der Agent ist dort überflüssig, wo es keinen solchen Prozess gibt. Wenn wir sagen, jemand habe einen Baum gesehen, berichten wir von einem Ergebnis und beschreiben keinen Prozess. Andererseits wird ein Objekt als Baum wahrgenommen, wenn wir ihm ein Schild anheften, das Wort „Baum", das die Allgemeinheit gemeinsam verwendet, um eine bestimmte Art von Pflanze zu bezeichnen. Allerdings ist es manchmal nicht eindeutig, ob eine Pflanze ein Baum oder ein Busch ist, da die Grenzen zwischen großen und mittleren Pflanzen nicht genau festgelegt sind, was dann der Fall wäre, wenn die Namen keine sozialen Konventionen wären, sondern den reinen Ideen Platons entsprächen. Ein Kind kann sich täuschen und einen Farn als Baum bezeichnen: Man wird es verbessern. Mit anderen Worten, eine Sache wurde richtig verstanden und die Bedeutung von etwas wurde richtig erkannt, wenn die Gesellschaft dies bestätigt.

An diese Denkweise in der Tradition des Denkens bei Wittgenstein knüpfen William Noble und Iain Davidson in ihren Forschungen über den Ursprung der Sprache und des Geistes in der menschlichen Evolution an. Da es für sie ohne Sprache weder Geist noch Bewusstsein gibt, müssen sie zwangsläufig glauben, dass beide Dinge gleichzeitig, zu einem Zeitpunkt, den sie beim Erscheinen unserer Art ansiedeln, auftraten. Alle übrigen Hominiden, einschließlich der Neandertaler und unserer frühmodernen Vorfahren, hatten demnach kein Bewusstsein. Aus dem klassischen Verständnis des Geistes fragt man sich hingegen, ob in der menschlichen Evolution das Bewusstsein vor dem Entstehen der Sprache existiert haben kann (es würde sich um ein nicht verbales oder „stummes" Bewusstsein handeln), da Bewusstsein und Sprache verschiedene und bis zu einem gewissen Grad voneinander unabhängige Dinge sind.

Noble und Davidson stellen schließlich die Behauptung auf, dass der individuelle und angeborene Geist ein Produkt der westlichen Philosophie ist und dass wir nur deshalb daran glauben, weil Descartes ihn zufällig ins Spiel brachte. Meiner Meinung nach ist die Idee vom Geist jedoch universell und bei allen Menschen zu finden, was auf einen großen angeborenen Anteil hinweist, darauf, dass sie (in irgendeiner Art, von der man nichts weiß) mit der Natur und Organisation unserer Hirnrinde in Zusammenhang steht. Die Beziehung zwischen Bewusstsein und Sprache ist ein noch heikleres Thema, aber zumindest bin ich hier mit Noble und Davidson einer Meinung: Da man das Bewusstsein so schlecht fassen und eingrenzen kann, warum bleiben wir nicht einen Augenblick bei der Sprache, die viel leichter zu beschreiben ist? Ihre Definition der Sprache ist ganz einfach: Sprache ist jedes Kommunikationssystem mittels Symbolen.

Um festzulegen, was ein Symbol ist, bedienen wir uns der Einteilung der Zeichentypen von Charles Peirce. Ein Zeichen ist für diesen klassischen Wissenschaftler einfach ein Gegenstand, der einen anderen Gegenstand bezeichnet. Die Zeichen werden in drei Kategorien eingeteilt: Ikonen, Symptome und Symbole. Die Ikonen stellen zu dem, was sie bezeichnen, eine Verbindung über die Ähnlichkeit her. Das einfachste Beispiel ist eine Zeichnung, die, ganz gleich, wie genau oder ungenau sie sein mag, immer irgendeine Eigenschaft mit dem gemein haben muss, was sie darstellt.

Auch eine Landkarte könnte man als Ikone verstehen, und im Bereich eines anderen Sinnes, des Gehörs, sind auch onomatopoetische (klangnachahmende) Wörter Ikonen, da sie den Klang der Dinge, die sie bezeichnen, nachahmen. Symptome gleichen zwar nicht dem, wofür sie stehen, aber sie stehen dazu in kausalem Zusammenhang. Sie gehen aus dem hervor, was sie bezeichnen und beschränken sich auf dessen wichtigste Eigenschaften. So ist beispielsweise der Rauch ein Symptom des Feuers. Symbole entsprechen den Symptomen oder Indizien, die Sherlock Holmes zur Lösung seiner Fälle suchte. Die Symbole schließlich sind völlig arbiträr und müssen dem Bezeichneten weder ähnlich sein noch in irgendeiner Beziehung dazu stehen.

Die Wörter der mündlichen und schriftlichen Sprache sind Symbole, ebenso wie die Gesten der kodierten Taubstummensprache, die ebenfalls willkürlich ausgewählt und Konventionen sind.

Das Morsesystem der Telegrafie ist die Quintessenz des Symbolischen: Mithilfe von Punkten und Streifen (kurzen und langen Impulsen) werden Buchstaben und Wörter übermittelt, und um eine Nachricht verstehen zu können, muss man zwei Sprachen beherrschen. Morse und Englisch oder Morse und Deutsch. Auch zur Verständigung gebrauchen wir manchmal Ikonen, wie beispielsweise bei einigen Verkehrszeichen (andere sind völlig arbiträr, reine Symbole also). Ein gezeichnetes Herz steht zunächst für ein Körperorgan, es kann aber auch Liebe bedeuten. Manchmal wird ein Symbol aus der Darstellung mehrerer verschiedenartiger Objekte gebildet: eine Frau mit verbundenen Augen und einer Waage steht (in der westlichen Welt) für die Gerechtigkeit. Während Ikonen und Symptome allgemein verständlich sind, tragen Symbole aufgrund ihres arbiträren Charakters nur für Mitglieder einer Gemeinschaft Sinn, die dieselbe Sprache spricht und bei der ein stillschweigendes Einvernehmen (eine Konvention) herrscht, beispielsweise die Idee (das höchste Ideal) der Gerechtigkeit durch eine Frau mit verbundenen Augen und einer Waage darzustellen. Ein anderes Beispiel wäre der Brauch, Trauer durch die Farbe Schwarz zum Ausdruck zu bringen.

Haustiere können durch Übung dahin gelangen, dass sie immer gleich und vorhersehbar auf von Menschen hervorgebrachte Zeichen reagieren wie der Pawlowsche Hund, was aber nicht bedeutet, dass sie uns verstehen. Es ist ihnen eigentlich völlig gleichgültig, ob es sich um Ikonen, Symptome oder Symbole handelt. Sie haben aufgrund ihrer Erfahrung und der Konditionierung (positiv oder negativ) ganz einfach eine Assoziation aufgebaut. Obwohl ein Hund sich hinsetzt, wenn sein Herrchen es von ihm verlangt, ist es absurd anzunehmen, er verstehe die menschliche Sprache. Sicher ist jedenfalls, dass die

Tiere sich nicht über Symbole verständigen. Sie sind nicht einmal fähig, die Bedeutung der einfachsten Symptome zu verstehen, und umso weniger, sie zur Verständigung untereinander zu nutzen.

Ich möchte hier ein Beispiel anführen, das in Bezug auf das Leben unserer Vorfahren besonders bedeutungsvoll ist. Nach dem *Diccionario de la Real Academia* (dem Standardwerk zur spanischen Sprache) ist ein Symptom ein „Phänomen, das die Existenz eines anderen nicht wahrgenommenen Phänomens erkennen oder darauf schließen lässt". Nun gut, alle Räuber spüren ihre Beutetiere auf, und diese tun dasselbe mit ihren Jägern, und alle setzen dabei ihre Sinne ein: das Sehvermögen, den Geruchssinn und das Gehör. Auf diese Weise erkennen die Tiere sich untereinander an der Gestalt, dem Geruch und dem Laut. Wenn man so will, ist das Geräusch ein Symptom für die Anwesenheit des Tieres, das es hervorbringt; Geruch und Gestalt sind eher Attribute, die wahrgenommen werden. Da der Geruch anhält, wenn der Körper schon verschwunden ist, können Räuber einer Spur über ihren Geruchssinn folgen. Kein Tier kann jedoch die übrigen Tiere anhand ihrer Fußspuren erkennen, unterscheiden und verfolgen. Es gibt keinen Sherlock Holmes unter den wilden Tieren.

Wieder entstehen Zweifel, wenn es um die Schimpansen geht. Einige Exemplare wurden im Gebrauch der Sprache „unterwiesen". Da sie sich nicht mündlich verständigen können (was durch die Physiologie des Stimmbildungsapparats bedingt ist, wie wir gleich sehen werden), hat man ihnen gezeigt, wie dies in der Gestensprache der Taubstummen oder mit Hilfe einer speziellen Computertastatur geht. Die Schimpansen lernen, einzelne Wörter oder Wortpaare richtig zu gebrauchen, in seltenen Fällen auch Wortgruppen mit drei Wörtern; doch inwieweit verstehen sie sie? Wurden sie unterrichtet oder einfach abgerichtet? Einige Schimpansen beherrschten schließlich sogar ein umfassendes Vokabular von mehr als 150 Wörtern oder Zeichen. Mit „Beherrschen" meine ich, dass sie sie in passenden Kontexten benutzen und damit antworten, wenn sie gefragt werden. Man kann darüber diskutieren, ob sie deren Bedeutung (die Semantik) erfassen, jedenfalls aber machen sie einen sehr ungeschickten Eindruck, wenn es darum geht, die Wörter innerhalb der Sätze in der richtigen Reihenfolge anzuordnen (im Bereich der Grammatik), was für die Verständigung jedoch genauso wichtig ist: Die Schimpansen tun sich schwer zu verstehen, dass es nicht dasselbe ist, ob man sie auffordert „Stell die Tasse auf den Teller“ oder „Stell den Teller auf die Tasse“. Ein kleines Kind hingegen übernimmt schnell die Grundregeln der Sprache, wozu auch die in den verschiedenen Sprachen unterschiedliche Satzstellung gehört.

Ich war den symbolischen und (selbst elementaren) linguistischen Fähigkeiten der Schimpansen gegenüber ziemlich skeptisch, bis ich vor kurzem zufällig einen Dokumentarfilm sah, der über die Biografie des Schimpansen Washoe berichtete. Dieses Tier – ich wage kaum, dieses derart außergewöhnliche Wesen so zu nennen – erstaunte seit Jahren die ganze Welt mit den unglaublichen Ergebnissen der Pionierstudien zur Psychologie der Schimpansen, die das Ehepaar Allen und Beatrice Gardner durchführte. Zu einem ziemlich späten Zeitpunkt ihres langen und oft deprimierenden Lebens gebar Washoe ein Junges, das krank wurde. Die Pfleger nahmen es ihr weg, um es zu behandeln, aber es starb und wurde ihr nicht zurückgegeben. Danach wiederholte Washoe jedes Mal, wenn der Psychologe, der mit ihr arbeitete, sich ihrem Käfig näherte, wie besessen die beiden Zeichen: Baby bringen, Baby bringen …

Darwin *versus* Wallace

Bis jetzt habe ich noch kein Modell vorgestellt, das erklärt, wie in der Evolution die beiden folgenden Phänomene entstanden: das Bewusstsein und die Sprache (ob einzeln oder zusammen). Wenn ich mich nach dem Wie frage, meine ich damit, welche

Art Mechanismus dazu geführt hat, dass wir zu Wesen geworden sind, die sich von den übrigen so grundsätzlich unterscheiden.

Charles Darwin und Alfred Russell Wallace, die beiden Begründer der Selektionstheorie, sind in diesem Punkt völlig gegensätzlicher Ansicht. Für Darwin unterscheidet sich die Evolution des menschlichen Geistes nicht wesentlich von der Evolution des Körpers. Es handelt sich also um einen langsamen und kontinuierlichen Prozess, ein Fortschreiten mit kleinen Schritten in einem großen zeitlichen Rahmen, um ein allmähliches Zurücklegen des langen Evolutionswegs, der den Affen vom Menschen trennt. Dies spricht er in seiner einzigen Bezugnahme auf die Entstehung des Menschen klar aus, die man am Ende seines berühmten Werkes *Der Ursprung der Arten* finden kann: „In einer fernen Zukunft sehe ich die Felder für noch weit wichtigere Untersuchungen sich öffnen. Die Psychologie wird sich mit Sicherheit auf den von Herbert Spencer bereits wohlbegründeten Satz stützen, dass notwendig jedes Vermögen und jede Fähigkeit des Geistes nur stufenweise erworben werden kann. Licht wird auf den Ursprung der Menschheit und ihre Geschichte fallen."

Wallace hingegen konnte nicht hinnehmen, dass die so großen geistigen und moralischen Fähigkeiten des Menschen ein Produkt der schrittweisen Evolution sein sollen und dass wir nach und nach zu Menschen geworden sein sollen: Er stellte sich einen einzigen großen schicksalsentscheidenden Sprung vor, der sich nicht durch eine langsame Ansammlung zahlreicher kleiner Veränderungen erklären lässt. Wallace dachte dabei an eine übernatürliche Ursache.

Ian Tattersall, ein bedeutender Paläoanthropologe und guter Freund, meint, dass sowohl Darwin als auch Wallace teilweise Recht hatten. Für Tattersall ist gerade das so oft als *plötzliches Auftreten* bezeichnete Entstehen der kognitiven Fähigkeiten des Menschen ein gutes Beispiel dafür, was in der Systemtheorie als *plötzlich auftretende Merkmale* bezeichnet wird. Die

Funktionsweise eines Systems und seine Merkmale ergeben sich aus den Elementen, aus denen das System sich zusammensetzt und daraus, wie diese zusammenwirken. Eine nie zuvor aufgetretene Anpassung der einzelnen Elemente innerhalb des Systems kann dazu führen, dass das System ein absolut revolutionäres und völlig neues Merkmal erhält: ein plötzlich auftretendes Merkmal. Das ist Wissenschaft und keine Magie, aber es grenzt an ein Wunder.

In einem biologischen System, beispielsweise einem lebendigen Organismus, sind die Elemente die verschiedenen erkennbaren Merkmale. Üblicherweise bezeichnet man jedes neue Merkmal, das einen erkennbaren Zweck hat, als *Adaption*. Immer wieder stellte man fest, dass ein Merkmal, das bei seinem Auftreten eine bestimmte Funktion hatte, später im Laufe der Evolution einer bestimmten Gruppe eine andere Funktion übernahm: Man spricht dann von *Präadaption*. Ein Beispiel dafür wären die Federn, die anscheinend bei einer Gruppe von Dinosauriern auftraten, denen sie als isolierende Körperhülle dienten (die Federn halten bekanntlich sehr gut die Wärme); später nutzten die Vögel, eine Untergruppe innerhalb der gefiederten Dinosaurier, die Federn zum Fliegen.

Da der Begriff Präadaption ein bisschen nach Prädestination klingt, unterscheidet man heute zwischen Aptation, das ist jedes Merkmal, das eine Funktion erfüllt, Adaption, was sich zwischenzeitlich nur noch auf jene Merkmale bezieht, die seit ihrem Auftreten dieselbe Funktion behalten haben, und Exaption (was der Idee des früheren Begriffs der Präadaption entspricht). Tattersall meint, dass wir es bei unserem großen Gehirn und unserem Stimmbildungsapparat, der eine artikulierte Sprache hervorbringen kann, mit Exaptionen zu tun haben. Sie entstanden in Kontexten, die sich von den heutigen – kognitive Fähigkeiten und Sprache – unterscheiden. Nachdem sie erworben waren, blieben sie unverändert, bis neue Nervenverbindungen sie miteinander in Verbindung brachten. Mit anderen Worten organisierten sich die Elemente des Systems neu, und wie ein Kaninchen aus dem Zylinder erschien ein revolutionäres plötzlich auftretendes Merkmal: der menschliche Geist und sein untrennbarer Begleiter, die Sprache. Zwar ist die Theorie von Tattersall sehr verlockend, es bleibt aber schwer verständlich, weshalb das Gehirn, das doch ein Organ mit großem Energiebedarf ist, bei unseren Vorfahren und bei den Neandertaler so groß wurde, wenn es, wie Tattersall glaubt, bei diesen archaischen Menschenwesen nur Instinkt und keine Erkenntnis gab, oder weshalb sich der Stimmbildungsapparat entwickelte, bevor es eine artikulierte Sprache gab.

Kürzlich veröffentlichte Steven Mithen eine Theorie, die zwar unter einem ganz anderen Blickwinkel entstand, jedoch mit der Tattersalls in der Vorstellung übereinstimmt, dass der menschliche Geist plötzlich auftrat, und zwar ebenfalls durch eine Neuanordnung der bereits zuvor existierenden Elemente. Hätte jemand zusehen können, wäre er über die neue Erfindung der Evolution sehr erstaunt gewesen.

Außer der klassischen Theorie, die den Geist als eine vom Körper unabhängige Instanz und einzigartige Eigenheit jedes Individuums von Geburt an versteht, und der entgegengesetzten Theorie, die die Existenz des individuellen Geistes zu Gunsten des kollektiven leugnet, gibt es eine dritte Möglichkeit, die der mehrfachen Intelligenzen. Steven Mithen argumentiert auf der Grundlage der bereits erwähnten Arbeiten von Jerry Fodor, auf denen des ebenfalls sehr bekannten Howard Gardner und der Evolutionspsychologen. Das Evolutionsmodell Mithens geht von mehreren Schritten aus. In der ersten Phase, der der Australopithecinen (die der der heutigen Schimpansen ähnlich ist) habe es demnach eine allgemeine Intelligenz gegeben, die für die Lösung der normalen und alltäglichen Probleme zuständig war, und außerdem eine soziale Intelligenz, die es ermöglichte, mit den anderen Mitgliedern innerhalb der Gruppe in Beziehung zu treten, sowie an dritter Stelle ein Naturwissenschafts-Modul, das auf die Beziehung des Individuums und seiner natürlichen Umwelt spezialisiert war. Das Ich-Bewusstsein soll sich, wie bereits erwähnt, innerhalb der sozialen Intelligenz entwickelt und sich niemals weiter ausgebreitet haben.

In einem weiteren Schritt der menschlichen Evolution, mit dem Auftreten der ersten Vertreter der Art *Homo* soll sich eine Intelligenz gebildet haben, die auf die Technologie gerichtet war und mit deren Hilfe steinerne Werkzeuge hergestellt werden konnten. Sie sollen gefertigt worden sein, ohne dass man sich dessen bewusst war, was nicht bedeutet, dass diese Arbeit nicht auch Schwierigkeiten barg (die Anzahl der sehr komplexen Operationen, die jeder von uns täglich automatisch ausführt, ist erstaunlich und es ist sicher, dass wir uns nicht all dessen bewusst sind, was sich in unserem Kopf abspielt).

Zur gleichen Zeit habe sich ein erster Ansatz der Sprache gezeigt, allerdings nur innerhalb der sozialen Intelligenz. Spätere Menschen, wie die Neandertaler und unsere prämodernen Vorfahren, entwickelten alle Intelligenzen weiter, die allgemeine, die soziale, die ökologische und die technische, diese sollen jedoch voneinander unabhängig geblieben sein. Andererseits übermittelte die Sprache lediglich soziale Information.

Mit dem Erscheinen unserer Art wurden schließlich die Mauern niedergerissen, die verhinderten, dass es zwischen den verschiedenen Intelligenzen Verbindungen gab, und Bewusstsein und Sprache erfassten alle Gebiete.

Obwohl ich mit dem Gedanken an ein Bewusstsein sympathisiere, das sich im Laufe der Zeit ausdehnte, sehe ich in Mithens Theorie drei Probleme. Erstens erscheint es unlogisch, dass man automatisch oder unbewusst (oder instinktiv) zu großer technischer Geschicklichkeit oder zu großem ökologischen Wissen gelangen kann.

Zweitens ist eine Sprache, die sich auf die sozialen Beziehungen beschränkt, fast unvorstellbar, da die Grundessenz der Sprache die Kommunikation mithilfe von Symbolen ist. Ich kann verstehen, dass man mehr oder weniger ausgebildete Fähigkeiten haben kann, mit Symbolen umzugehen, nicht aber, dass es nur Symbole einer bestimmten Klasse geben soll, wenn man überhaupt von Symbolklassen sprechen kann.

Die Schimpansen bringen unbewusst Lautfolgen hervor, die Ausdruck ihres Gemütszustands sind, sie drücken also den Zorn gegenüber einem Fremden oder einem Rivalen aus, die Freude über einen mit Früchten behangenen Baum oder die Angst in Gegenwart eines gefährlichen Raubtiers. Gleichzeitig gestikulieren sie, denn sie verfügen über eine ausgeprägte „Körpersprache" und über eine große Fähigkeit, visuelle Information zu verarbeiten. Diese Information (Ärger, Feigen oder Leopard) ist für die übrigen Mitglieder der Gruppe außerordentlich wichtig. Neben dem Gemütszustand des Individuums interessiert uns nämlich auch die Ursache, die ihn hervorruft. In dem Moment aber, in dem einer unserer Vorfahren intelligent genug war, die Wirkung zu erkennen, die seine Laute und Gesten bei den übrigen auslösten, verstand er ihre Bedeutung, und die Sprache war geboren. Die Lautfolgen und die Gesten wurden automatisch zu Symbolen, die zur Übertragung von Information verändert und so verwendet wurden, dass sie je nach Wunsch richtige oder falsche Information übertrugen. Es ist klar, dass die Hominiden, die die Sprache „entdeckten", zwangsläufig in der Lage sein mussten, in den Gedanken der anderen zu lesen (dass sie sich also eine Vorstellung vom Geist machten) und natürlich, dass sie sich ihrer selbst bewusst waren. Als aber die Sprache einmal erfunden war, konnte jede Art von Information symbolisch ausgedrückt werden, und eigentlich ist es nicht einmal wichtig, ob die visuelle Sprache, die auf Gesten beruht, der mündlichen, die auf Lauten beruht, vorausging, oder ob beide sich *pari passu* entwickelten.

Drittens könnte sich der von Mithen vorgeschlagene Prozess der Menschwerdung genau wie in Tattersalls Modell ebenso gut schrittweise und nicht unbedingt plötzlich und gleichzeitig mit dem Auftreten unserer Art abgespielt haben.

Im Folgenden werden wir sehen, ob diese beiden Modelle (das von Tattersall und das von Mithen), die die Sichtweisen von Darwin und Wallace verknüpfen, sich mit den Daten in Einklang bringen lassen, die wir von der menschlichen Evolution besitzen, oder ob wir uns, wie ich fürchte, zwischen Darwin und Wallace entscheiden müssen.

In principio erat verbum

Nach diesem langen Exkurs über den Geist und die Sprache ist es nun Zeit für den Versuch, deren Spuren, deren Indizien im archäologischen und paläontologischen Protokoll zu erkennen. Aber bevor wir fortfahren, wollen wir uns vergegenwärtigen, was wir von den Fossilien über unsere Evolutionsgeschichte und die der Neandertaler erfahren haben. Vergleicht man den Geist der beiden Arten, kann man die menschliche Evolution in zwei große Etappen einteilen. Die erste Etappe umfasst die gemeinsame Geschichte und reicht vom ersten Hominiden bis zu dem Tag, an dem die Menschen begannen, Europa zu besiedeln. Anfangs unterschieden sich die europäischen Populationen, die durch die Fossilien des Fundorts Gran Dolina (*Homo antecessor*) belegt sind, nicht von den afrikanischen und denen der nächstliegenden asiatischen Gebiete, während im Fernen Osten eine andere Menschenart, der *Homo erectus*, lebte. Die langanhaltende Isolation bewirkte allerdings, dass sich die europäischen Populationen allmählich von ihnen zu unterscheiden begannen, und im Zeitalter der Sima de los Huesos, vor 300000 Jahren, und sogar noch früher bereits einige Neandertaler-Charakteristika zeigten. Dennoch hatten die europäischen und die afrikanischen Populationen noch vieles gemein, primitive Merkmale, die sie von ihrem letzten gemeinsamen Vorfahren geerbt hatten. Einige Zeit später, vor etwa 100000 Jahren, gab es in Europa bereits waschechte Neandertaler, und in Afrika (und auch in Palästina) lebten etwas archaische, aber eindeutig moderne Vertreter unserer Vorfahren.

Innerhalb des Vergrößerungsprozesses des menschlichen Gehirns können wir zwei Phasen schnellerer Entwicklung feststellen. Die eine entspricht der Zeit der ersten Menschen (*Homo habilis* und vor allem *Homo ergaster*) in Afrika, als sich das Gehirnvolumen verdoppelte. Die zweite Beschleunigung vollzog sich vor etwa 300000 Jahren unabhängig voneinander in Europa und in Afrika und hatte die großen Gehirne von Neandertalern und modernen Menschen zur Folge. Die Fossilien der Sima de los Huesos stammen genau aus der Zeit, in der die Kurve des Hirnwachstums in Europa steil anzusteigen begann. Noch wissen wir wenig von unserem letzten gemeinsamen Vorfahren mit den Neandertalern, dessen Vertreter man in Gran Dolina fand. Wir können jedoch davon ausgehen, dass der Entwicklungsstand seines Gehirns zwischen diesen beiden Phasen lag. Daher müssen die geistigen Fähigkeiten, die wir mit den Neandertalern gemein haben, entweder ein gemeinsames Erbe dieses fernen gemeinsamen Vorfahren sein, oder es handelt sich um unabhängig und parallel verlaufende Entwicklungen. Im Folgenden werden wir nochmals auf die möglichen Auswirkungen dieser Fähigkeiten eingehen und diskutieren, wie sie erworben wurden und welche Bedeutung sie haben.

Ich will mit dem beginnen, was unmittelbar mit dem Gehirn zu tun hat. Ich habe schon erwähnt, dass die Neandertaler möglicherweise einen Grad an Intelligenz erreichten, der dem unseren sehr ähnlich war. Auch wenn man das Hirnvolumen in Relation zum Körpergewicht betrachtet, weist die Untersuchung der beiden für uns interessanten Linien auf eine parallel verlaufende Enzephalisation hin, ohne dass man aus diesem Blickwinkel heraus irgendeine klare Überlegenheit der Cromagnonen erkennen könnte.

Aber außer dem Gesamtvolumen des Gehirns müssen wir auch die Proportionen seiner Bestandteile zueinander betrachten. Das Gehirn eines jeden von uns ist nicht in allen Bereichen größer als das eines Schimpansen. Bei der Zunahme des Hirnvolumens wurden bestimmte Bereiche der Hirnrinde, wie das Sehzentrum, das sich am hinteren Punkt des Gehirns – nämlich auf der Innenseite des Hinterhauptslappens – befindet, relativ kleiner, während andere an Größe zunahmen. Unter diesen letztgenannten ist besonders das Assoziationszentrum erwähnenswert, das im vordersten Bereich des Gehirns, im Stirnlappen, liegt. Und dem Assoziationszentrum werden höhere spezifisch menschliche Funktionen zugeschrieben. Dieser Bereich sorgt dafür, dass im Gedächtnis gespeicherte Information abgerufen und so lange wie nötig im Geist parat gehalten werden kann. So ist es möglich, sich an die langen Bewegungsabläufe zu erinnern, die zur Ausführung einer komplexen Arbeit notwendig sind, wie beispielsweise das Behauen eines steinernen Werkzeugs, das eine lange Kette von Bewegungen erfordert, oder auch das Klavierspielen.

Zudem ist die Stirnhirnrinde mit bestimmten Strukturen verbunden, die in tiefen Bereichen des Gehirns, im lymbischen System, liegen, die für das Gefühlsleben eine Schlüsselrolle spielen. Eine Verletzung der Stirnhirnrinde oder ihre chirurgische Amputation (Lobotomie) führt bei den betroffenen Personen dazu, dass sich ihre Persönlichkeit völlig verändert, da dort anscheinend das Ich-Bewusstsein und die Aufmerksamkeit liegen, die Fähigkeit, Pläne für die Zukunft zu schmieden, sowie die Motivation, sie auszuführen. Auch und vor allem sind hier Phantasie und Kreativität angesiedelt. Außer der Stirnhirnrinde gibt es andere assoziative Bereiche und zwar in den Scheitellappen, den Schläfenlappen und im Hinterhauptslappen. Diese sind im modernen Gehirn von größerer Bedeutung als in dem unserer Vorfahren. Soviel ich weiß, hat niemand bewiesen, dass sich die Neandertaler in irgendeinem dieser Aspekte wesentlich von uns unterschieden.

Ein interessantes Merkmal unseres Gehirns ist seine Asymmetrie. Jede Gehirnhälfte wird als Hemisphäre bezeichnet, und es fällt auf, dass sich bei Rechtshändern die linke Gehirnhälfte weiter in Richtung Hinterhaupt zieht als die rechte, während sich diese weiter nach vorn zur Stirn hin ausdehnt als die linke.

Eine so ausgeprägte Asymmetrie gibt es bei den übrigen Primaten nicht. Ebenso wenig gibt es bei den Tieren eine so deutliche Vorliebe bei der Verwendung der einen Hand. Die Schimpansen beispielsweise sind von Natur aus mit beiden Pfoten gleich geschickt. Diese Besonderheit könnte von Bedeutung sein, da es Gehirnfunktionen gibt, die anscheinend eher in der einen als in der anderen Gehirnhälfte angesiedelt sind. Dazu könnte das Sprachzentrum gehören.

Wie bereits erwähnt, befinden sich sowohl das Broca-Zentrum als auch das Wernicke-Zentrum auf der linken Hemisphäre. Das Broca-Zentrum, das im Stirnlappen liegt, scheint vor allem für die Koordination der motorischen Abläufe zuständig zu sein, die für das Hervorbringen der Laute (sowie für die Steuerung anderer Funktionen, die mit der Sprache nicht viel zu tun haben) zuständig zu sein scheint. Das Wernicke-Areal befindet sich im Übergangsbereich von Stirnlappen, Scheitellappen und Hinterhauptslappen. Es ist maßgeblich für das Verständnis der Sprache und der Symbole im Allgemeinen. Zwar wurde anhand moderner Techniken in der Gehirnkartographie und durch PET (Positronen-Emissions-Tomographie) bewiesen, dass beim Hervorbringen und Verstehen der Sprache viele andere Bereiche des Gehirns beteiligt sind, da jedoch auch diese sich vor allem auf der linken Seite befinden, ist die Versuchung groß anzunehmen, dass es Sprache gibt, seit es die Asymmetrie des Gehirns und die Lateralisierung des Körpers gibt.

Gemeinsam mit der Paläoanthropologin Ana Gracia habe ich bei den fossilen Schädeln der Sima de los Huesos zerebrale Asymmetrien derselben Art festgestellt wie bei modernen Rechtshändern, und José María Bermúdez de Castro stellte gemeinsam mit anderen Wissenschaftlern fest, dass jene Menschen vorrangig die rechte Hand benutzten. Erstaunlicherweise untersuchte er dazu nicht die Knochen, sondern die Zähne. Beim Abtrennen eines Stücks Fleisch, das auf einer Seite mit dem Mund festgehalten wurde, rutschte die scharfe Kante des

Steinmessers manchmal ab und hinterließ an der Vorderseite der oberen und unteren Schneidezähne Spuren, die uns erkennen lassen, welche Hand verwendet wurde. Wenn die Rillen von links oben nach rechts unten verliefen, handelte es sich um die rechte Hand. Bei einem Riefenverlauf von rechts oben nach links unten war die zum Schneiden verwendete Hand die linke. Unter den Neandertalern gab es einige linkshändige Individuen, die wie heute eine Minderheit bildeten.

Dafür, dass die Sprache bereits bei den ersten Vertretern der Gattung Homo existierte, spricht auch, dass sowohl Philip Tobias als auch Dean Falk bei 1,8 Millionen Jahre alten Fossilien ein gut entwickeltes Broca-Zentrum zu entdecken glaubten, das auf der Innenseite des Schädels einen Abdruck hinterließ, der bei den übrigen Primaten durchweg fehlte. Ein anderer Forscher, Rich Kay, hat beobachtet, dass der Durchmesser der beiden Unterzungennervenkanäle bei den Neandertalern ebenso groß war wie bei uns, immer in Abhängigkeit von den Abmessungen der Mundhöhle. Die Unterzungennervenkanäle befinden sich in der Schädelbasis, unterhalb der beiden Hinterhauptsknöchel, die den Kopf mit dem ersten Halswirbel, dem Atlas, bewegen. Durch sie führen die beiden Unterzungennerven, die für die Feinsteuerung der Zungenbewegungen sorgen. Die Tatsache, dass der Durchmesser der Unterzungennervenkanäle in Bezug auf den der Mundhöhle (und schließlich der Zunge, die als solche nicht zum Fossil wird) groß ist, könnte ein Indiz dafür sein, dass die Unterzungennerven dick waren und viele Nervenfasern enthielten, um so das Hervorbringen einer sehr breiten und abgetönten Lautpalette zu ermöglichen.

Bisher haben wir uns damit befasst, was Gehirn und Nerven uns über die Sprache offenbaren. Sehen wir uns nun an, was bei den Fossilien vom Stimmapparat übrig ist, der für die physische Erzeugung der Laute sorgt. Die Lautbildung erfolgt zunächst in den Stimmbändern des Kehlkopfs, den Stimmlippen, die sich beim Durchfluss der von der Lunge ausgestoßenen Luft öffnen und schließen. Bis hierhin gibt es beim Menschen keine

Neuerung: Alle Primaten stoßen Laute aus. Der Unterschied zu den Tieren liegt weiter oben, in den Luftwegen oberhalb des Kehlkopfs, den so genannten oberen Luftwegen oder im oberen Stimmbildungstrakt.

Die Mundhöhle ist durch den Gaumen von der Nasenhöhle abgeschlossen. Es gibt einen knöchernen Gaumen, den harten Gaumen, der nach hinten in den weichen Gaumen ohne Knochengerüst übergeht und im Zäpfchen endet. Diese Trennung zwischen Mund- und Nasenhöhle gibt es nur bei den Säugetieren. Sie ist eine Anpassung, die ein Atmen durch die Nase ermöglicht, selbst wenn der Mund mit Speise gefüllt ist und die Luft nicht vorbeiströmen kann. In der Zoologie bezeichnet man das Dach der Mundhöhle als sekundären Gaumen, da es sich um eine Art falsches Dach unter dem eigentlichen oder primären Gaumen handelt. (Merkwürdigerweise haben neben den Säugetieren auch die Krokodile einen sekundären Gaumen ausgebildet, und zwar zu demselben Zweck.)

Hinter der Nasenhöhle und der Mundhöhle, im Raum, der vom Ende des Gaumens bis zur Wirbelsäule reicht, liegen der Rachen, der sich nach unten vertikal bis zum Kehlkopf fortsetzt, und die Speiseröhre. Der obere Luftweg besteht also aus zwei Teilen: einem horizontalen und einem vertikalen. Bei allen Säugetieren mit Ausnahme der erwachsenen Menschen verlaufen sowohl die Mundhöhle als auch die Nasenhöhle von vorn nach hinten (in der Fachsprache nennt man dies sagittal); auch der Rachen ist so angelegt. Der Gaumen ist also lang und zudem zur Wirbelsäule hin verlängert, woraus sich ein langer horizontaler Teil des Stimmbildungsapparats oberhalb des Kehlkopfs ergibt. Der Kehlkopf aber liegt sehr weit oben und in der Nähe des Mundes, sodass der vertikale Teil des Stimmbildungsapparats sehr klein ist.

Bei den erwachsenen Menschen sind Mund- und Nasenhöhle sowie der Rachen sagittal kurz, da sich der Gaumen verkürzt und sich gleichzeitig der Wirbelsäule annähert. Dagegen sitzt der Kehlkopf tiefer, sodass der Rachen vertikal verlängert

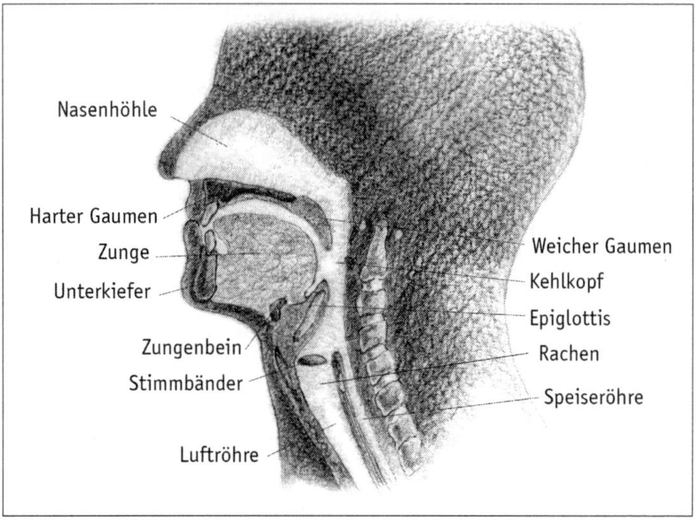

Abb. 22: Luft- und Nahrungswege bei unserer Art.

wird. Da sich Atemweg und „Speiseweg" im Bereich des Kehlkopfs kreuzen, kann Nahrung in den Kehlkopf eindringen und in die Luftröhre gelangen (sie versperren), statt in der Speiseröhre zu landen. Dies ist eine echte Gefahr, da es manchmal zum Tod durch Verschlucken kommt. Bei den menschlichen Säuglingen und den übrigen Säugern hingegen ist der Kehlkopf wie ein Periskop nach oben gerichtet, und beim Schlucken verbindet er sich mit der Nasenhöhle, sodass die Nahrung beide Seiten des Kehlkopfs passieren kann ohne die Gefahr, darin hängen zu bleiben. Auf diese Weise ist gleichzeitiges Trinken (oder Saugen) und Atmen möglich. Dabei tritt der Rachen hinter den Kehlkopf. Bis zum sechsten oder siebten Lebensjahr bildet sich die Morphologie des Erwachsenen aus. Schließlich hat sich der Rachen nach unten verschoben und der Gaumen der Wirbelsäule (relativ gesehen) angenähert. Alle Fossilien des modernen Menschentyps weisen diese Morphologie auf.

Als Ausgleich für das Erstickungsrisiko verfügen wir erwachsene Menschen über eine lange vertikale Röhre, den Rachen, mit dem wir, wenn wir nicht gerade schlucken, den von den Stimmbändern erzeugten Ton verändern können, so als handle es sich um ein allerdings sehr biegsames Blasinstrument. Auf diese Weise wird die große Vielfalt an Tönen hervorgebracht, die die artikulierte Sprache der Menschen ausmachen. Dabei wirken die Zunge und die Lippen mit. Während die Zunge bei den übrigen Säugern dünn ist und ausschließlich den Mund ausfüllt, ist sie bei unserer Art dick und bildet auch die vordere Rachenwand.

Man kann bei den Fossilien die oberen Luftwege rekonstruieren, wenn dies auch sehr kompliziert ist. Die Australopithecinen und die Paranthropinen hatten sicher ein langes horizontales Segment und vermutlich ein kurzes vertikales Segment, wie beispielsweise die Schimpansen, und daraus leiten wir ab, dass sie nicht sprachen. Genau genommen können wir einfach nur feststellen, dass der physiologische Apparat, der das menschliche Sprechen erzeugt, in der heutigen Form noch nicht existierte, wobei man nicht weiß, ob diese Hominiden schon über gewisse Steuerungsmöglichkeiten des akustischen oder körperlichen Ausdrucks ihrer Gefühle verfügten.

Mit dem Entstehen der modernen Menschen verkürzte sich das horizontale Segment der Luftwege oberhalb des Kehlkopfs, das von den Schneidezähnen bis zur Wirbelsäule reicht. Dazu wirkten zwei Prozesse zusammen. Zum einen bildete sich der Kauapparat zurück, wodurch der Gaumen kleiner wurde, zum anderen näherte sich dieser der Wirbelsäule an. Die beiden Teile des Stimmapparats, der horizontale und der vertikale, sind bei unserer Art etwa gleich lang.

Ein sehr bekannter Experte auf dem Gebiet der Sprachentstehung, Jeffrey Laitman, bestätigte, dass die Verkleinerung des Gaumens bei den modernen Menschen eine gewisse Abwinkelung bzw. Biegung der Schädelbasis zur Folge hatte, und dass wir dieses Kennzeichen zur Bestimmung der Stimmbildungsfähigkeit bei den Fossilien nutzen können. Ignacio Martínez und ich sind nicht so sicher, dass es eindeutige Verbindungen zwischen der Abwinkelung der Schädelbasis und der Stellung des Kehlkopfs gibt.

Die Verkleinerung des Kauapparats fand in gewissem Maß auch bei den Neandertalern statt, aber dennoch war das Ende des Gaumens wesentlich weiter von der Wirbelsäule entfernt als bei den Menschen des Cro-Magnon. Darin glichen die Neandertaler großen Babys. Bedeutet dies, dass sie nicht sprechen konnten wie wir? Ich stimme mit Ignacio Martínez überein, der ein Spezialist auf diesem Gebiet ist, und dessen Antwort lautet: ja und nein. Einerseits ist es möglich, dass der Kehlkopf sich bereits mehr oder weniger gesenkt hatte, sodass eine vertikale Röhre zur Veränderung der Laute entstand. Am israelischen Fundort Kebara fand man Teile eines 600 000 Jahre alten Neandertaler-Skeletts, das ein Zungenbein (der Knochen, der den Kehlkopf stützt) mit modernen Kennzeichen besaß. Zwar lässt ein morphologisch gesehen modernes Zungenbein nicht zwangsläufig auf einen tiefliegenden Kehlkopf schließen, aber es gibt zu denken. Wenn es sich wirklich so verhielt, hieße das, dass die Neandertaler sehr verschiedenartige Laute hervorbrachten, jedoch nicht in dem Maß wie wir, da das horizontale Segment des Stimmbildungsapparats noch primitiv war. Anders ausgedrückt: Wir verfügen über einen Stimmbildungsapparat, bei dem die beiden Teile etwa gleich lang sind, während die Neandertaler nach unseren Erkenntnissen möglicherweise ein dem unseren ähnliches oder nur etwas kürzeres vertikales Segment und ein wesentlich längeres horizontales aufwiesen. Unterschiedliche Instrumente also, die unterschiedlich klingen, auch wenn die Note des Stücks dieselbe sein könnte; aber vielleicht war sie es nicht.

Philip Liebermann rekonstruierte vor Jahren gemeinsam mit anderen Wissenschaftlern den Stimmbildungsapparat der Neandertaler; dieser wurde mit einem Kehlkopf ausgestattet, der weder so hoch saß wie bei unseren Säuglingen, also sehr nahe beim Mund, noch so tief wie bei den Erwachsenen, also eine Zwischenposition hatte, die es heute bei keiner Art gleich welchen Alters gibt. Mithilfe eines Rechners ließ Philip Liebermann einen menschlichen Säugling, einen erwachsenen Menschen und einen Neandertaler „sprechen". Die künstlich erzeugten Laute entsprachen in den beiden ersten Fällen den tatsächlichen, was dazu ermutigt, das Ergebnis ernst zu nehmen, das sich beim Neandertaler ergab. Dieser konnte eine enorm große Lautpalette hervorbringen, bei der Bildung der drei Vokale *a*, *i* und *u* sowie der beiden Konsonanten *g* und *k* scheiterte er jedoch. Auf den ersten Blick ist dies nicht von großer Bedeutung. Der vorliegende Text wäre auch dann sehr gut verständlich, wenn wir ihn ohne diese Buchstaben aufschreiben würden (versuchen Sie, sie durch ein *e* zu ersetzen, und Sie werden sehen, wie gut das geht). Es gibt ja auch Sprachen, wie beispielsweise Arabisch oder Hebräisch, die ohne geschriebene Vokale auskommen, die man jedoch trotzdem ohne allzu große Schwierigkeiten lesen kann. In der gesprochenen Sprache sieht es jedoch ganz anders aus, da es hier nicht um Buchstaben, sondern um Laute geht.

Die Vokale *a*, *i* und *u* werden als universelle Vokale bezeichnet, da sie in allen Sprachen existieren. Im Arabischen sind es die drei einzigen, die es gibt, während das Kastilische und das Baskische über zwei weitere verfügen und andere Sprachen, wie beispielsweise das Englische noch mehr aufzuweisen haben. Der Vorteil der universellen Vokale, und vor allem des I und des U, liegt darin, dass sie für das menschliche Ohr am besten zu unterscheiden sind, wie man aufgrund zahlreicher Versuche weiß. Ohne sie ist jede Sprache sehr viel verwirrender und schwieriger zu verstehen, vor allem dann, wenn in der Umgebung Nebengeräusche auftreten wie Lärm oder andere Gespräche, was ja häufig der Fall ist. Dank der universellen Vokale sind keine absolute Aufmerksamkeit und völlige Stille nötig, wenn wir uns verständlich machen wollen.

Hinzu kommt, dass der Klang durch den weiter vorn liegenden Gaumen der Neandertaler wesentlich nasaler war als bei uns, da die ausgestoßene Luft teilweise durch die Nasenhöhle strömte. Laute lassen sich umso schlechter unterscheiden, je nasaler die Aussprache ist. Es ist tatsächlich so, dass der Stimmtrakt der Neandertaler diese daran gehindert haben dürfte, so klare Laute wie wir hervorzubringen, selbst wenn sie dieselbe linguistische Fähigkeit hatten, die geistigen Grundlagen also, mittels Wörtern (Symbolen) zu kommunizieren.

Leider können wir an dieser Stelle die Diskussion über die Beschaffenheit des Stimmbildungsapparat bei den Neandertalern nicht fortführen.

Fossiles Verhalten

Uns bleibt jetzt die Möglichkeit, Reste des Bewusstseins menschlicher Fossilien zu finden, und sei es auch nur ein Quäntchen davon, und zwar in den materiellen Zeugnissen, die uns von ihrer lebendigen Existenz geblieben sind. Das Verhalten als solches wird nicht fossil, aber bei seinen Folgen ist dies manchmal der Fall. Zu den bedeutendsten Indikatoren höherer menschlicher Fähigkeiten zählen natürlich die Werkzeuge, die sie herstellten. Letzten Endes ist kein Tier auch nur dazu in der Lage, einen Stein zu zerschlagen, um eine scharfe Kante zu erhalten; umso weniger kann es so durchdachte Werkzeuge herstellen wie einen Faustkeil oder eine Levallois-Spitze. Auch die Beherrschung des Feuers ist ein Symptom eines höheren Verstandes. Nicht einmal im Traum können wir uns einen Schimpansen vorstellen, der es erzeugt (indem er zwei Stöcke aneinander reibt oder den Funken überspringen lässt, der den Zunder zum Brennen bringt). Wo Feuer unter Kontrolle ist, da sind Menschen. Die Menschen sind auch die einzigen Wesen, die um ihre Toten weinen und leblose Körper respektvoll behandeln.

All diese Tätigkeiten können ohne Sprache ausgeführt und auch ohne sie erlernt werden, nämlich durch bloßes Nachahmen, aber sie lassen einen hohen Grad an Bewusstsein erkennen (abgesehen davon, dass auch Sprache durch Nachahmung erlernt wird). Und für diejenigen, die behaupten, es könne kein Bewusstsein, keinen Geist, ohne Sprache geben, wie beispielsweise Noble und Davidson, setzt die Existenz des Bewusstseins bei einem „archaischen" Menschen (der also nicht der modernen Art angehört) die Existenz von Sprache voraus. Daher versuchen diese Wissenschaftler mit großem Eifer zu beweisen, dass Feuer und Bestattung ausschließlich an den Fundorten der modernen Menschen zu finden sind und dass die Behauer der Faustkeile die Herstellung dieser Werkzeuge nicht planten, ja und sogar, dass es niemals eine Levallois-Technik gab. Aber gehen wir Schritt für Schritt vor.

An den vorgeschichtlichen Fundorten findet man häufig Aschehaufen, die zweifelsfrei auf die Verbrennung von Holz hinweisen. In Erdschichten der Höhle von Swartkrans in Südafrika, die älter sind als eine Million Jahre, gibt es Asche, die als das Ergebnis einer Tätigkeit von Menschen (möglicherweise der Art des *Homo ergaster*) interpretiert wurde. Doch in solchen Fällen könnte sich das Feuer draußen selbst entzündet haben, und die Asche könnte später mit Ton vermischt ins Innere der Höhle gelangt sein, und vielleicht entzündete sich dabei auch das Dickicht, das oft in die Höhleneingänge hineinwächst. In den Ökosystemen trockener Länder sind spontane Brände nichts Außergewöhnliches, sondern ganz im Gegenteil ein Phänomen, womit man rechnet. Es gibt Pflanzen, wie beispielsweise unsere Zistrosen, die pyrophil sind, die also das Feuer anziehen; es tut ihnen sogar gut zu brennen, da so ihre Samen besser keimen und sie sich nebenbei gegenüber den Pflanzen durchsetzen, mit denen sie konkurrieren und die an die wiederkehrenden Brände nicht angepasst sind. Wenn nach dem Brand alle übrigen Pflanzen verschwunden sind, finden die Zistrosen einen Platz an der Sonne. Darum sagt man, die Zistrose sei ein Kind des Feuers. Es wäre auch nicht sehr ungewöhnlich, dass es die Sonnenstrahlen waren, die den Wald zum Brennen brachten, und nicht der Mensch. Daher ist das Vorhandensein von Kohle an einem Fundort allein noch kein definitiver Beweis dafür, dass die Menschen jener Zeit die Technik beherrschten, ein Feuer zu entfachen.

In der etwa eine halbe Million Jahre alten Schicht 10 des bekannten Fundorts von Zhoukoudian fand man bei Ausgrabungen vor dem Zweiten Weltkrieg verbrannte Knochen, Ascheresten und andere Hinweise auf Feuer. Damals wurden sie als Beweis dafür angesehen, dass der *Homo erectus* sich des Feuers bediente, um die nördlichen Gebiete Chinas zu besiedeln, in denen sicher ein kälteres Klima herrschte als jenes, dessen sich ihre afrikanischen Vorfahren erfreuten oder das, in dessen Genuss ihre Zeitgenossen kamen, die in den tropischen Gebieten Javas lebten. Neuere Analysen ließen jedoch Zweifel an der Absichtlichkeit solcher Feuer aufkommen. Es könnte sogar sein, dass der *Homo erectus* das Feuer gar nicht kannte. Genau betrachtet wäre dies gar nicht so verwunderlich, da die Bewohner Tasmaniens kein Feuer erzeugen konnten, als die westlichen Menschen dort ankamen, und zwar, weil die Insel nicht heiß, sondern gemäßigt und feucht ist.

Wer das Feuer jedenfalls systematisch und geplant nutzte, das waren – da kann man einwenden, was man will – die Neandertaler. Ein Fundort, an dem Feuerreste untersucht wurden, die isolierte Einheiten bildeten und auf angelegte menschliche Feuerstellen schließen lassen, ist die israelische Höhle Kebara, wo man angeblich auch den Großteil eines 60 000 Jahre alten Neandertalerskeletts gefunden hat. Aber ich brauche mir nicht die Mühe machen, dies zu beweisen, da mein Freund Eudald Carbonell viele Feuerstellen ausgrub, an denen sich die Neandertaler wärmten, die den Fundort von Abric Romaní (Barcelona) besetzten. Vielleicht saßen diese katalanischen Neandertaler auch nach der Abenddämmerung beim heimeligen Schein des Feuers beisammen und ließen so den Tag ausklingen? Kann man sich die Szene einer Menschengruppe, seien es auch Neandertaler, vorstellen, die um das Feuer sitzen und sich anschweigen? Man muss dem Feuer bei der Entwicklung des menschlichen Geistes eine gewisse Bedeutung zuerkennen. Sind etwa auch wir, wie die Zistrosen, Kinder des Feuers?

In der Paläontologie gibt es eine Disziplin, die sich mit der Untersuchung aller Zeugnisse vom Tun vergangener Organismen beschäftigt: nicht mit den fossilen Resten der Organismen selbst nach deren Tod, sondern mit den Spuren dessen, was sie taten, als sie lebten – essen, sich bewegen, sich ein Lager bauen usw. Der typischste Fall sind die Fußspuren der Dinosaurier, aber ich sage gern, dass die ganze Archäologie einfach nur ein Fachgebiet innerhalb dieser vorgeschichtlichen Spurensuche ist, da sie die Indizien dafür untersucht, was Organismen der Vergangenheit taten, die schließlich zu unseren Vorfahren und fossilen Verwandten wurden. Spaß beiseite, was es in der vorgeschichtlichen Archäologie im Überfluss gibt, sind die behauenen Steine, und auf sie müssen wir unser Augenmerk richten, wenn wir etwas über die geistigen Merkmale derer erfahren wollen, die sie herstellten.

An anderer Stelle habe ich bereits darüber berichtet, dass die ersten „Industrien", die Oldoway-Techniken, anscheinend nicht ein bestimmtes Aussehen anstrebten, sondern nur einen bestimmten Zweck: Schneiden, Zermalmen, was auch immer. Aber mit dem Erscheinen der Faustkeile vor eineinhalb Millionen Jahren mit ihrer perfekten Symmetrie auf zwei und manchmal drei Ebenen stoßen wir auf ein überlegtes, geplantes und bewusstes Hinarbeiten auf eine bestimmte Form. Wer das leugnet, muss eine andere Erklärung für diese Objekte finden. Die Erklärung von Noble und Davidson ist, dass die Faustkeile einfach nur die Reste sind, die übrigbleiben, wenn man einen Kern immer wieder behaut, um Steinsplitter zu erhalten. Die Werkzeuge seien dabei in erster Linie die Steinsplitter gewesen, während der Kern als Primärmaterial gedient habe und zu diesem Zweck sogar von einem zum anderen Ort mitgenommen worden sei. Möglicherweise hätten die Menschen den Faustkeil selbst in zweiter Linie als Steinsplitter verwendet, wenn er zu nichts anderem mehr zu gebrauchen war, keinesfalls aber sei der Faustkeil das bewusst verfolgte Endergebnis einer Arbeitskette gewesen. Nach dieser Theorie wäre der Faustkeil unbewusst entstanden. Mir scheint dieser weit hergeholte Vorschlag nicht zu den Tatsachen zu passen, und ich kann ihn daher nicht unterstützen. Es erübrigt sich hinzuzufügen, dass ich ein noch größeres Bewusstsein in der Levallois-Technik der Neandertaler sehe, die nicht zu vergessen, auch unsere Vorfahren, die Protocromagnonen vor 100000 Jahren kannten.

Die mysteriöseste aller fossilen Verhaltensweisen stelle ich an den Schluss: die Beerdigungspraxis. Man hat sowohl beerdigte Skelette von Neandertalern (immer in Höhlen) als auch von modernen Menschen (in Höhlen und im Freien) gefunden. Aus der Zeit vor den Neandertalern und den modernen Menschen gibt es nur einen Fall, der ernsthaft an eine Bestattungstätigkeit denken lässt, an einen fürsorglichen Umgang mit den Toten also. Ich spreche von der Sima de los Huesos, wobei es sich dort nicht um ein *Beerdigen* der Leichen handelt (mit dem Ausheben eines Grabs und dem Hineinlegen des Toten), sondern um ein *Aufschichten* von Leichen übereinander an einem speziellen Ort.

Da man nicht leugnen kann, dass das Begräbnis einer Leiche Planung und Bewusstsein – also Absicht – voraussetzt, bleibt denjenigen, die diese Fähigkeiten keiner menschlichen Art außer der unseren zubilligen, nichts anderes übrig, als die Fakten zu leugnen (in letzter Konsequenz wären diese anderen Arten bei einer solchen Denkweise keine Menschen gewesen). Die Neandertalerskelette, die man – manchmal sehr zahlreich und vollständig – in Höhlen gefunden hat, wären nicht beerdigt worden, sondern sie wären das Ergebnis aus der Tätigkeit anderer nicht menschlicher, sondern biologischer oder geologischer Agenten. Hier gibt es die tollsten Erklärungen, von Überflutungen, die die Leichen zu den Fundorten schwemmten, bis hin zu Löwen und Hyänen, die sie zu ihren Lagern schleppten, und noch amüsantere Geschichten. In einem Fall, bei den Neandertalern in der Höhle von Shanidar im Irak, ging man so weit zu behaupten, dass über einem von ihnen die Höhlendecke einstürzte, während er schlief! (Ich spreche im Ernst und beziehe mich auf Veröffentlichungen des Jahres 98 … des 20. Jahrhunderts.) Führt man diese Argumentationsweisen fort, wären die Neandertaler in die Höhlen gekommen, weil dort all jene seltsamen Umstände auf sie warteten, die zu falschen oder besser gesagt natürlichen Begräbnissen führen, denn jedes Fossil ist zwangsläufig das Ergebnis eines Begräbnisses. Deshalb, so die Argumentation, hat man niemals Grabstätten der Neandertaler unter freiem Himmel gefunden. In Europa und Australien gibt es davon jedoch einige, die von modernen Menschen stammen und fast 30000 Jahre alt sind.

Um nicht jeden einzelnen der Fälle im Detail auseinander zu nehmen und dieses Buch somit endlos fortzuführen, will ich klarstellen, dass ich viele der Neandertalerfossilien für das Ergebnis beabsichtigter Beerdigungen halte, die also wohlüberlegt von Menschenhand durchgeführt wurden. Einige davon stammen aus sehr modernen Ausgrabungen, sodass sie sich nicht einfach mit der rettenden Begründung abtun lassen, unsere Ahnen, die Ausgräber früherer Generationen, hätten noch nicht genau genug gearbeitet oder die Phantasie sei mit ihnen durchgegangen. Und ich spare es mir, die Neandertaler-Begräbnisse zu diskutieren, unter anderem weil ich seit vielen Jahren die Auffassung vertrete, dass ihre Vorfahren aus der Sierra de Atapuerca vor 300000 Jahren Bestattungen vornahmen, was die Sima de los Huesos beweist.

Um den Unterschied zwischen Neandertalern und uns zu hervorzuheben, hat man auch versucht, ihren Beerdigungen den symbolischen Wert abzusprechen, indem man anführte, sie hätten nicht aus religiösen Gefühlen heraus stattgefunden, sondern aufgrund von Regungen wie Mitleid und Zuneigung zu den Verstorbenen. Wenn der Schmerz der Grund dafür war, dass die Neandertaler die geliebten Wesen begruben, dann gebe ich offen zu, dass sie mir mit diesem Gefühl sehr nahe sind. Durch nichts könnten sie in meinen Augen menschlicher erscheinen als dadurch, dass sie bei ihren „weltlichen Bestattungen“ weinten.

Natürlich würde niemand an der Existenz symbolischen Verhaltens bei einem Begräbnis zweifeln, wenn man beweisen könnte, dass es ein Bestattungsritual gab. Dazu müsste man zunächst definieren, was man unter einem Ritual versteht; jedenfalls aber ließe sich jedes Objekt, das man mit dem Toten zusammen beerdigt, als Ausdruck eines Glaubens an eine andere Welt verstehen. Bei den israelischen Protocromagnonen wurden immer wieder der Schädel und die Geweihstangen eines Hirsches, die zusammen mit einem Kind in der Höhle von Qafzeh auftauchten, für Opfergaben gehalten oder der Unterkiefer eines Wildschweins, der sich in den Händen eines erwachsenen Skeletts im Unterstand von Skhul befand. Aber auch die Hörner einer Bergziege, die um das Neandertalerkind von Teshik Tash (Usbekistan) gelegt waren, sah man als Opergaben an, ebenso wie die Bärenknochen, die man akkurat angeordnet in einem mit einer großen Steinplatte verschlossenen Grab zusammen mit dem Skelett von Régourdou (Frankreich) fand, oder der behauene Stein, der auf dem Herzen des Kindes von Dederiyeh (Syrien) lag, die Blumen, die auf den Skeletten von Shanidar (Irak) abgelegt worden waren, oder der Hämatitstaub, der auf dem Skelett von Le Moustier (Frankreich) verteilt war. In all diesen Fällen lassen sich jedoch auch andere Erklärungen finden. Bis jetzt konnte niemand einen definitiven Beweis für ein rituelles oder allgemein für ein symbolisches Verhalten vor der Zeit der Cromagnonen des Jungpaläolithikums vorlegen. Dies ist eine heiß ersehnte wissenschaftliche Beute, derer man noch nicht habhaft werden konnte.

Kapitel neun

Und die Welt wurde transparent

Bereits bei der Beschreibung der mythischen Gesellschaften wies Mircea Eliade darauf hin, dass der Mensch auf die Welt lauscht, da diese nicht stumm ist, sondern zu uns spricht, weil sie etwas zu sagen hat und leicht zu verstehen ist. Und um ihre Sprache – Strukturen, Objekte, das Leben, Lebensabschnitte – zu entschlüsseln, gebraucht er Symbole. Mittels dieser Kommunikation mit derselben symbolischen Verschlüsselung enthüllt die Natur die Mysterien-Wahrheiten: „Wenn die Welt durch ihre Gestirne, ihre Pflanzen und Tiere, ihre Flüsse und Felsen, ihre Jahreszeiten und ihre Nächte zum Menschen spricht, antwortet dieser ihr mit seinen Träumen und mit seiner Fantasiewelt … Der archaische Mensch, für den die Welt transparent ist, fühlt sich auch selbst von der Welt ‚betrachtet' und verstanden. Die Jagd betrachtet und versteht ihn …, aber ebenso der Fels oder der Baum oder der Fluss. Jeder hat seine ‚Geschichte' zu erzählen, jeder will einen Rat geben."

Eduardo Martínez de Pisón, *La protección del paisaje. Una reflexión* (Der Schutz der Landschaft. Eine Betrachtung)

Eine Geografie mit Herz

Plötzlich wurde unser Land, das alte Europa, von einer Seele erfüllt: Es wurde lebendig. Die Felsen, die Flüsse, das Meer, die Bäume und die menschlichen Wesen und darüber die Wolken, die Sonne, der Mond und die Sterne wandten sich dem Menschen zu und sprachen zu ihm durch den Wind. Sie waren nun schon so lange hier, und endlich hatten sie jemanden gefunden, der ihre Botschaft verstand, und sie erzählten ihm ihre Geschichten: Manche waren zärtlich, andere grausam. Aber der Mensch fand in der Natur seinen Verbündeten, eine Mutter, die ihn in seinem Eifer unterstützte, in einem oftmals feindlichen Klima zu überleben.

Der Wechsel der Jahreszeiten und das Verhalten der Tiere hatte schließlich eine Erklärung: Man konnte die Naturereignisse verstehen und vorhersagen.

Jahrmillionen, nachdem die ersten Hominiden die Kunst erlernt hatten, in den Gedanken ihrer Artgenossen zu lesen, lernten die Menschen auch im Geist der Natur zu lesen, der vor ihren Augen transparent wurde. Der Kopf des Adlers drückt Stolz und Hochmut aus, so sagten sie; jeder Art wurde eine eigener Charakter zugeschrieben. Der große natürliche Felsbogen verwandelte sich in eine Brücke legendärer Riesen. Andere Landschaftsformen ließen mythische Tiere erstehen, die für immer versteinert und somit ewige Begleiter des Menschen sein würden: Bewohner seiner eigenen Welt. Bis zum Sternenhimmel spannte sich eine große Freske voller Geschichten.

Und der Mensch lernte, sie zu erzählen und sie, genau wie das Feuer, von einer Generation zur nächsten weiterzugeben. Und er hielt sie an den Höhlenwänden oder den Felsen im Freien fest oder trug sie auf kleinen Platten oder in Form von Steinfiguren oder Teilen von Tierkörpern, nämlich Knochen, Geweih und Elfenbein, mit sich. So kam es, dass die Landschaft sich mit Symbolen füllte und der Mensch erstmals der Natur seinen Stempel aufdrückte. Etwas hatte sich auf dem Planeten für immer verändert.

In seiner von mythischen Wesen bevölkerten Welt fühlte sich der Mensch geborgen und begleitet; Leben und Tod hatten jetzt einen Sinn. Endlich war er nicht mehr allein. Die Gemeinschaft zwischen dem Menschen und den Tieren war so innig, dass Erstere sich als Kinder der Zweiten fühlten und dass jede Gruppe ihr schützendes Totem hatte. Jene Menschen, die als erste in der Geschichte lernten, auf die Natur zu hören, waren wir. Der alte Shakespeare traf den Nagel auf den Kopf: Wir sind aus Träumen gemacht.

Daten für eine Geschichte

Psychologen, die Schimpansen untersuchten, entdeckten zwischen ihnen und uns während der ersten beiden Lebensjahre gewisse Parallelen, was das Lernen betrifft. Ab diesem Zeitpunkt werden die Unterschiede immer größer, bis uns schließlich eine wahre Kluft trennt. Zwar sind die kleinen Schimpansen mindestens bis zur Vollendung ihres fünften Lebensjahrs fähig, neue Wörter zu erlernen, bei den Menschenkindern geschieht dies jedoch mit einer unglaublichen Geschwindigkeit; zudem können diese immer korrektere Sätze bilden. Damit beweisen sie, dass sie immer mehr von der Natur der Welt, in der sie leben, entdecken, wo sie selbst ihren Platz haben und wie sie sie erleben. Außerdem verstehen sie die übrigen Menschen immer besser und können ihre Handlungen und Reaktionen immer besser voraussehen. Dabei bedienen sie sich eines wirksamen Tricks: die Welt vom Standpunkt des anderen aus zu betrachten. Auf diese Weise, dank ihres erstaunlichen Wissensdursts und aufgrund der Fähigkeit, an neue Informationen zu gelangen, werden die Kinder sich ihrer eigenen Stellung in der Gesellschaft immer deutlicher bewusst.

Die Neandertaler verharrten nicht auf dem geistigen Stand unserer zweieinhalbjährigen Kinder. Ihre Entwicklung war, ganz im Gegenteil, der unseren physiologisch sehr ähnlich. Sie wurden zunächst mit einem ähnlichen Reifezustand geboren wie ein modernes Kind, der natürlich weit hinter dem der Schimpansen zurückbleibt. Nach zweieinhalb Jahren hatten sie im Wesentlichen die gleiche Strecke auf dem Weg zum Erwachsensein zurückgelegt wie wir in diesem Alter. Nun wuchsen sie weiter und lernten immer mehr von ihren Eltern, genau wie unsere Kinder. Ihre Handlungen waren voller Bewusstsein, voller Absicht, ganz gleich, ob sie einen Stein behauten, ein Feuer schürten oder ihre Toten begruben.

Die relative wie auch absolute Größe des Gehirns, die Unterschiedlichkeit der beiden Hemisphären, die Existenz eines Broca-Zentrums im Bereich der Stirn, die Entwicklung des Stirnlappens, die Vorliebe bei der Benutzung der Gliedmaßen einer Körperhälfte gegenüber der anderen sind biologische Daten, die indirekt auf kognitive Fähigkeiten hinweisen, die den unseren ähnlich sind, und sei es auch nur, weil wir versucht sind zu glauben, dass zwei Strukturen dann in ähnlicher Weise funktionieren, wenn sie sich besonders gleichen. Die Funktion eines Organs kann man jedoch nur an ihrem Ergebnis erkennen, und beim Gehirn ist dies das Denken, das durch die Sprache zum Ausdruck kommt und sich vielleicht auch durch sie aufbaut.

Leider ist es schwierig, anhand des paläontologischen und archäologischen Protokolls herauszufinden, welche fossilen Hominiden eine Sprache besaßen, da der einzige wirklich unmittelbare Beweis für ihre Fähigkeit, anhand von Symbolen miteinander zu kommunizieren, der Fund eines solchen fossilen Symbols wäre – natürlich nicht in Form eines geschriebenen Wortes, wohl aber in Gestalt eines Gegenstands, der nur als symbolische Verschlüsselung Sinn (Bedeutung) trüge oder der ein solches Maß an Planung und Abstimmung erforderte, dass er ohne lange Gespräche zwischen Personen nicht zustande kommen könnte.

Noble und Davidson sehen den ältesten Beweis von Sprache in der Besiedelung Australiens, die zweifellos eine lange Überquerung des Meeres voraussetzte. Der Bau von Flößen oder Booten setzt natürlich voraus, dass man einen Plan hat und diesen anderen mitteilt. Die ersten Menschen, die den Fuß auf australischen Boden setzten, waren Mitglieder unserer eigenen Art, und dieses Ereignis liegt 40000 Jahre, vielleicht auch einige Jahrtausende mehr zurück, höchstens aber 60000 Jahre. Man konnte nirgends eine andere frühere Meeresüberquerung nachweisen, obwohl es gewisse, allerdings ziemlich vage Anzeichen dafür gibt, dass die Insel Flores in Indonesien vor 800000 Jahren besiedelt wurde.

Auch jede Form von langfristiger wirtschaftlicher Planung erfordert Sprache. Daher wird diskutiert, ob es wesentliche Unterschiede zwischen der Wirtschaft der Neandertaler und der der Cromagnonen gab. Man sagt, dass Erstere jagten und sammelten, was sie in ihrer Umgebung fanden, einfach so wie ein Tier, das in den Tag hinein lebt und ihn zu überleben versucht. Die Cromagnonen hingegen, die bereits im Voraus über die jahreszeitlichen Schwankungen der Nahrung Bescheid wussten, bewegten sich viel freier über sehr weite Gebiete und wechselten in jeder Saison die Umgebung, um die Pflanzenfresser auf ihren Wanderungen verfolgen und die unterschiedlichen Pflanzen der verschiedenen Ökosysteme nutzen zu können. Sie müssen über eine genaue geistige Landkarte verfügt haben, denn wenn der Berg nicht zu Mohammed kommt, dann muss Mohammed eben zum Berg kommen. Ihre Aktivität war definitiv darauf ausgerichtet, zu jeder Jahreszeit den höchstmöglichen Ertrag aus der Natur zu schöpfen. In gewisser Weise basierte dieses Vorgehen auf den gleichen Gesetzen, die Ackerbau und Viehzucht bestimmen und die man zusammenfassend als die Kenntnis der Lebenszyklen bezeichnen kann. Demnach wären die Cromagnonen die ersten Biologen gewesen.

Schließlich sind da noch die Begräbnisse, die dort ein symbolisches und rituelles Verhalten voraussetzten, wo es sie gab, worüber jedoch die beschriebenen hitzigen Debatten geführt werden.

Wenn es stimmt, dass Bewusstsein und Sprache untrennbar miteinander verbunden sind, gibt es die Sprache meiner Ansicht nach mindestens seit dem *Homo ergaster.* Die modernen Techniken der Computertomographie (CT) haben es ermöglicht, das Ausmaß von Hirnverletzungen bei Patienten genauer zu untersuchen, die an Aphasie (der Unfähigkeit zu sprechen) leiden. Die Gehirnkartographie und die Positronen-Emissions-Tomographie (PET) lassen erkennen, dass Regionen der Hirnrinde aktiviert werden, wenn man spricht oder zuhört. Die nach und nach gewonnenen Erkenntnisse weisen darauf hin, dass es kein biologisches Organ für die Sprache als solches gibt, das von den übrigen Regionen des Gehirns isoliert wäre, sondern dass weitreichende Verbindungen der Broca- und Wernicke-Areale untereinander, zu anderen Regionen der Hirnrinde und auch zu tief liegenden und stammesgeschichtlich sehr alten Strukturen des Gehirns bestehen. Möglicherweise wird man eines Tages so weit sein, dass man ergründen kann, in welcher Beziehung kognitive Prozesse und Sprache zueinander stehen, und dass wir schließlich erfahren, bis zu welchem Grad sie zusammengehören, heute jedoch kann die Diskussion noch nicht abgeschlossen werden.

Bis jetzt habe ich versucht, in diesem Buch die Tatsachen aufzuführen, über die man verfügt, um das brisanteste aller Themen der menschlichen Evolution zu klären: das Erwachen des Bewusstseins, das dem Menschen eigen ist. Mit allen verfügbaren Daten werde ich nun meinen eigenen Bericht über die Ereignisse zusammenfassen.

Die Ebrogrenze

Der Ort, an dem Neandertaler und moderne Menschen sich zum ersten Mal von Angesicht zu Angesicht sahen, war vielleicht Israel, ein Gebiet, das Afrika sehr nahe liegt und durch die Halbinsel Sinai damit verbunden ist. Dort, in Israel, wurden in zwei Massengräbern, die wir bereits mehrmals erwähnt haben, zahlreiche Skelette gefunden: Es handelt sich um Skhul, einen felsigen Unterstand am Berg Carmelo, und um Qafzeh, eine Höhle in der Nähe von Nazareth. Das Alter dieser Skelette (die ältesten in der Geschichte) liegt bei etwa 100 000 Jahren und ihre Anatomie lässt keine Zweifel zu, denn sie weist auf einen modernen Körperbau, jedoch mit einigen archaischen Tupfern. Einige Schädel haben beispielsweise noch knöcherne Umrandungen (Wülste) über den Augen. Daher können wir sie als Protocromagnonen bezeichnen. Ansonsten sind die Menschen von Skhul und Qafzeh sowohl aufgrund ihrer Hüftform als auch aufgrund der Knochendicke von Schädel und Gliedmaßen ganz und gar modern, und sie unterscheiden sich deutlich von den Neandertalern.

Ganz in der Nähe des Unterstands von Skhul, einige paar hundert Meter entfernt, liegt die Höhle von Tabun. Darin fand man ein recht vollständig erhaltenes weibliches Skelett und einen einzelnen Unterkiefer. Dieser ist etwa genauso alt wie die Protocromagnonen von Skhul und Qafzeh, wobei nicht ganz geklärt ist, ob es sich um einen Menschen derselben Art handelt oder um einen Neandertaler. Heute ist man geneigt, Ersteres zu glauben. Das Skelett stammt von einer Neandertalerfrau, aber ihr geologisches Alter ist unsicher, und möglicherweise lebte sie sehr viel später. Es sieht also so aus, als seien die Protocromagnonen vor 100000 Jahren oder noch früher von Afrika aus in diese Gegend gekommen und dort nicht auf Neandertaler getroffen.

In den Höhlen von Amud und Kebara, die ebenfalls in Israel liegen, hat man jedoch Überreste von Neandertalern gefunden, die etwa 60000 Jahre alt sind; die Frau von Tabun könnte etwa aus der gleichen Zeit stammen. Bis jetzt wurden in dieser Region keine Menschen moderner Art gefunden, die aus derselben Zeit stammen, was die Vermutung nahe legt, dass die Protocromagnonen auf dem Ausbreitungsweg der Neandertaler von Europa über Zentralasien in den Nahen Osten in Israel von diesen verdrängt wurden. Oder vielleicht waren sie auch schon von dort verschwunden. Jedenfalls benutzten die Neandertaler in ihrem gesamten Verbreitungsgebiet ebenso wie die Protocromagnonen aus Israel die gleiche Art des Behauens, nämlich des Moustérien, sodass man zumindest von „kulturellen Beziehungen" zwischen ihnen ausgehen kann. Weitere Gemeinsamkeiten waren die Nutzung des Feuers und die Praxis des Bestattens, was ein Indiz dafür sein könnte, dass sie derselben „Noosphäre" im Sinne Teilhard de Chardins angehörten.

Der folgende Akt dieses Dramas spielt in Europa, und der herausgegriffene Zeitpunkt liegt 32000 Jahre zurück. Praktisch der gesamte Kontinent ist nun von modernen Menschen, Menschen des Cro-Magnons bevölkert. Diese stellen eine neuartige und sehr vielfältige Ausrüstung her, die Werkzeuge wie Raspeln, Meißel, Bohrer, Blattspitzen usw. umfasst und die sie herstellten, indem sie dünne lange Steinklingen bearbeiteten, die sie wiederum aus auffallend prismatischen Kernen herstellten. Mithilfe dieser steinernen Ausrüstung stellten sie zudem Spitzen für Wurfspieße aus Horn, Knochen oder Edelstein her, die sie für die Jagd verwendeten. Wie Marcel Otte es ausdrückt, setzen die Menschen gegen die Tiere deren eigene Waffen ein: das Horn und den Stoßzahn. All dies ist Ausdruck einer neuen technischen Art, die irgendwo entstand und nach Europa eingeführt wurde oder sich dort entwickelte: der IV. Technischen Art oder des Jungpaläolithikums. Der erste technische Komplex des Jungpaläolithikums ist unter der Bezeichnung Aurignacien bekannt.

Und als wäre dies noch nicht genug, gibt es in derselben Zeit, vor 32000 Jahren, spektakuläre symbolische Ausdrucksformen, die so genannte paläolithische Kunst, wie die Friese in der Höhle Chauvet (in Frankreich), die kleinen Tierstatuen aus Elfenbein von Vogelherd (Deutschland) und die wegen ihres Symbolgehalts vielleicht außergewöhnlichste aller Darstellungen, nämlich ein aus Elfenbein behauenes Wesen halb Mensch / halb Löwe vom Hohlestein-Stadel (Deutschland). Am deutschen Fundort Geißenklösterle und am belgischen Fundort Trou Magrite gibt es andererseits Skulpturen, die noch älter sein könnten und die Schwelle von 32000 Jahren vielleicht bei weitem überschreiten.

Was geschah zwischenzeitlich mit den Neandertalern, die wenige Jahrtausende zuvor die absoluten Herren über Europa,

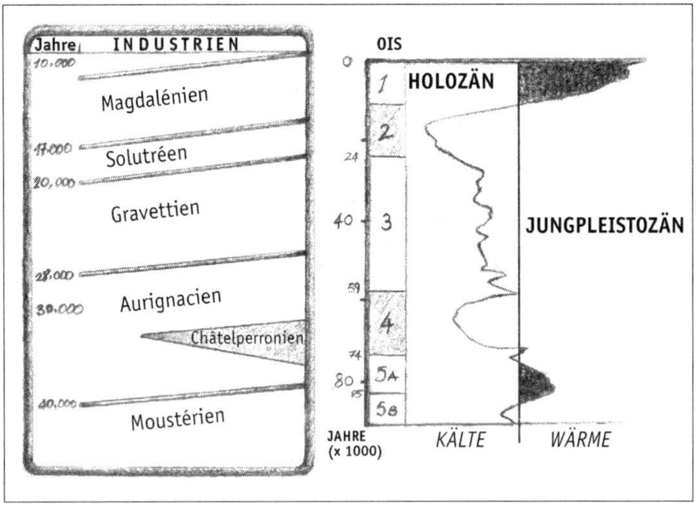

Abb. 23: Die letzten 90000 Jahre. Links die Technikkomplexe des Kantabrischen Mittel- undJungpaläolithikums. Rechts die Temperaturkurve des Paläolithikums und die Stadien der Sauerstoffisotope (OIS).

Zentralasien und den Nahen Osten gewesen waren? Zu dieser Zeit, vor 32000 Jahren, hatten sie den Großteil ihres Einflusses verloren. Die letzten sicher datierten Neandertaler sind die der Iberischen Halbinsel, die anscheinend mit Ausnahme des nördlichsten Streifen noch vollständig von ihnen besiedelt war. Der portugiesische Archäologe João Zilhão bezeichnet diese geografische Grenze zwischen Cromagnonen und Neandertalern als Ebrogrenze, und im Großen und Ganzen stimmt sie, wie wir gesehen haben, mit der Grenze überein, die die beiden großen biogeografischen Regionen trennte: das grüne eurosibirische Iberien und das wesentlich braunere mediterrane Iberien. Diese Übereinstimmung hält Zilhão nicht für zufällig. Demnach hätten die Cromagnonen zu den Ökosystemen des Nordens gehört, zu den feuchten Wäldern also, in denen Hirsch, Wildschwein und Reh leben, aber auch zu den Steppen, in denen große Pferdeherden, Rentiere, Mammuts und Wollnashörner grasen, ja sogar Saigaantilopen und Moschusochsen. Außerdem gibt es in Wäldern und Wiesen Stiere und Wisente, auf den Klippen Ziegen und Gämsen.

Die Cromagnonen kamen vor 40 000 Jahren oder mehr nach Europa, aber sie passten sich gut an die Kälte, den Frost, den Schnee und den Nebel an. Die iberischen Neandertaler hingegen verharrten im immergrünen Wald aus Steineichen und Korkeichen, in dem es weder arktische Fauna, geschweige denn Wisente gab. Dieses Gleichgewicht findet in dem Moment ein Ende, als die Kältewelle, die sich wie ein eisiger Wind über ganz Europa ausbreitet und bis in die letzten Winkel Iberiens vordringt, die mediterranen Ökosysteme dramatisch verändert und die Welt dieser letzten iberischen Neandertaler zerstört. Schließlich drängten die Pferdejäger die Neandertaler zum Meer zurück.

Dieses Szenario hat den besonderen Reiz, dass die menschlichen Wesen mit ihrer Umwelt in Verbindung bringt. Es ist auch durch chronologische Daten untermauert. Die ökologischen Daten, auf die es sich stützt, sind hingegen noch nicht vollständig erforscht. Schließlich muss man ein gewaltiges Paradox verstehen, dass nämlich die Neandertaler, eine Menschenart, die sich auf einem Kontinent entwickelte, der vom Äquator weit entfernt ist, die also an die Kälte gewöhnt waren, durch andere Menschen ersetzt wurden, die gerade von Afrika gekommen waren. Historisch betrachtet können wir sagen, dass wir wissen, was geschah. Die Neandertaler wurden von den modernen Menschen verdrängt. Vielleicht gab es vereinzelte Mestizen, aber sie traten nicht in ausreichend großer Zahl auf, als dass ihre Gene bis zu uns gelangt wären. Nichts würde mich stolzer machen, als wenn ein Tropfen Neandertalerblut in meinen Adern flösse, der mich mit diesen kraftvollen Europäern von einst verbände, aber ich fürchte, meine Verwandtschaft zu ihnen ist lediglich sentimentaler Natur.

Mit dieser kurzen Schilderung vom Verdrängen und Aussterben ist jedoch noch nicht alles gesagt, denn um die historischen Abläufe zu verstehen, um zu wissen, was wirklich geschah und

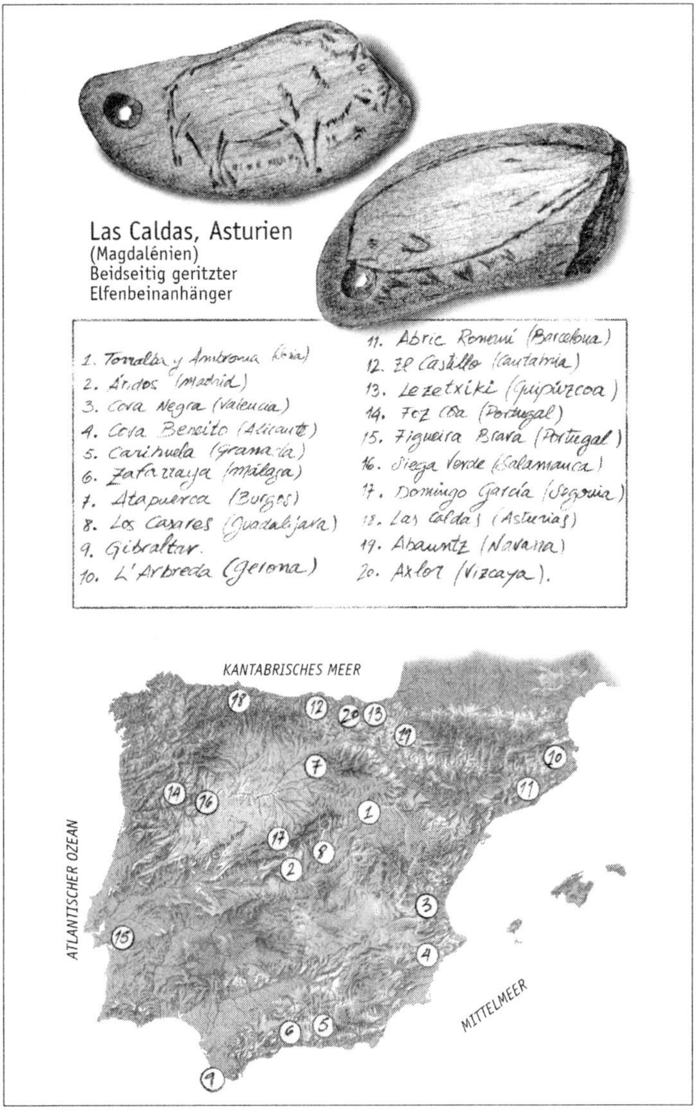

Abb. 24: Einige der im Text erwähnten Fundorte oder Stationen paläolithischer Kunst. Außerdem ist hier ein Elfenbeinplättchen aus dem Magdalénien abgebildet, das auf beiden Seiten mit Ritzzeichnungen versehen ist (nach Corchón, 1997).

was die Ursachen für diese Ereignisse waren, kurz gesagt, um bis in das Geflecht der Historie (Unamunos Intrahistorie) vorzudringen, muss man unbedingt die Geschichten möglichst genau kennen, die sich hier und dort zutrugen. Und so geschieht es, dass fast 85 Jahre nach Erscheinen des Buches von Obermeier diese Schlüssel zur Geschichte auf der Iberischen Halbinsel von spanischen und portugiesischen Wissenschaftlern offen gelegt werden.

Südlich des Ebro gibt es tatsächlich keine Fundorte mit Aurignacien-Schichten, die älter sind als 30000 Jahre. Sie sind alle jüngeren Ursprungs und weisen außerdem im Vergleich zum ersten Aurignacien Europas weiter entwickelte Merkmale auf. Dagegen kennt man schon eine Hand voll Moustérien-Fundorte aus dieser Zeit, die also 30000 Jahre oder noch etwas jünger sind: Cova Negra (Valencia), Cova Beneito (Alicante), Carihuela (Granada), Zafarraya (Málaga) und die Fundorte des portugiesischen Küstenstreifens, nämlich Figueira Brava, Lapa dos Furos, Pedreira das Salemas, Gruta do Caldeirão und, mit unsicherer Datierung, Gruta Nova da Columbeira. Eine ähnlich späte Datierung für das Ende des Moustériens könnte sich auch für andere Orte herausstellen, wie die Cueva Bajondillo (Málaga), die Höhle Pêgo do Diablo (Portugal) oder die Cueva de Gorham in Gibraltar, am südlichsten Zipfel der Halbinsel. Man muss hinzufügen, dass mehrere der spanischen Fundorte außerdem aufgrund des Pollengehalts oder aufgrund der Geologie dem Beginn des letzten großen Kälteeinbruchs zugeordnet werden, was bestätigt, dass die letzten iberischen Neandertaler ausstarben, als der Klimaumschwung die Küstengebiete am Mittelmeer und am Atlantik erreichte.

Wie man sieht, mangelt es zwar nicht an Belegen dafür, dass die Epoche des Moustériens in den gemäßigten Gebieten der Levante, Andalusiens und Portugals ziemlich spät endete, wir wissen jedoch nicht, wann die Kultur des Aurignaciens in die hoch gelegenen und kälteren Gebiete des Inselinnern vordrang, da es uns hierzu an sicher datierten Fundorten fehlt. In Burgos gibt es allerdings einen Moustérien-Fundort, die Cueva Millán, die auf ein Alter zwischen 37000 und 35000 Jahren datiert ist, und einen anderen in Guadalajara (Jarama VI), der noch jünger ist, nämlich etwa 30000 Jahre. Beide kennzeichnen das ausgehende Moustérien. Es ist interessant hinzuzufügen, dass es in der Cueva Millán nicht nur nicht an arktischer Fauna fehlte, sondern dass man Überreste von Steppennashorn fand, das in anderen Teilen Europas wegen der Kälte bereits ausgestorben war. Da die kastilische Meseta ökologisch gesehen gewissermaßen zwischen den beiden Spanien liegt, könnte man annehmen, dass die Veränderung der Fauna und die Ankunft des Aurignacien sich hier früher abspielte als in der Nähe der Mittelmeerküste, südlich des Ebro und in der Nähe der Atlantikküste, südlich des Duero, aber dies muss noch geklärt werden.

Wenn die Vertreter des Aurignacien auch bis vor 30000 Jahren (oder später) im mediterranen Iberien keine Spuren hinterließen, scheinen sie sich im kantabrischen Streifen und in Katalonien bereits 10000 Jahre früher ausgebreitet zu haben. Die Fundorte, die dies beweisen, sind L´Arbreda und Reclau Viver (Gerona), Abric Romaní (Barcelona) und El Castillo (Kantabrien). Es ist merkwürdig, dass es für das Aurignacien im übrigen Europa mit Ausnahme einiger unsicherer Datierungen in Bulgarien keine früher datierten Zeugnisse gibt. Alles scheint darauf hinzuweisen, dass die Besiedelung Europas durch die Menschen des Cro-Magnon vor 40000 Jahren sehr rasch ablief, dass die Neandertaler dadurch jedoch nicht sofort verschwanden, sondern es danach eine lange Zeit der Koexistenz gab, während der die Populationen von Cromagnonen und Neandertalern mehr oder weniger miteinander in Verbindung standen.

Es gibt zwei Arten der Koexistenz, die man sich vorstellen kann, und die ich in meinen Vorträgen mit meinen beiden geöffneten Händen aufzeige, wobei die eine Hand für die Neandertaler und die andere für die Cromagnonen steht. Das eine Modell lässt sich durch die Fingerkuppen beider Hände darstellen, die sich berühren. Dies steht für die Trennung durch die Ebrogrenze, die es vielleicht in ähnlicher Art auch auf den anderen Halbinseln des Mittelmeerraums, nämlich in Italien und auf dem Balkan (und sogar auf der Halbinsel Krim im Schwarzen Meer) gab: Cromagnonen im Norden und Neandertaler im Süden. Das andere Modell lässt sich durch die gekreuzten Finger darstellen und könnte dem nicht mediterranen, eurosibirischen Europa entsprechen, wo sich Populationen von Neandertalern und Cromagnonen über Jahrtausende vermischten. Auch im nördlichen Winkel Spaniens gibt es einen Fundort, die Höhle Cova dels Ermitons (Gerona), die vermuten lässt, dass die Vertreter des Moustérien, die Neandertaler, dort über mehrere Jahrtausende hinweg isoliert weiter existiert haben könnten, nachdem die ersten Aurignacien-Cromagnonen Katalonien erreicht hatten.

In Frankreich gibt es eine Reihe von Fundorten, in denen eine Variante des Jungpaläolithikums gefunden wurde, die man als Châtelperronien bezeichnet. Auch hier werden die Werkzeuge aus länglichen Steinplatten hergestellt, und es werden ebenfalls Knochen zur Herstellung von Wurfspießspitzen und Nadeln sowie Elfenbein für Verzierungen verwendet. Auf der spanischen Seite der Pyrenäen findet man Zeugnisse des Châtelperroniens an den Fundorten von Guipuzcoa, Ekain und Labeko Koba und den in den Bergen gelegenen Fundorten Cueva Morín und El Pendo. Das Tollste ist, dass es einige französische Fundorte gibt, aus denen man menschliche Überreste in Verbindung mit dem Châtelperronien gewinnen konnte. Einer dieser Fundorte ist Saint Cesaire, woher ein großer Teil eines Schädels und der Unterkiefer eines Neandertalers stammen, der wirklich durch und durch „klassisch" ist, der also keinerlei moderne Züge oder Zwischenmerkmale aufweist. Der andere Fundort, Cueva del Reno in Arcy-sur-Cure, liefert sehr bruchstückhafte menschliche Überreste, die jedoch ebenfalls als Neandertaler identifiziert wurden. An diesem letzten Fundort gibt es neben den Châtelperronien-Geräten auch Zähne und Knochen, die durchbohrt wurden oder mit Kerben versehen sind, die also zum Aufhängen bearbeitet wurden, sowie Perlen und Ringe aus Elfenbein, zusammen mit Meeresfossilien, die ebenfalls als Körperschmuck dienten. Die Neandertaler aus der Cueva del Reno trugen Halsketten. In einem anderen französischen Châtelperronien-Fundort, in Quinçay, wurden ebenfalls sechs Zähne gefunden, deren Wurzel durchbohrt war. Zeugnisse von Techniken, die in gewisser Weise parallel zu denen des Châtelperronien existierten und die ebenfalls der IV. Technischen Art (dem Jungpaläolithikum) zugeordnet werden können, jedoch von den Neandertalern angefertigt wurden, befinden sich in Italien (wo sie als Uluzzien bezeichnet werden), in Mitteleuropa (Szeletien), in Bulgarien (Bachokirien) und in anderen Teilen Europas.

Gegenwärtig ist man allgemein sehr interessiert daran, die Datierungen all dieser ersten Zeugnisse des Jungpaläolithikums genau zu erfahren, die insgesamt den Zeitabschnitt vor 40000 bis 30000 Jahren betreffen. Viele Wissenschaftler sind der Meinung, dass die Châtelperronien-Fundorte alle jünger sind als die ersten Aurignacien-Fundorte und dass die Neandertaler von den Menschen des Cro-Magnon lernten, ihre Geräte herzustellen und sich zu schmücken. Bei drei Fundorten, den Unterständen von Le Piage und Roc-de-Combe (im Südwesten Frankreichs) und der Höhle von El Pendo, glaubte man zu sehen, dass die Châtelperronien-Schicht zwischen eine Aurignacien-Schicht, die sich unter ihr befand, und eine zweite Aurignacien-Schicht über ihr eingebettet war, so als wären die Cromagnonen, nachdem sie ein erstes Mal aufgetreten waren, für einige Zeit von den Neandertalern verdrängt worden, bevor sie schließlich zurückkehrten und für immer in der Gegend blieben. Diese drei angeblichen Einlagerungen des Châtelperronien zwischen Schichten des Aurignaciens wurden durch Argumente in Zweifel gezogen, die man nicht unbeachtet lassen kann. Es gibt nämlich auch die Auffassung, dass das Entstehen des Châtelperroniens dem des Aurignaciens vorausging und dass die Neandertaler die Erfinder der IV. Technischen Art waren, während die gerade eingetroffenen Cromagnonen einfache Nachahmer waren. Daher, so wird argumentiert, gibt es außerhalb Europas keine IV. Art aus einer früheren Epoche, die darauf hinwiese, dass die Cromagnonen bereits mit dieser entwickelten Technologie ankamen. Als letzte Möglichkeit, die man in Betracht ziehen kann, könnten Cromagnonen und Neandertaler sich technisch parallel zueinander entwickelt und sich dabei gegenseitig beeinflusst haben.

Man müsste also außerhalb Europas ältere Zeugnisse des Jungpaläolithikums finden, um beweisen zu können, dass diese Fertigkeiten von den Menschen des Cro-Magnon eingeführt wurden. Als geeigneter Ort für die Suche bietet sich Afrika an, von wo die modernen Menschen nach allgemeiner Überzeugung stammen, aber es gibt noch wenig Information über diesen Kontinent. Allerdings zeichnen sich bereits einige vage Hinweise ab: Einige Perlen, die vor 40000 Jahren im Unterstand von Enkapune Ya Muto in Kenia aus der Schale von Straußeneiern gefertigt wurden, eine „Industrie" aus Knochen aus der Zeit vor 80000 bis 95000 Jahren in der Cueva Blombos (Südafrika) und sogar gezahnte Knochenharpunen aus derselben Zeit in Katanda (Demokratische Republik Kongo).

Wenn wir schon gerade bei den Zweifeln sind, können wir auch anzweifeln, dass die Urheber der ersten Aurignacien-Industrie im Norden Spaniens wirklich die Cromagnonen waren. Könnten es nicht auch die Neandertaler gewesen sein? Federico Bernáldez de Quirós und Victoria Cabrera, die am klassischen Fundort El Castillo arbeiten (der von Obermaier zwischen 1910 und 1915 ausgegraben wurde), sehen keinerlei Unterschiede zwischen der Wirtschaftsform oder der Lebensweise der Moustérien-Bewohner der Höhle (der Neandertaler) und den Bewohnern der Aurignacien-Schichten, die unmittelbar darüber liegen und die auf etwa 40000 Jahre datiert sind. Außerdem sehen sie eine große Kontinuität bei den Steinwerkzeugen. Sollte es sich um dieselbe Menschenart handeln? In l´Arbreda hingegen sind die Gegenstände des Moustérien fast ausschließlich aus

Quarzit gefertigt, während die des Aurignacien aus „importiertem“ Feuerstein behauen sind.

Tatsächlich verfügen wir bisher noch nicht über geeignete menschliche Überreste aus dieser ersten Zeit des Aurignacien, die absolute Klarheit bringen könnten. Die ältesten menschlichen Überreste des Aurignaciens sind die von Mladeè in Mähren (Tschechische Republik), und es handelt sich um moderne Menschen. Ihr Alter liegt möglicherweise bei 32000 Jahren, also mehr oder weniger um den Zeitpunkt der ersten zuverlässig datierten Zeugnisse darstellender Kunst, als es noch Neandertaler südlich des Ebro und vielleicht auch an anderen Stellen des europäischen Mittelmeergebiets gab. Die modernen menschlichen Fossilien des ebenfalls in Mähren liegenden Brünn, sind vielleicht etwa gleich alt, sie wurden allerdings nicht zusammen mit Werkzeugen gefunden. Ein modernes Stirnbein aus Hahnöfersand (Deutschland) konnte, obwohl es ohne Kontext gefunden wurde, sofort auf einige Jahrtausende mehr datiert werden. Diese Fossilien des Cro-Magnon könnten aus der gleichen Zeit wie die von Mladeè stammen oder etwas jünger sein, nämlich etwa 30000 Jahre alt, also dem ausgehenden Aurignacien angehören. Nach diesem Zeitpunkt gibt es sehr wohl zahlreiche menschliche Überreste in Europa, die alle dem modernen Menschentyp angehören und mit den Technologiekomplexen in Verbindung stehen, die dem Aurignacien folgten, nämlich dem Gravettien, Solutréen und Magdalénien. Ein Aspekt, der für unsere Geschichte bedeutsam ist, ist die Verschiedenartigkeit des Lebensraums von Châtelperronien-Neandertalern aus Frankreich und modernen Menschen des Aurignacien aus Mähren auf der einen Seite und deren Zeitgenossen, den Neandertalern des Mittelmeerraums auf der anderen Seite: Jene lebten mit Rentieren, Mammuts und Wollnashörnern zusammen, einer Fauna, die diese nicht kannten.

Jedenfalls sieht es nicht so aus, als ob im Zeitraum vor 40000 bis 30000 Jahren die typischen Säugetiere der arktischen Fauna noch im gesamten Norden der Halbinsel nördlich des Ebro verbreitet waren. Man entdeckt sie nur noch in Guipúzcoa, das durch seine geografische Lage in den Kaltzeiten fast ein Anhängsel Aquitaniens war. Die Ankunft der Cromagnonen in Europa und ihre lange Koexistenz mit den Neandertalern von mindestens 10000 Jahren fand am Ende eines Interstadials (dem OIS 3 auf der Skala der Sauerstoffisotope) statt, in einer relativ milden und feuchten Phase zwischen den beiden kältesten und trockensten Schüben bzw. Stadien der letzten Kaltzeit. Dem größten Kälteschub vor der Ankunft der Cromagnonen (dem OIS 4) trotzten die Neandertaler allein, und zu Beginn des nachfolgenden, noch eisigeren (des OIS 2) verschwanden die letzten Neandertaler des Mittelmeerraums. Man darf dabei nicht vergessen, dass ein Interstadial in jedem Fall immer eine kältere Zeit ist als eine Zwischeneiszeit oder Warmzeit zwischen zwei Kaltzeiten. Die jetzige (OIS 1) ist die bisher letzte Warmzeit.

Dies ist der aktuelle Stand der Kenntnisse, den ich nachfolgend so interpretieren will, wie ihn die meisten Wissenschaftler sehen: Die modernen Menschen waren von Anfang an die Urheber der Aurignacien-Fertigkeit. Die Neandertaler bestimmter Gegenden haben von diesen Cromagnonen gelernt und ihrerseits dieselben Techniken beim Behauen von Stein, die Nutzung von Materialien tierischen Ursprungs und die Freude an Körperschmuck aufgegriffen. Andere Neandertaler, südlich des Ebro, bewahrten ihre Kultur unverändert bis zum Ende ihrer Existenz, das mit einem neuen Kälteschub und dem dadurch bedingten großen ökologischen Wandel zusammenfiel.

Wie man sieht, müssen wir all diese Daten präzisieren, die kleinen Details auf regionaler Ebene besser kennen lernen, um vollständig verstehen und glaubwürdig erklären zu können, was den Neandertalern ihr Ende bereitete.

Die Farbe des Heidekrauts

Außer den gängigen Trägern von Kunstdarstellungen, den Felswänden oder Steinplatten sowie auch Knochen, Horn und Elfenbein (sicherlich auch Holz, doch dieses wurde nicht konserviert) benutzten die Menschen von Cro-Magnon einen anderen, ganz besonderen Träger: ihren eigenen Körper. Sie malten sich zweifellos an, wenn diese Zeugnisse natürlich auch nicht erhalten sind. In einigen Gräbern wurde anscheinend reichlich roter Ockerstaub verteilt, rot wie das Blut. Allerdings wirkt Ocker bakterizid, und es könnte auch dazu verwendet worden sein, das Leder und die Tierhäute zu pflegen, die die vorgeschichtlichen Menschen trugen, sodass man nicht genau weiß, ob und warum sie die Kleidung oder den Körper bemalten. Es ist auch möglich, jedoch nicht sicher, dass die Neandertaler den roten Ocker bei ihren Beerdigungen (beispielsweise in Le Moustier) verwendeten oder dass sie sich zu Lebzeiten damit bemalten, denn in vielen Fällen fand man an ihren Fundorten Hämatitblöcke. Allein in dem Zeitabschnitt, der der Schicht X der Cueva del Reno entspricht, die die meisten Schmuckobjekte (insgesamt 24 Stücke) enthält, brachten die Neandertaler über 18 kg roten Ocker in diese Höhle.

Neu und charakteristisch für die Cromagnonen ist gewiss die Fülle an Objekten des persönlichen Körperschmucks, den sie sich umhängten, zu Halsketten, Gürteln, Armbändern und Armreifen auffädelten und auch an Häute der Kleidung oder an die Kopfbedeckung nähten. Diese Schmuckstücke sind sehr verschiedenartig, und es ist nicht immer einfach, sie gegen die Stücke der so genannten mobilen Kunst abzugrenzen, die zum Mitnehmen manchmal ebenfalls aufgehängt wurden. Zur theoretischen Unterscheidung könnten wir festlegen, dass die Schmuckstücke den Individuen, die mobile Kunst hingegen der Gemeinschaft gehörte, aber viele der berühmten paläolithischen Venus-Figuren, dieser kleinen üppigen Frauenstatuen, die für das Gravettien so charakteristisch sind, wurden möglicherweise um den Hals der Cromagnonen getragen. In der Zeit vor 28000 bis 20000 Jahren konnte man in einem riesigen Gebiet, das von den Pyrenäen bis nach Sibirien reichte, menschliche Wesen mit solchen Venus-Figuren sehen (die auf der Iberischen Halbinsel seltsamerweise fehlen). Bei den Figuren selbst lassen sich wiederum herausgearbeitete Ornamente in Form von Halsketten, Armbändern, Anhängern usw. erkennen.

Die Völker des Magdaléniens versahen auch die Gebrauchsgegenstände mit aufwändigen Ornamenten, wie beispielsweise die Speerschleudern oder die so genannten „Amtsstäbe", die ein Loch hatten und dazu verwendet wurden, die Spitzen der Wurfspieße zu richten. Diese Spitzen wurden aus Streifen von Hirschtiergeweihen oder aus Knochen hergestellt, die jedoch eine natürliche Biegung hatten, die begradigt werden musste, was man auch bei modernen Populationen beobachten kann. Kaj Birket-Smith, der Inuit- (Eskimo-) Forscher, sagt uns dazu: „Für alle, die über die Vorgeschichte berichten, ist es außerordentlich wichtig zu wissen, dass die Knochenspitzen hergestellt wurden, indem man das Material zunächst in heißem Wasser aufweichte und es dann richtete, wobei man ihm mithilfe eines Werkzeugs aus einem Stück Rentierhorn mit einem oder zwei Löchern die passende Form gab." Natürlich waren die besonders geschmückten Speerschleudern und „Amtsstäbe" vor allem Prestigeobjekte, die für die ganze Gruppe Symbolcharakter hatten oder sich vielleicht ausschließlich im Besitz einiger Personen in gehobener sozialer Stellung befanden. In diesem letzten Fall hätten sie auch das „Ansehen" einer Einzelperson beeinflusst.

Oft waren die Schmuckstücke Tierreste wie Eckzähne von Fuchs oder Hirsch, Schneidezähne von Ochse oder Hirschtieren oder Muschelschalen, die man manchmal an Fundorten mit großer Entfernung zum Meer fand. Die Gräber im italienischen Ligurien sind durch eine Fülle von Muscheln gekennzeichnet, und allein in der Schicht des Altaurignacien des Fundorts Arbreda fand man acht davon, wobei eine zwei Löcher zum Aufhängen hatte. Allerdings waren es nicht, wie man es immer in Filmen sieht, die großen Reißzähne der stolzen Bären, Löwen oder Leoparden, nein, nicht einmal der Wölfe, die die europäischen Cromagnonen hauptsächlich schmückten. Nördlich der Pyrenäen waren die verbreitetsten Eckzähne die des Polarfuchses (die noch kleiner sind als die des gewöhnlichen Fuchses), und in der Wurzel waren sie durchbohrt, damit man sie auffädeln konnte. Auch die Neandertaler des Châtelperronien von der Gruta del Reno und von Quinçay trugen sie. Vermutlich machte die wechselnde Fellfarbe (weiß im Winter, braungrau im Sommer) das Tier zu etwas Besonderem mit großem symbolischem Wert, was wir nicht nachvollziehen können, da der Polarfuchs weder zum Essen geeignet ist noch furchterregend aussieht und man vielleicht höchstens sein Fell verwenden konnte.

Manchmal wurde jedoch wesentlich mehr Mühe auf den Körperschmuck verwendet, wie beispielsweise bei den Perlen, die aus Knochen, Elfenbein, Hirschgeweih oder weichem Gestein sein konnten. Die Perlen lassen aufgrund ihrer Vielzahl und ihrer geringen Größe einen riesigen Zeitaufwand vermuten. Aus denselben Materialien wurden auch verschiedene Arten von Anhängern gefertigt, die teilweise sehr künstlerisch bearbeitet oder dekoriert waren. In Sungir (Russland) gibt es ein Grab von drei Personen, das 28 000 Jahre alt ist und dies beweist. Die Toten sind ein etwa 60-jähriger Erwachsener und zwei Jugendliche, ein Junge und ein Mädchen. Die Zahl der Schmuckstücke, die sie trugen, ist umwerfend, und ihre Herstellung muss sehr viele Arbeitsstunden gekostet haben, die in die Tausende gehen. Der Schmuck dieser Steppenbewohner war wesentlich arbeitsintensiver als bei den Bewohnern Liguriens, die über so viele Muscheln verfügten, wie sie nur wollten, und diese lediglich auffädeln mussten. Der Erwachsene aus Sugir hatte allein 3000 Perlen aus Mammut-Elfenbein, die auf seinem Umhang und seiner Fellmütze aufgenäht waren, bei dem Jungen waren es 500 und bei dem Mädchen noch etwas mehr.

Außerdem trug der Junge einen Gürtel mit 250 Polarfuchszähnen, und man fand bei den drei Körpern viele andere Objekte wie Armbänder, Anhänger, Wurfspießspitzen, Amtsstäbe usw., die eine unendlich lange Liste ergeben würden.

Diese Schmuckelemente hatten nicht nur rein ästhetische oder schmückende Funktion, sondern sie übermittelten auf visuellem Weg auch eine wichtige Information über ihre Träger. Wie heute drückte auch damals schon das, was man auf dem Leib trug, eine Verbundenheit aus, also die Zugehörigkeit zu einer Gruppe, den Status, die soziale Stellung und den Familienstand: ledig, verheiratet, verwitwet. Das menschliche Gehirn verfügt nur über eine begrenzte Fähigkeit zur Identifizierung und Wiedererkennung von Personen. Wenn es auch heißt, Napoleon habe jeden einzelnen der Veteranen seines Heers gekannt, legten die Soldaten dennoch ihre Uniform (bei jedem die gleiche Kleidung) nicht ab, ebenso wenig wie die Abzeichen für ihre Einheit und ihren Dienstgrad oder die Medaillen und andere individuelle Unterscheidungsmerkmale. Die soziale Identität, der Familienstand und die hierarchische Stellung innerhalb der Gruppe eröffnen sich mittels visueller symbolischer Schlüssel, sie werden im Erscheinungsbild sichtbar. Obwohl wir die einzige Art sind, die über eine gesprochene Sprache verfügt, sind wir erstaunlicherweise auch die Art, die durch ihr persönliches „Outfit" am meisten Information auf visuellem Weg übermittelt. Paradoxerweise müssen wir, die Mitglieder der sprechenden Art, nicht den Mund aufmachen, um zu wissen, mit wem wir es zu tun haben. Es handelt sich jedoch nur um einen scheinbaren Widerspruch, denn wir merken uns und übermitteln die symbolischen Schlüssel mithilfe von Wörtern: Tatsächlich handelt es sich um Codes, die erkannt werden müssen, um eine andere Form der Sprache.

Und es geht nicht so sehr darum, Namen und Gesichter einander zuzuordnen, als sich sozial einzuordnen, zwischenmenschliche Bindungen der Kameradschaft aufzubauen und eine Gruppe zu bilden, die durch gemeinsame Objekte verbunden ist. Bei der Gruppengröße gibt uns die Biologie ja, wie wir bereits erwähnten, Grenzen vor, nämlich von maximal etwa 150 Personen. Auch wenn die Religionen die Liebe zu allen vorschreiben, können wir den Fremden nicht mit der gleichen Intensität lieben wie den Freund (den Nächsten). Das persönliche Aussehen, was man als *Auftreten* bezeichnet, hat die Aufgabe, die Größe unserer sozialen Gruppen bis ins Unendliche auszudehnen, sodass diese auch Personen einschließen kann, die wir nicht persönlich kennen, die wir aber an ihrer Art, sich zurechtzumachen, *er-kennen*. Das Individuum übergibt seine Identität an die Schmuckobjekte, die wiederum am Körper getragen werden und den Körperausdruck unterstützen. Wie Yvette Taborin sagt: Der Schmuck lässt den Körper wachsen.

So bilden sich im Laufe der Zeit bei jeder Gruppe bestimmte Erkennungszeichen durch symbolische Wertgegenstände heraus. Heute gibt es unterschiedliche Arten, sich zu kleiden, je nach der politischen Ideologie des Einzelnen oder der Gruppe, der „Clique", mit der wir uns identifizieren und mit der wir von anderen identifiziert werden wollen. Aber der symbolische Code kann nur von den Mitgliedern der eigenen Gesellschaft verstanden werden, da es sich auch hier, wie bei den Wörtern, um arbiträre Zeichen handelt, um Konventionen, stillschweigende Vereinbarungen innerhalb der Gemeinschaft. Bis vor kurzem galt es als sozialer Zwang, dass Witwen und Witwer ihren Familienstand durch die Farbe Schwarz zum Ausdruck brachten. Dies war jedoch nicht immer so: Isabella die Katholische ordnete per Dekret an, dass zum Ausdruck der Trauer schwarze Kleidung getragen werden müsse, einfach um die Geldverschwendung zu vermeiden, die die teuren weißen Stoffe verursachten, die man zuvor getragen hatte. Die verschiedenen schottischen Clans unterschieden sich untereinander durch die Farbe der Pflanze, die sie auf der Mütze trugen (und nicht, wie man immer meint, durch die Farben des Wappens oder des „Tartans"); so konnten das rote Heidekraut und das weiße Heidekraut beispielsweise auf verschiedene Clans hindeuten. Und da jeder weiß, wie Nationalgefühle oder die Begeisterung für bestimmte Sportmannschaften oder auch beides gleichzeitig durch Farben ausgedrückt werden, muss man nicht weiter darauf eingehen.

Die Ethnik

Das Eigentümliche an unserer Art ist nicht nur die Explosion von Symbolen aller erdenklichen Arten, die uns richtiggehend umzingeln, sondern auch deren sozialisierende und integrative Funktion. Alle Symbole sind als gemeinsames Gut ausschließlich der Gemeinschaft definiert, die sie geschaffen hat und die sie versteht. Da die Gruppe über die Sprache ein Gewissen in die Individuen einpflanzt, kann man ohne große Übertreibung von einem „supraindividuellen" Gewissen sprechen, das über den Individuen steht. Wenn die natürliche Auslese auf der Ebene von Individuen arbeitet, was meistens der Fall ist, konkurrieren diese aufgrund ihrer individuellen Merkmale miteinander. Die Begünstigten leben länger und pflanzen sich stärker fort, wobei sie diese Merkmale an ihre Nachkommen weitergeben. Da die menschliche Evolution eine Geschichte aus Konkurrenz und Auslese zwischen Gruppen darstellt, gewinnt die leistungsfähigste Gruppe, die sich schließlich durchsetzt; am Ende zählt die Gruppe, nicht das Individuum. So solidarisch sich die Cromagnonen mit den Mitgliedern ihrer eigenen Gruppe zeigten, so unerbittlich handelten sie gegenüber den anderen.

Die Neandertaler trugen fast keinen Körperschmuck, und man fand so etwas lediglich an zwei Fundorten des Châtelperronien, in der Cueva del Reno und in Quinçay. Außerdem fand man durchbohrte Muscheln an einigen Fundorten mit Uluzzien-Kultur, einer Art italienischer Entsprechung des Châtelperronien, deren Urheber vermutlich ebenfalls die Neandertaler waren. Die Schichten des Moustérien hingegen enthielten niemals Schmuckgegenstände, und zwar weder aus der Zeit vor dem Aurignacien noch aus der späteren Zeit. Die Neandertaler, die südlich des Ebro lebten, trugen beispielsweise niemals Schmuckstücke am Körper und sie starben aus, ohne jemals welche getragen zu haben. Die obige Diskussion über den Ursprung der Châtelperronien-Industrie gilt auch für die hierzu gehörenden Schmuckstücke. Während Francesco D'Errico, Joã Zilhão und andere Archäologen glauben, dass die Schmuckgegenstände der Cueva del Reno ebenso alt, wenn nicht gar älter als die sind, die man als erstes in Schichten des Aurignacien fand, glauben Randall White und Ivette Taborin, anerkannte Spezialisten auf diesem Gebiet, sowie viele andere Wissenschaftler, dass die persönlichen Schmuckgegenstände von Kostenki 17 (Russland) und Bacho Kiro (Bulgarien) mehrere tausend Jahre früher gefertigt wurden. Die Hypothese, die heute die größte Anerkennung findet, behauptet, dass die Cromagnonen den Schmuck erfanden und die Neandertaler sie an einigen Orten nachahmten, genau so, wie sie die Behautechniken kopierten.

Aus diesem letzten Standpunkt, den ich für den richtigsten halte, lassen sich zwei völlig gegensätzliche Schlüsse ziehen. Einer ist der, dass die Neandertaler nicht fähig waren, den Symbolwert zu erfassen, der sich hinter den Schmuckgegenständen verbarg, und daher ihre Botschaft nicht entschlüsseln konnten aus dem einfachen Grund, weil es sich um eine Art visuelle Sprache handelte und sie (wie die heutigen Schimpansen) zu keiner, weder mündlichen noch bildhaften Sprache fähig waren. Demnach hätte sich ihr Gehirn zwar sehr weit entwickelt, um die „natürliche" Intelligenz, eine Art „instinktiver Intuition" zu gewährleisten, aber es hätte nicht die Stufe von Abstraktion erreicht, die das Schaffen von Symbolen voraussetzt. Sie hätten also die Schmuckgegenstände der Cromagnonen kopiert, ohne sie zu verstehen. Die entgegengesetzte Möglichkeit ist die, dass die Neandertaler für die Sprache und die Verwendung von Gegenständen symbolischer Art dieselben modernen Fähigkeiten hatten wie die modernen Menschen, dass sie sie jedoch nicht in dem Maße entwickeln konnten wie wir, da sie vorher ausstarben.

Meiner Ansicht nach, und es geht mir keinesfalls darum, zu vermitteln, liegt die richtige Hypothese in der Mitte (oder anders gesagt: die beiden genannten sind beide teilweise falsch). Die Neandertaler hatten die technische Fähigkeit, Werkzeuge aus Stein und Knochen in der gleichen Art wie die Cromagnonen herzustellen, was dadurch bewiesen ist, dass sie es taten. Ich glaube auch, dass sie Sprache besaßen und Bestattungsrituale kannten. Sie waren menschlich, nicht nur weil sie derselben Evolutionsgruppe angehören wie wir, sondern auch in eher geistiger Hinsicht, in ihren Glaubensvorstellungen und Gefühlen. Die Stellung des Menschen, also unsere, erstand nicht aus dem Nichts, ohne jeden Vorgänger, sondern sie wurde erst möglich, weil zuvor viele Schritte in dieselbe Richtung zurückgelegt wurden. Die Neandertaler entwickelten jedoch nicht unsere ausgeprägte Spezialisierung im Hervorbringen von Symbolen, niemals ging ihre Fantasie so mit ihnen durch. Sie waren, wenn man so will, realistischer, was sie jedoch nicht herabsetzt.

Ein großer Zweifel beschäftigt die Anhänger der Version, die wirklich menschliche Stellung (mit der Sprache und weiteren symbolbetonten Ausdrucksweisen, wie der Kunst) sei erst mit unserer Art geboren worden, vor 200000 bis 150000 Jahren also. Warum brauchten die modernen Menschen so lange, bis sie Afrika verließen und die übrigen menschlichen (oder besser ihnen ähnlichen) Arten ausschalteten. Mehr noch, nachdem sie vor 100000 Jahren nach Palästina vorgedrungen waren, warum kehrten sie auf demselben Weg wieder zurück und überließen den Mittleren Osten den Neandertalern? Eine Antwort, die man manchmal hört, besagt, dass die Protocromagnonen zwar anatomisch betrachtet oder zumindest aufgrund ihres Skeletts modern waren, dass ihnen jedoch noch Verbindungen zwischen Nervenbahnen fehlten, bevor es ihnen möglich war, „Nur zu!" zu rufen und sich in Cromagnonen zu verwandeln.

Ich sehe das anders. Ich sagte bereits, dass ich einen Zusammenhang zwischen der schwindenden Körperkraft und dem Auftreten der Fähigkeit sehe, unsere charakteristische artikulierte Sprache hervorzubringen, und dass die modernen Menschen von Anfang an moderne Menschen waren. Meine Antwort auf die Frage, warum sie mit den Neandertalern nicht kurzen Prozess machten, ist, dass diese ebenfalls Menschen waren, und noch dazu intelligente. Übrigens kann es sein, dass die modernen Menschen vor 60 000 Jahren bis nach Australien vordrangen, viel früher, als sie je einen Fuß nach Europa setzten. Auf dem Weg trafen sie vielleicht auf die letzten *Homo erectus*, wie die Menschen von Ngandong auf Java, aber möglicherweise machten diese es ihnen nicht so schwer wie die Neandertaler. Und wenn auch unsere hoch entwickelte Fähigkeit im Umgang mit Symbolen und in der artikulierten Sprache zum Geschichtenerzählen nützlich war, brachte sie nicht unbedingt entscheidende Vorteile gegenüber anderen Menschen, den Neandertalern, die sehr stark und an die europäischen Lebensräume und Klimate besser angepasst waren.

Daher dauerte der Kampf zwischen Neandertalern und Cromagnonen so viele Jahrtausende, und es ist möglich, dass nur zwei Faktoren dazu führten, dass unsere Vorfahren als Sieger daraus hervorgingen. Erstens erfanden sie eine neue Art, Geräte herzustellen (das Aurignacien), die sie immer weiter entwickelten und verbesserten. Als sie nach Europa kamen, verfügten sie bereits über diese neue Technik, die ihnen eine gewisse Überlegenheit verschaffte, die ihnen zuvor gefehlt hatte. Die Neandertaler konnten sie dort, wo die Bevölkerungsdichte hoch war und wo sie sich trotz der Cromagnonen, die sie umgaben, einige Zeit halten konnten, übernehmen, aber der anfängliche Vorteil, der es ihnen ermöglichte, in den Norden Spaniens zu gelangen, brachte den Cromagnonen sehr schnell das Aurignacien.

Der zweite Faktor war paradoxerweise das Klima. Wenn auch vor 40 000 Jahren die kälteste Spitze der Eiszeit noch nicht erreicht war, so herrschte in Mittel- und Nordeuropa kaltes Klima und Rentiere und Mammuts bewegten sich in großen Herden über eine unendliche Steppe. Die Cromagnonen waren biologisch nicht besser an die Kälte angepasst, ganz im Gegenteil, aber aufgrund ihrer Symbolwelt konnten sie sich wie eine Haut an das Land anpassen und über weite Entfernungen Bündnisse zwischen Gruppen schließen. Untereinander, mit ihren Vorfahren und mit der Natur waren sie durch ihre alten Mythen verbunden, die nichts anderes sind als Geschichtensammlungen. Und Geschichtenerzählen war ihre Spezialität. Je widriger die Umweltbedingungen und je niedriger und verstreuter die menschliche Bevölkerung, desto größer war ihre Überlegenheit. Schließlich erreichte das ungünstige Klima auch die stabile Welt des Mittelmeerraums, sodass der Wald verschwand und der Steppe Platz machte. Und durch die Steppe kamen die großen Pferdeherden und nach ihnen die Pferdejäger: unsere Vorfahren, die Geschichtenerzähler.

Um einen Eindruck davon zu gewinnen, wie die verschiedenen Menschenarten dem feindlichen Klima trotzten, kann man sich für einen Augenblick in die riesige Ebene Osteuropas versetzten, die sich unendlich weit ausstreckt: von den Karpaten im Westen bis zum Ural im Osten und vom Arktischen Eismeer im Norden bis zum Schwarzen Meer, zum Kaspischen Meer und dem Wall, den der Kaukasus bildet und der von einem bis zum anderen reicht und das osteuropäische Flachland nach Süden hin abschließt. In diesem gesamten Gebiet gibt es keine größeren Erhebungen, und das Klima wird mit zunehmendem Breitengrad immer extremer. Im Zentrum der großen Tiefebene, im Bereich von 50 Grad nördlicher Breite, liegt das Monatsmittel im Januar, in der Warmzeit, in der wir uns befinden, bei –10 °C. Zweifellos ein unwirtlicher Ort, um die Nacht im Freien zu verbringen.

Die ersten menschlichen Wesen, die es wagten, das große osteuropäische Tiefland zu betreten, waren die Neandertaler, und dies geschah vor etwa 120000 Jahren, in der Warmzeit, die der letzten Kaltzeit vorausging. Die Neandertaler drangen damals bis über den 50. Grad nördlicher Breite vor, wie die Fundorte von Rikhta, Zhitomir und Khotylevo I (bei 52 °N!) zeigen: Es besteht kein Zweifel, dass sie sich auf sehr extreme Bedingungen einstellen konnten, und man kann ihnen kaum außerordentliche Organisations- und Planungsfähigkeiten absprechen. Kann man sich unter ähnlichen Umständen eine menschliche Existenz ohne sie vorstellen?

Die Neandertaler sahen sich jedoch gezwungen, sich an den südlichen Rand des osteuropäischen Flachlands zurückzuziehen, als die letzte Kaltzeit begann. Sie suchten Zuflucht auf der Halbinsel Krim und an den Nordhängen des Kaukasus, wo die letzten Neandertaler möglicherweise zur gleichen Zeit wie ihre iberischen Artgenossen verschwanden, nämlich im Zeitraum vor 30000 bis 25000 Jahren. Danach allerdings kamen die Cromagnonen in das große osteuropäische Tiefland. Vor 35000 bis 40000 Jahren drangen sie bis Kostenki 17 (bei 50 °N) vor. Der Grund, weshalb sie triumphierten, wo die Neandertaler wegen der Kälte klein beigeben mussten, liegt teilweise in ihrer höheren Technologie. Vor 30000 Jahren gab es am Fundort 14 von Kostenki große Mengen von Knochennadeln, mit denen jene Menschen sich die Felle anpassten, die sie schützten, und ihre Kleidung stand vielleicht nicht hinter der der heutigen Inuits zurück.

Und später, als die letzte und eisigste Eiszeit nahte, lernten die modernen Menschen des orientalischen Tieflands, Hütten zu bauen, indem sie Gerüste aus Mammutknochen mit Fellen verkleideten, sie lernten, darin immer ein Feuer brennen zu haben, und sich mangels anderer Brennstoffe im unwirtlichen Flachland der Mammutknochen zu bedienen, um sich zu wärmen. Als schließlich die eisige Kälte vor 25000 Jahren ihren Höhepunkt erreichte, waren die Menschen darauf vorbereitet, unter ähnlichen Bedingungen zu überleben. Das Monatsmittel des Januars vor 20000 Jahren muss unglaublich niedrig und die Trostlosigkeit der Landschaft niederschmetternd gewesen sein.

Aber außer der Technologie, die uns in Form von Geräten, Hüttengerüsten und Feuerstellen überliefert wurde, müssen zweifellos andere Gegenstände zum Überleben der Menschen im großen osteuropäischen Flachland beigetragen haben, wenn sie auch weniger spektakulär erscheinen. Auch diese wurden, wie wir bereits gesehen haben, in Kostenki 17 gefunden: die persönlichen Schmuckstücke. Sie sind ein Hinweis darauf, dass ihre stolzen Träger eine neue soziale Dimension erreicht hatten, die die menschliche Zukunft für immer bestimmen sollte: die Zugehörigkeit zu einer Gruppe, die über das rein Biologische hinausging und die sich um gemeinsame Symbole aufbaute. Diese neue Ära, nämlich die unsrige, ist durch die *Ethnik* geprägt.

Sobald sich der *Homo sapiens* der anderen Arten entledigt hatte, wuchs und vermehrte er sich mit dem Aufkommen neuer Generationen von immer wirkungsvolleren und auch immer todbringenderen Technologien. Während die Steinbearbeitung des Altpaläolithikums (Oldoway, Acheuléen) und selbst die des Mittelpaläolithikums (Moustérien usw.) über die weite Fläche ihrer geografischen Ausbreitung eine große Monotonie aufweisen, sind die des Jungpaläolithikums nicht nur vielfältiger in Bezug auf die Gerätearten, sondern sie zeigen auch regionale Verschiedenartigkeit.

Zur Erklärung dieser Tatsache brachte Jean-Pierre Bocquet-Appel einen demographischen Faktor ins Spiel. Da die Neandertaler und die Populationen anderer „archaischer" Menschenarten sehr geringe Bevölkerungsdichten aufwiesen, mussten die Gruppen Individuen austauschen, um nicht auszusterben, sodass sich ein zwar sehr lockeres, aber riesiges demographisches Netz bildete. Seit der Bevölkerungsexplosion im Jungpaläolithikum konnten die modernen Menschen jedoch immer größere Gruppen aufbauen, die allein lebens- und fortpflanzungsfähig und gleichzeitig biologisch und kulturell abgeschlossen waren.

Im zweiten Krieg gegen die Perser betrachteten die Griechen sich selbst als Mitglieder derselben Gemeinschaft, da sie vom gleichen Blut waren und dieselbe Sprache sprachen, dieselben Tempel besuchten und dieselben Bräuche kannten und da ihre Lebensgewohnheiten sich glichen. Symbole über Symbole. Die gemeinsamen Geschichten und Mythen, die für die Menschen des Cro-Magnon so nützlich waren, solange die Stämme klein und verstreut waren, wurden nun, da die Populationen wuchsen, zu unüberwindlichen Barrieren, und die Gruppen zeigten sich gegenseitig die kalte Schulter.

Am Ende unserer Evolutionsgeschichte leben nun schließlich in jedem von uns zwei Identitäten, die individuelle und die kollektive. Die Existenz einer der beiden menschlichen Naturen zu leugnen würde bedeuten, die Augen vor der Realität zu verschließen. Während uns die individuelle Identität zu Egoismus und Abkehr von der Solidarität drängt, kann uns die kollektive an den Rand des Abgrunds führen, da sie uns leicht manipulierbar macht. Allein im letzten, gerade zu Ende gegangenen Jahrhundert, dem blutigsten in der menschlichen Geschichte, starben viele Millionen Menschen in Konflikten zwischen Gruppierungen, die sich um gegensätzliche Symbole bildeten, wobei gleichzeitig jede Meinung, die von der der Gruppe abwich, jedes Entfernen von der geforderten sozialen Homogenität erbarmungslos als nicht tolerierbare Bedrohung der Gemeinschaft verfolgt wurde. Wird der Mensch eines Tages so weit sein, dass er den ständigen Widerstreit zwischen dem Individuum und der Gruppe überwinden kann? Hat uns die Evolution etwa in eine ausweglose Sackgasse geführt? Die Antwort, lieber Leser, weiß ganz allein der Wind.

Schlussbetrachtung

Der gezähmte Mensch

Und so vergingen die Tage. Und die Jahre.
Und es kam der Tod und führte seinen Schwamm über das weite gestrüppbewachsene Gelände, und es verschwanden diese Wesen sowie die Geschichten dieser Wesen.
Aber dahinter trieb es neu und lebte es wieder auf, und es streckten sich neue Bäume zum Himmel und neue Menschen richteten sich auf, und in den Höhlen rührte sich die neue Brut, und der Schuss des Teppichs wurde niemals locker.

Wenceslao Fernández Flórez, *El bosque animado*
(Der belebte Wald)

Am Anfang, vor fünf bis sechs Millionen Jahren, war der Affe. Oder besser gesagt, es lebte unser Vorfahre, den wir mit den Schimpansen gemein haben, ein Bewohner des afrikanischen Regenwalds. Dieses Tier befand sich auf der Schwelle des Bewusstseins, vor allem bezüglich seines sozialen Lebens. Dann erschienen die Hominiden und die Vorfahren der Schimpansen in verschiedenen Regionen des tropischen Afrika.

Im Verlauf der klimatischen und ökologischen Veränderungen passten sich die Hominiden an immer trockenere (allerdings weiterhin bewaldete) Lebensräume an. Die Vorfahren der Schimpansen hingegen blieben im feuchten Urwald vereint. Vor mehr als vier Millionen Jahren waren einige Hominiden bereits Zweibeiner, wenn ihr Leben auch weiterhin stark an den Wald gebunden war. Ihre Nahrung war fast ausschließlich pflanzlicher Art, und das „Fast" hängt damit zusammen, dass die Schimpansen ebenfalls Insekten fressen und kleine Säugetiere jagen, wenn es sich ergibt.

Vor zweieinhalb Millionen Jahren brachte die Evolution eine Hominidenart hervor, den *Homo habilis*, dessen Gehirn größer war und der einen Stein gegen einen anderen schlug, um eine scharfe Kante zu erhalten. Das wichtigste war die Funktion dieser Kante, die nämlich darin bestand, Fleisch abzutrennen. Es vollzog sich damals ein wichtiger Wandel in der Ernährung und schließlich in der ökologischen Nische.

Kurz darauf, zumindest aus geologischer Sicht, erschien eine wirklich neue Hominidenart, der *Homo ergaster*. Sein Gehirn war wesentlich größer als das eines Schimpansen und er wuchs langsamer. Diese Menschen waren von großer Statur, glichen uns in ihren Körperproportionen und waren sehr, sehr stark. Sie stellten standardisierte Geräte her und kommunizierten miteinander über Symbole. Oder sie konnten zumindest den Ausdruck ihrer Gefühle steuern, sowohl den Körperausdruck als auch die Äußerung durch Laute, was nun nicht mehr bloße Symptome waren, Indizien für ihren Gemütszustand, sondern Zeichen, die die Information übermittelten, die sie wünschten, an diejenigen, die sie wünschten und wann es ihnen passte. Sie verfügten also über eine Grundform der Sprache und eine lange Lernphase, was es ihnen ermöglichte, in der Entwicklung ihrer kognitiven Fähigkeiten weit über die der Schimpansen hinauszugehen. Wenn wir sie den Intelligenztests unterziehen könnten, mit denen wir die Intelligenz dieser Affen prüfen, würden sie dabei wesentlich besser abschneiden als diese.

Jene Hominiden, oder besser gesagt Menschen der Art *Homo ergaster* fingen an, ein soziales und kulturelles Umfeld um sich herum aufzubauen, das ihnen eine immer größere Unabhängigkeit gegenüber dem physischen Lebensraum ermöglichte, wodurch ihre Populationen größer wurden. Dadurch konnten sie sich vor vermutlich über eineinhalb Millionen Jahren über Eurasien ausbreiten und die harte klimatische und ökologische Probe erfolgreich bestehen, auf die sie die hohen Breiten, die große Entfernung zum Äquator stellte, was bei den übrigen Hominiden jener Zeit, den Paranthropinen, niemals der Fall war, da sie Afrika niemals verließen.

Diesen Menschen ging es außerhalb Afrikas so gut, dass sie schließlich ganz Asien und Europa bevölkerten und sogar vor einer halben Million Jahren in die kalten Gegenden Deutschlands und Englands vordrangen. Andere erreichten wesentlich früher die Iberische Halbinsel, den äußersten Westen, den Fernen Osten, China und Java. Auf dieser Insel wurden die ältesten Überreste gefunden, die als *Homo erectus* bezeichnet wurden, obwohl sie sich eigentlich nicht sehr von denen des afrikanischen *Homo ergaster* unterschieden.

In Europa entwickelten sich die Menschen isoliert von den anderen und brachten schließlich eine eigenständige Art hervor: die Neandertaler. Diese behielten weiterhin ihre große Körperkraft und waren physiologisch gut an das europäische Klima angepasst. Die Neandertaler hatten ein großes Gehirn, das sie benutzten, um miteinander zu kommunizieren, um das Feuer unter Kontrolle zu halten und sehr sorgfältig bearbeitete Werkzeuge herzustellen, was viele Arbeitsschritte erforderte. Sie benutzten es auch, um die besonderen Probleme der europäischen Ökosysteme zu lösen, die stark von den Jahreszeiten geprägt und daher für das Leben der Primaten nicht gerade geeignet waren.

Während die Neandertaler sich in Europa entwickelten, taten wir dasselbe in Afrika, aber noch vor 300000 Jahren, im Zeitalter der Sima de los Huesos, waren unsere Vorfahren und die der Neandertaler weder körperlich noch in ihrem Verhalten sehr verschieden, weil sie sich noch nicht lange getrennt voneinander entwickelt hatten. Zu diesem Zeitpunkt vollzog sich jedoch die zweite große Zunahme des Gehirns, und da sie in Europa und in Afrika unabhängig voneinander stattfand, waren die Ergebnisse unterschiedlich.

Am besten kennen wir die Errungenschaften unseres eigenen Geschlechts, die wir vor Augen haben. Eine davon ist unsere wunderbare artikulierte Sprache, die im Dienste einer einzigartigen Fähigkeit steht, mit Symbolen umzugehen oder anders gesagt, Geschichten zu erzählen und Fantasiewelten zu schaffen. Dies ist unsere besondere Spezialität, die Kreativität, die sich nur im afrikanischen Zweig der menschlichen Evolution zeigte, nicht aber im europäischen. Die Neandertaler bauten die von ihren Vorfahren der Sima de los Huesos übernommenen kognitiven und kommunikativen Fähigkeiten, die ja an sich schon sehr weit fortgeschritten waren, nur weiter aus, aber sie entwickelten kein revolutionäres System zum Übermitteln von Information, so wie wir es taten.

Um besser verstehen zu können, welch extreme Spezialisierung unsere Sprache erfordert, schlage ich dem Leser dem Beispiel Philip Liebermanns folgend ein Experiment vor: Versuchen Sie einen Text zehn Sekunden lang laut zu lesen. Sie werden sehen, dass Sie mit Leichtigkeit 200 Buchstaben lesen können, 20 pro Sekunde, die uns, auch wenn sie nicht genau 200 Lauten oder Phonemen entsprechen, einen Eindruck unserer phonetischen Fähigkeiten vermitteln. Es ist unglaublich, dass wir mit solcher Geschwindigkeit Laute erzeugen und verstehen können.

Auch der Geist des modernen Menschen war anders als der seiner Zeitgenossen, der Neandertaler, was sich jedoch nicht in einer größeren, sagen wir technischen, Intelligenz äußerte. Das Charakteristische besteht ganz im Gegenteil in einer völligen Aberration in unserer Art, die Welt wahrzunehmen, in einem gigantischen Irrtum, auf den Konrad Lorenz mit gewohntem Scharfsinn aufmerksam machte. Alle Tiere verfügen über einen Filter für die Reize, die sie empfangen. Die Information, die wir über die Sinne aufnehmen, ist so umfangreich, dass wir einen Mechanismus brauchen, der die wichtigsten Daten automatisch und unbewusst (also schnell) herausliest. Ohne diesen Filtermechanismus könnten wir gar nichts tun, da wir ständig damit beschäftigt wären, die Information zu analysieren, die von außen einströmt. Nur die Reize, die der Filter durchlässt, lösen Verhaltensweisen, Reaktionen aus.

Wir modernen Menschen zeichnen uns unter den Primaten und sogar unter den Menschen als außerordentlich soziale Wesen aus, da unsere Aufmerksamkeit ständig auf die Signale gerichtet ist, die wir von den anderen Menschen empfangen und die uns helfen, deren Gedanken zu lesen und deren Handlungen vorherzusehen. Um leistungsfähiger zu sein, reagieren wir sofort auf sehr einfache und isoliert auftretende Reize. Wir erforschen das Gesicht unserer Mitmenschen so genau, dass wir darin selbst das geringste Zeichen der Veränderung wahrnehmen. Das soziale Leben gleicht einer großen Partie Doppelkopf.

Und dort liegt die Antwort auf die Frage, warum die Natur sich mit Geist (oder mit Geistern) füllte. Unsere Fähigkeit zu analysieren, also die Wirklichkeit in immer kleinere Teile zu zerlegen, ist so groß, dass uns dabei schließlich trotz unserer weitreichenden kognitiven Fähigkeiten folgenschwere Fehler unterlaufen, die keinem Tier je passieren könnten. Auf diese Weise werden den erstaunlichsten Gegenständen emotionale Werte zugeschrieben, da man irrtümlicherweise menschliche Fähigkeiten in sie hineininterpretiert; wie Lorenz es ausdrückte: „Steil abfallende Felswände oder dunkle sich auftürmende Gewitterwolken haben denselben Ausdruckswert wie eine hoch aufgerichtete drohende Person, die sich etwas nach vorn beugt und so ihre Absicht deutlich macht." Die Augenbrauenbögen des Adlers erscheinen wie Stirnfalten, und in Verbindung mit der nach vorn gezogenen Schnabelpartie geben sie dem Tier ein Aussehen hartnäckiger Entschlossenheit. Ebenso haben wir beim Kamel oder beim Lama mit ihren Nasenöffnungen oberhalb der Augen und der tiefliegenden Maulpartie den Eindruck, als blickten sie uns verächtlich an: Diese Tiere wirken „unsympathisch".

Wir schreiben den Tieren auch ästhetische Merkmale zu: Das Flusspferd ist tollpatschig, der Flamingo anmutig und elegant; und noch bemerkenswerter ist, dass wir den Tieren auch ethische Qualitäten nachsagen: In Märchen ist der Wolf der Böse und Zicklein sind die Guten, die Ameise ist fleißig und die Grille faul usw. Um es in einer Erfahrung zusammenzufassen, die wir alle einmal gemacht haben: Als Kind erschien es Lorenz, als sehe ihn ein Metrowaggon mit halb heruntergelassenen Fensterrollos streng an. Die Rolle der Augen als Bezugspunkt innerhalb des Gesichts spielen eine so beachtlich Rolle, dass uns jeder Gegenstand mit Öffnungen, wie beispielsweise ein Haus mit seinen Fenstern, ein bisschen an ein Gesicht erinnert, dem wir sogar einen sympathischen oder unsympathischen Ausdruck zuschreiben, je nachdem wie die Elemente um die vermeintlichen Augen angeordnet sind, die wir rasch dazu zwingen, sich in Nase, Mund, Brauen, Stirn und Haut zu verwandeln.

Diese merkwürdige Art, belebte oder unbelebte Wesen als menschlich anzusehen, was sie nicht sind, und die Fähigkeit, Geschichten zu erzählen, in denen diese Wesen auftauchen, führte dazu, dass die Natur lebendig wurde. Dieser entscheidende Fehler half dem Menschen, die Naturereignisse zu verstehen. Wenn das individuelle Bewusstsein entstand, weil es nützlich ist, die Dinge vom Standpunkt des anderen aus zu betrachten, bei dem man ebenfalls ein Bewusstsein annimmt, so stellt die Angewohnheit, sich auch in die übrigen Wesen der Natur hineinzuversetzen, ihnen also Bewusstsein zuzuerkennen, eine zwar nicht wissenschaftliche, aber wirkungsvolle Art dar, Biologie und Geologie zu betreiben – und auch Geografie, da man sich eine Landkarte am besten einprägen und mit den übrigen Mitgliedern der Gemeinschaft teilen kann, wenn man die Elemente der Landschaft mit Personen und Geschichten verknüpft. Von La Granja de San Ildefonso (Segovia), wo ich viele Sommer meines Lebens verbrachte, blickt man auf einen riesigen Berg, der wegen seiner Form La Mujer Muerta (Die Tote Frau) genannt wird, und auf einen zweiten Berg, der El Montón de Trigo (Der Weizenhaufen) heißt.

Gleichzeitig mit dem Auftauchen dieser wunderbaren Fähigkeit spielte sich ein anderer bemerkenswerter Wandel ab, der allerdings auf den ersten Blick nicht damit zusammenhängt: Das Skelett wurde zierlicher, die Hüften wurden schmaler, was bei jedem Schritt Kraft sparte. Die Neandertaler und die modernen Menschen unterschieden sich in ihrer Statur, aber auch in ihrem Schädel und in ihrer Fähigkeit, Laute zu artikulieren. Ich glaube nicht, dass das große Gehirn und die artikulierte Sprache Exaptionen waren, wie Tattersall meint, Merkmale, die ohne irgendeinen Bezug zueinander noch zum Umgang mit Symbolen entstanden. Ich glaube vielmehr, dass es sich um wirkliche Adaptionen handelt, mehr noch, um Adaptionen, die sich aufeinander stützen, da sie sich gegenseitig erfordern. Wir Menschen haben uns seit dem *Homo habilis* auf die Intelligenz spezialisiert, ebenso wie die Vögel sich auf das Fliegen spezialisierten. Wir hatten schon ein gutes Stück des Wegs hinter uns, als Europa erstmals besiedelt wurde; wenn ihre Population später auch allein zurückblieb, führte die Notwendigkeit zu überleben und die Konkurrenz zwischen Gruppen dennoch dazu, dass die Intelligenz weiter zunahm, allerdings ohne dass dabei auf die Körperkraft verzichtet wurde. Die Neandertaler hatten also ein größeres Gehirn auf einem Körper, der genau so kraftvoll blieb, wie er bei ihren Ahnen gewesen war.

Unsere afrikanischen Vorfahren waren ebenfalls stark und wurden gleichzeitig immer intelligenter. Bis irgendwann bei einer menschlichen Population eine Variante auftauchte, die körperlich weniger stark war, sich dafür aber besser mitteilen konnte. Es mag zwar überraschen, aber die beiden Merkmale haben miteinander zu tun. Wir konnten die Laute besser formen, weil das Gesicht kleiner wurde, was wiederum möglich war, da weniger Atemluft benötigt wurde. Die Neandertaler waren wahre Kolosse, mit einem großen Volumen von Brustkorb und Lungen. All diese Luft, die ihre Muskeln mit Sauerstoff versorgte, musste in der Nasenhöhle und in der Mundhöhle befeuchtet werden, bevor sie in die Lungen einströmte, und daher blieb der horizontale Teil des Stimmbildungsapparats weit. Aufgrund des kalten europäischen Klimas war dies umso notwendiger.

Die ersten modernen Menschen waren in Afrika von ebenso robusten Populationen wie den Neandertalern umgeben, aber sie schlugen einen anderen Evolutionsweg ein, eine andere Art, dieselben ökologischen Probleme zu lösen. Sie entwickelten ein auf den Umgang mit Symbolen spezialisiertes Gehirn, ein kürzeres Gesicht, vielleicht ein größeres Risiko sich zu verschlucken, dafür aber eine unglaubliche Kommunikationsmaschine, und einen Körper, der weniger zu großen kurzzeitigen Kraftakten geeignet war, im Hinblick auf den Energieverbrauch jedoch langfristig, beim Zurücklegen weiter Strecken, leistungsfähiger war. Diese Veränderungen vollzogen sich vor 20000 bis 50000 Jahren und betrafen, so sagen die Molekularbiologen, nur einen geringen Teil der afrikanischen Population. Zu diesem Schluss gelangten sie, als sie die geringe genetische Variation bei den heutigen menschlichen Populationen betrachteten. Abgesehen von der Farbe und Beschaffenheit der Haare, der Augenform und einigen wenigen weiteren Merkmalen sind wir alle uns sehr ähnlich. Die rassistischen Thesen sind nicht nur vom ethischen Standpunkt verwerflich, sie sind auch wissenschaftlich falsch. Diese kleine afrikanische Population hatte möglicherweise 10000 bis 15000 Mitglieder, was letztendlich der Bevölkerung der Iberischen Halbinsel zu jener Zeit entsprach.

Neandertaler und moderne Menschen sind zwei sich unterscheidende menschliche Modelle, die beide äußerst wirksame Antworten der Evolution auf identische Herausforderungen des Lebens darstellen. Beide Arten (sie und wir) erfuhren eine demographische Zunahme und eine geografische Ausbreitung. Die Neandertaler verließen Europa, ihre ursprüngliche Heimat; auch die modernen Menschen verließen Afrika, den Ort, an dem ihre Wiege stand. Es war nur eine Frage der Zeit, wann sie aufeinandertreffen würden.

Bei den Ausgrabungen der Höhle Parpalló (Valencia) fand Lluís Pericot zwischen 1929 und 1931 etwa 5000 Steinplatten, die vom paläolithischen Menschen im Laufe von Jahrtausenden bemalt und mit Ritzzeichnungen versehen worden waren; kürzlich wurden sie sehr genau von Valentín Villaverde untersucht. Auf den unzähligen Platten der Höhle Parpalló dominieren die Darstellungen von Ziegen, Pferden, Hirschen und Auerochsen (in dieser Reihenfolge). Es gibt auch vier Gämsen und einige Wildschweine, drei Wölfe, drei Füchse, einen Luchs, ein Tier aus der Familie der Wiesel, bei dem es sich um einen Fischotter handeln könnte, ein Rebhuhn und ein entenartiger Vogel. Es fehlen Tiere der kalten Fauna (Mammuts, Wollnashörner, Rentiere) und Wisente, die vielleicht niemals im Osten der Halbinsel lebten.

In derselben Gegend gibt es Zeugnisse künstlerischer Darstellungen, die als Levante-Kunst bekannt sind, da ihr Ursprung in der Region Valencia liegt, obwohl sie viel weiter verbreitet sind, nämlich bis in die Provinzen Andalusien, Aragón, Castilla – La Mancha und Katalonien. Sie liegen offen im Tageslicht, in Unterständen oder an fast ungeschützten Wänden statt in dunklen Höhlen, und sie zeigen Tiere und Menschen (männliche und weibliche), meist in teilweise rituellen Jagd-, Sammel- oder Tanzszenen. Die Datierung der Levante-Kunst sorgte von ihrer Entdeckung an für Diskussionen – in denen natürlich Obermaier und Hernández-Pacheco den entgegengesetzten Lagern angehörten –, aber heute scheint es sicher zu sein, dass sie nicht pleistozän waren, wie Ersterer meinte, sondern nacheiszeitlich. Viele Gemälde erzählen Jagdgeschichten mit Jägern, die Pfeil und Bogen tragen, und die Beutetiere sind Hirsche, Stiere, Ziegen und Wildschweine.

Offensichtlich hat sich seit der Zeit der Fallen von Parpalló bis zu den Jagdszenen der Levante-Kunst im Lebensstil der Menschen nichts verändert, obwohl zwischen beiden viele Jahrtausende lagen. Es weist jedoch alles darauf hin, dass die Levante-Kunst von Jäger- und Sammlergruppen stammt, die bereits mit Gemeinschaften produktiver Wirtschaftsformen in Kontakt standen, deren Existenz auf gezüchteten Tieren und Pflanzen gründete. Vielleicht waren die Urheber sogar diese ersten neolithischen Völker, die vor etwa 7000 Jahren ankamen. Jedenfalls kann man sie einem Moment zuordnen, in dem sich in diesem levantinischen Winkel das Ende der einen und die Ankunft einer neuen, ganz anderen Welt abspielte: unserer Welt, der des gezähmten Menschen, der sich dem müden Rhythmus seines Viehs anpasst oder seinen Rücken über dem Stück Land krümmt, das er umgräbt, wobei er nur zum Himmel blickt, um Regen zu erflehen, oder um zu beten, er möge aufhören. Mit dem Wandel der Wirtschaft vollzog sich auch ein geistiger Wandel: Die Götter der Jäger waren nicht dieselben wie die Götter der Ackerbauern und Viehzüchter.

Es wurde einmal geschrieben, dass mit dem Sterben einer Sprache diejenigen, die sie in der Vergangenheit sprachen, ein zweites Mal sterben. Dasselbe geschieht, wenn die alten Mythen ausgelöscht und durch neue ersetzt werden. Wir werden die Bedeutung der Höhlenmalereien niemals verstehen, ganz einfach, weil sie uns nichts sagen, weil sie nicht mehr zu uns sprechen. Und es geschah etwas noch Schlimmeres: Auch die Natur hörte auf, zum Menschen zu sprechen. (So kam es, dass der alte steinerne Bogen meiner Kindheit plötzlich keine Brücke antiker Riesen mehr war und der einzige Laut, den man jetzt im Wald hören kann, aus den Steinbrüchen kommt, in denen die Eingeweide des Berges behauen werden, aus den Fabriken, die den Kalkstein zu Zement verarbeiten, von den Motorsägen, die die Bäume absägen, und von den vorüberfahrenden Autos.)

Dies war der Untergang der wilden und freien Jägerbanden, die noch nicht „zivilisiert" waren. Es kamen die Bauern und mit ihnen das Ende dieses Buches und mein Abschied vom Leser, ein Abschied, der – so hoffe ich – nur ein Abschied auf Zeit sein wird.

Nachwort

Mauro Hernández, der die Levante-Kunst erforscht, erzählt mir, dass in den Felsen und Schluchten, in denen sich die Unterstände mit den Zeichnungen der letzten Jäger und Sammler auf der Halbinsel befanden, wieder Pflanzen zu wachsen beginnen und sich die neuen Würfe der Tiere regen. Die Natur hat die Landstriche zurückgewonnen, die durch Ackerbau und Vieh eingeebnet waren, und auf den nackten Böden sprießt alles wieder und lebt neu auf. Vielleicht wird es einmal eine weisere Generation als die jetzige geben, die wieder auf die Stimme der Natur und auf den Wind hört.

In memoriam

In den letzten Jahren kamen bei den eingeborenen Völkern verschiedener Erdteile Protestbewegungen auf, in denen sie die Rückgabe der Gebeine ihrer Vorfahren forderten, die sich in den Sammlungen der Museen befinden. Die australischen Aborigines haben Jahrtausende alte menschliche Fossilien zurückgefordert und -erhalten, um sie wieder an die Orte bringen zu können, an denen sie ruhten, bevor die Wissenschaftler ihren Schlaf störten. Ich kann die Gefühle der Aborigines zwar verstehen, aber ich denke, die größte Ehre erweisen wir unseren Vorfahren, indem wir sie besser kennen lernen. Es ist nicht leicht, die Menschen zu überzeugen, dass ihre Ahnen in einem Panzerschrank besser aufgehoben sind als in freier Natur; allerdings vertraue ich darauf, dass Bücher wie dieses dazu beitragen, den universellen Wert der Wissenschaft für die gesamte Menschheit zu verdeutlichen.

Zahlreiche menschliche Fossilien sind von Forschern wie mir aus der Erde ausgegraben worden und viele werden noch folgen, aber wesentlich mehr ruhen für immer im Schoß von Mutter Erde. An jedes von ihnen richte ich als eine Art Huldigung den Satz, mit dem die Römer die Grabschriften ihrer liebsten Angehörigen abschlossen.

Sit tibi terra levis: Die Erde möge dir leicht sein.

ANHANG

Weiterführende Literatur

Register

Weiterführende Literatur

Attenborough, David: Wunder der Schöpfung. Das Abenteuer des Lebens: vom Einzeller zum Menschen, Stuttgart 1986

Attenborough, David: Unsere einzigartige Erde. Die Entwicklungsgeschichte der Welt, München 1990

Auffermann, Bärbel/Orschiedt, Jörg: Die Neandertaler. Eine Spurensuche, Stuttgart 2002

Bilz, Rudolf: Die unbewältigte Vergangenheit des Menschengeschlechts. Beiträge zu einer Paläoanthropologie, Frankfurt a.M. 1967

Brandt, Michael: Gehirn – Sprache – Artefakte. Fossile und archäologische Zeugnisse zum Ursprung des Menschen, Holzgeringen 2000

Brandt, Michael: Der Ursprung des aufrechten Ganges. Zur Fortbewegung der plio-pleistozänen Hominiden, Neuhausen-Stuttgart 1995

Bromage, Timothy G./Schrenk, Friedemann: Adams Eltern. Expeditionen in die Welt der Frühmenschen. Aufgezeichnet von Stephanie Müller, München 2002

Colbert, Edwin H.: Die Evolution der Wirbeltiere. Eine Geschichte der Wirbeltiere durch die Zeiten, Stuttgart 1965

Coon, Carleton S.: Die Geschichte des Menschen, Köln/Berlin 1970

Coppers, Ives: Lucys Knie. Die prähistorische Schöne und die Geschichte der Paläontologie, München 2002

Dawkins, Richard: Und es entsprang ein Fluß in Eden, München 1996

Dawkins, Richard: Gipfel des Unwahrscheinlichen. Wunder der Evolution, Reinbek 1999

Ditfurth, Hoimar von: Der Geist fiel nicht vom Himmel. Die Evolution unseres Bewußtseins, Hamburg 1976

Dobzhansky, Theodosius: Dynamik der menschlichen Evolution, Frankfurt a. M. 1965

Eibl-Eibesfeldt, Irenäus: Grundriß der vergleichenden Verhaltensforschung, München 1972

Eigen, Manfred: Stufen zum Leben. Die frühe Evolution im Visier der Molekularbiologie, München/Zürich 1982

Erben, Heinrich K.: Die Entwicklung der Lebewesen. Spielregeln der Evolution, München/Zürich 1988

Futnyma, Daniel J.: Evolutionsbiologie, Basel/Boston/Berlin 1990

Grahmann, Rudolf/Müller-Beck, Hansjürgen: Urgeschichte der Menschheit. Mit 10 Tabellen. Dritte, völlig neu bearbeitete und erweiterte Auflage, Stuttgart 1967

Gould, Stephen Jay: Der falsch vermessene Mensch, Frankfurt a. M. 1988

Gould, Stephen Jay: Zufall Mensch. Das Wunder des Lebens als Spiel der Natur, München 1991

Gould, Stephen Jay: Bravo, Brontosaurus. Die verschlungenen Wege der Naturgeschichte, Hamburg 1994

Harris, Marvin: Menschen. Wie wir wurden, was wir sind, Stuttgart 1991

Heberer, Gerhard: Homo – Ab- und Zukunft. Herkunft und Entwicklung des Menschen aus der Sicht der aktuellen Anthropologie, Stuttgart 1968

Heberer, Gerhard: Die Evolution der Organismen, Stuttgart 1967

Heiss, Sebastian J.: Homo erectus, Neandertaler und Cromagnon. Kulturgeschichtliche Untersuchungen zu Theorien der Entwicklung des modernen Menschen, Frankfurt a. M: 1994

Henke, Winfried/Rothe, Hartmut: Paläoanthropologie, Berlin/Heidelberg 1994

Herrmann, Joachim: Menschwerdung – biotischer und gesellschaftlicher Entwicklungprozess, Berlin 1999

Illies, Joachim: Kulturbiologie des Menschen, München 1978

Johanson, Donald C./Blake, Edgar/Brill, David: Lucy und ihre Kinder, Berlin/Heidelberg 1998

Johanson, Donald C./Maitland, Eddy: Lucy. Die Anfänge der Menschheit, Frankfurt a. M. 1989

Jolly, Albert: Die Entwicklung des Primatenverhaltens, Stuttgart 1995

Koenigswald, Wighart von/Hahn, Joachim: Jagdtiere und Jäger der Eiszeit. Fossilien und Bildwerke, Stuttgart 1981

Laskowski, Wolfgang: Der Weg zum Menschen. Vom Urnebel zum Homo Sapiens, Berlin 1968

Leakey, Richard E.: Die ersten Spuren. Über den Ursprung des Menschen, München 1997

Leakey, Richard E./Lewin, Roger: Wie der Mensch zum Menschen wurde, Hamburg 1996

Leakey, Richard E./Lewin, Roger: Die Menschen vom See. Neueste Untersuchungen zur Vorgeschichte der Menschheit, München 1980

Leverkus, Carl Erich: Wie der Neandertaler zu seinem Namen kam, Stuttgart 1999

Maynard Smith, John: Evolutionsgenetik, Stuttgart 1992

McCrone, John: Als der Affe sprechen lernte. Die Entwicklung des menschlichen Bewusstseins, Frankfurt a. M. 1992

Morris, Desmond: Das Tier Mensch, Köln 1999

Narr, Karl J.: Handbuch der Urgeschichte, München 1966

Obermeier, Hugo: Der fossile Mensch, Freiburg i. Br. 1916

Portmann, Adolf: Biologie und Geist, Frankfurt a. M. 1968

Reader, John: Die Jagd nach dem ersten Menschen. Eine Geschichte der Paläoanthropologie von 1857–1980, Basel/Stuttgart 1982

Riedl, Rupert: Biologie der Erkenntnis. Die stammesgeschichtlichen Grundlagen der Vernunft, Hamburg/Berlin 1980

Schmitz, Ralf W./Thissen, Jürgen: Neandertal. Die Geschichte geht weiter, Heidelberg 2000

Tackenburg, Kurt (Hrsg.): Der Neandertaler und seine Umwelt. Gedenkschrift zur Erinnerung an die Auffindung im Jahre 1856, Bonn 1956

Tanner, Nancy N.: Wie die Menschen wurden. Der Anteil der Frau an der Entstehung des Menschen, Frankfurt a. M./ New York 1994

Tattersall, Ian: Neandertaler. Der Streit um unsere Ahnen, Basel/Berlin 1999

Taylor, Gordon Rattray: Das Geheimnis der Evolution, Frankfurt a. M. 1983

Teilhard de Chardin, Pierre: Der Mensch im Kosmos, München 1959

Trinkhaus, Erik/Shipman, Pat: Die Neandertaler. Spiegel der Menschheit, München 1993

Werth, Emil: Der fossile Mensch, Berlin 1928

Wilson, Edward O.: Biolgie als Schicksal. Die soziobiologischen Grundlagen menschlichen Verhaltens, Frankfurt a. M. 1980
Wuketis, Franz M.: Zustand und Bewußtsein. Leben als biophilosophische Synthese, Hamburg 1985

Zimmermann, Walter: Evolution und Naturphilosophie, Berlin 1968

Register